普通高等学校"十三五"精品教材

建设项目环境影响评价

主编　曾广能　　王大州

西南交通大学出版社

·成都·

图书在版编目（CIP）数据

建设项目环境影响评价 / 曾广能，王大州主编. —
成都：西南交通大学出版社，2020.1（2023.8 重印）
普通高等学校"十三五"精品教材
ISBN 978-7-5643-7123-4

Ⅰ. ①建… Ⅱ. ①曾… ②王… Ⅲ. ①基本建设项目
－环境影响－评价－高等学校－教材 Ⅳ. ①X820.3

中国版本图书馆 CIP 数据核字（2019）第 200199 号

普通高等学校"十三五"精品教材

Jianshe Xiangmu Huanjing Yingxiang Pingjia

建设项目环境影响评价

主编　曾广能　王大州

责任编辑　陈　斌
封面设计　原谋书装

出版发行　西南交通大学出版社
　　　　　（四川省成都市金牛区二环路北一段 111 号
　　　　　西南交通大学创新大厦 21 楼）
邮政编码　610031
发行部电话　028-87600564　028-87600533
网址　　　http://www.xnjdcbs.com
印刷　　　成都中永印务有限责任公司

成品尺寸　185 mm×260 mm
印张　　　21.5
字数　　　534 千
版次　　　2020 年 1 月第 1 版
印次　　　2023 年 8 月第 3 次
定价　　　59.00 元
书号　　　ISBN 978-7-5643-7123-4

编 委 会

主　编　　曾广能　　王大州

副主编　　林　剑　　黄天志　　张　奇　　罗绪强

　　　　　刘　方　　朱四喜

编写人员（按照姓氏拼音排序）

　　　　　黄天志　　绵阳师范学院

　　　　　林　剑　　中国科学院地球化学研究所

　　　　　刘　方　　贵州大学

　　　　　罗绪强　　贵州师范学院

　　　　　彭　艳　　贵州民族大学

　　　　　王大州　　中国科学院地球化学研究所

　　　　　杨　成　　贵州民族大学

　　　　　曾广能　　贵州民族大学

　　　　　张　奇　　贵州民族大学

　　　　　朱四喜　　贵州民族大学

前　言

从我国环境影响评价制度建立至今，环境影响评价在我国经济社会发展和环境保护中的地位和作用越来越重要，日益受到环境保护行业、政府部门和社会公众的重视，我国高等院校环境类专业已把环境影响评价作为主干课程之一。本书正是为适应我国不断提高的环境影响评价实际工作需要，并为满足高等院校环境类专业实施环境影响评价教育教学及人才培养的需要而编写的。

我国环境管理制度和实践越来越精细，作为环境影响评价工作中的两大对象——规划和建设项目，其在环境影响评价内容和程序方面均有较大区别，为了突出重点，本书只针对建设项目环境影响评价内容展开介绍。

近年，环境影响评价涉及的法律法规体系更新很快，如2018年12月29日第十三届全国人民代表大会常务委员会第七次会议通过了《中华人民共和国环境影响评价法》第二次修正，取消了建设项目环境影响评价资质行政许可事项，环境影响评价资质管理的改革持续推进；《环境影响评价技术导则　大气环境》于2018年7月进行了修订，《环境影响评价技术导则　地表水环境》《建设项目环境风险评价技术导则》于2018年12月进行了修订，内容较之前版本有了较大变动，2018年12月还发布了第一版《环境影响评价技术导则　土壤环境（试行）》，于2019年7月1日开始实施，对环境影响评价提出了更加全面的要求。因此，本书编写组结合环境影响评价教学和具体的环境影响评价工作，对环境影响评价中的重要环节进行梳理，例如将竣工环境保护纳入本书作为一个独立的章节；在内容上以国家最新修订颁布的环境保护法律法规为依据，注重时效性、科学性和实用性。

本书编写组由高校和科研院所承担环境影响评价相关的教学和科研工作的教师组成，由曾广能和王大州主编。各章节具体编者如下：第一章由林剑编写；第二章由曾广能、罗绪强编写；第三章由黄天志编写；第四章由王大州编写；第五章由曾广能、彭艳编写；第六章由王大州编写；第七章由张奇编写；第八章由杨成、罗绪强编写；第九章由罗绪强、曾广能编写；第十章由朱四喜、曾广能编写；第十一章由王大州编写；第十二章由张奇、曾广能编写；第十三章由刘方、曾广能编写。主编、副主编参与全书统稿，最后由曾广能定稿。

本书在编写过程中，编者参考了诸多现有的环境影响评价教材及相关专著，并深受启发，在此特向所有著作者表示最深切的谢意。此外，贵州民族大学的姚冬菊、覃传昊和卢旺彪参与了本书的资料收集和文字处理等工作，在此表示感谢。由于编者水平和时间有限，书中难免出现不足和疏漏之处，敬请各位读者给予批评指正。

编　者

2019 年 9 月

目　录

第一章　环境影响评价概述

第一节　环境

一、环境

（一）环境的概念

环境是一个相对的概念。哲学上，环境是一个相对于主体而言的客体；社会学上，环境是指以人为主体的外部世界。环境学上研究的环境是指围绕着人群的空间以及其中可以直接、间接影响人类生存和发展的各种自然因素和社会因素的总体。

《中华人民共和国环境保护法》第二条规定：

本法所称的环境，是指影响人类生存和发展的各种天然的和经过人工改造的自然因素的总体，包括大气、水、海洋、土地、矿藏、森林、草原、湿地、野生生物、自然遗迹、人文遗迹、自然保护区、风景名胜区、城市和乡村等。

其中既包含生态环境，还包括自然资源。这是把环境中应当保护的对象或要素界定为环境的一种定义，它是从实际工作的需要出发，对环境的法律适用对象或适用范围所做的规定，其目的是保证法律的准确实施。

环境，即环境保护对象、要素，有三个特点：一是其主体是人类，离开主体的环境是没有意义的；二是既包括天然的自然环境，也包括人工改造后的自然环境；三是不含社会因素。因此，治安环境、文化环境、法律环境等均不属于《中华人民共和国环境保护法》中环境的范畴。

（二）环境要素

环境要素，又称环境基质，是指构成环境整体的各个独立的、性质不同的而又服从整体演化规律的基本物质组分，包括自然环境要素和社会环境要素。通常指的环境要素是自然环境要素，包括大气、地表水、地下水、土壤、生态、声、振动、放射性和电磁等。

（三）环境的基本功能

环境是一个复杂的系统，是人类生存和发展的基础。其基本功能体现在：一是为人类的生存提供必要的物质条件和活动空间；二是为人类社会经济发展提供各种自然资源和能源；三是为人类社会经济活动所产生的废物提供弃置消纳的场所。

人类对环境系统的干扰必须限制在一定的范围之内，否则，环境系统的组成和功能就会受到破坏，从而形成各种各样的环境问题。

（四）环境的基本特征

环境具有三个最基本的特征，即整体性、区域性和变动性。此外，环境还具有稳定性、开放性和价值性等特征。

1. 整体性

环境的整体性很明显地体现在它的结构和功能上，构成环境的各单元之间通过物质、能量的交换和传递，互动变化。环境所具有的特性正是其整体性透过各环境要素所显现出来的不同表象；同时，外界对环境的两种或两种以上组成单元发生作用，其效果不是简单的加和，这是由于环境系统内各组成单元之间存在的协同或拮抗作用造成的。

2. 区域性

环境的区域性是指处于不同地理位置、空间的环境之间存在显著的差异。这也正是环境存在多样性的一个重要原因。

3. 变动性

环境的变动性不仅体现在环境表观上的变化，还体现在其物质组成和内部结构的不断变动上。

4. 稳定性

环境的稳定性是指环境具有一定的自我调控能力，即在一定限度范围内，环境具有削弱外界影响、自主恢复的能力。

5. 开放性

开放性是指环境是一个开放系统，有物质和能量的输入和输出。

6. 价值性

传统经济学的价值观认为没有劳动参与的东西就没有价值，也就是说自然资源和生态环境没有价值，这显然已不适应现代经济的发展。确立环境有价值的观念和理论，并将环境价值加以科学的计量，这是现代经济社会发展的需要。

环境价值的构成有多种分类方法：一是可将环境价值划分为使用价值和非使用价值；二是可将环境价值划分为实的、有形的、物质性的商品价值和虚的、无形的、舒适性的服务价值。

二、环境质量

环境质量表述环境的优劣程度，指一个具体的环境中，环境总体或某些要素对人群健康、生存和繁衍以及社会经济发展适宜程度的量化表达。环境质量是因人对环境的具体要求而形成的评定环境优劣的概念，所以环境质量又同环境质量评价联系在一起，即确定具体的环境质量需要进行环境质量评价，用评价的结果表征环境质量。要进行环境质量评价就必须有标准，这样就产生了环境质量标准体系。

三、环境容量

环境容量是指一定区域（一般应是地理单元）在特定的产业结构和污染源分布的前提下，根据地区的自然净化能力，为达到环境目标值（通常为环境功能区所对应的环境质量标准），所能承受的污染物最大排放量。环境容量的大小与环境空间的大小、各环境要素的特性、污染物本身的物理化学性质等有关。根据不同的环境要素，环境容量分为大气环境容量、水环境容量、土壤环境容量等。

四、环境影响

环境影响是指人类活动（经济活动、社会活动等）对环境的作用和导致的环境变化，以及由此引起的对人类经济社会的效应。它包括人类活动对环境的作用和环境对人类经济社会的反作用，这两个方面的作用可能是有益的，也可能是有害的。

环境影响按照影响对象可分为大气环境影响、水环境影响、土壤环境影响、声环境影响和生态影响等；按照来源可分为直接影响、间接影响和累积影响；按照影响效果可分为有利影响和不利影响；按照影响性质可分为可恢复影响和不可恢复影响；按照影响持续时间可分为短期影响和长期影响；按照影响的范围可分为局部影响、区域影响和全球影响；按照建设项目所处的阶段可分为建设阶段影响、运行阶段影响和服务期满后环境影响等。

五、环境问题

环境问题一般是指由于自然界或人类活动作用于环境引起环境质量下降或生态失调，以及这种变化反过来对人类的生产和生活产生不利影响的现象。

环境问题按其产生的原因可分为两类：一类是自然因素对生态的破坏和对环境的污染，如火山活动、地震、风暴、海啸等产生的自然灾害，因环境中元素自然分布异常引起的地方病以及自然界中放射性物质产生的危害等；另一类是人为因素造成的环境污染和生态破坏。

我们所要研究的是人类在生产和生活活动中产生的各种污染物（或污染因素）进入环境，超过了环境容量极限，使生态环境受到破坏和污染；人类在开发利用自然资源时，超越了环境承载能力，使生态环境恶化，有时候会出现自然资源枯竭的现象，这些都可以归结为人为造成的环境问题。

当今人类社会面临的环境问题大体可分为两大类：一是环境污染，即空气、水和土壤等环境要素的物理、化学和生物组成和结构发生改变，从而影响其对人类的服务功能；二是生态破坏，即生态系统的结构和功能发生不利于人类和生物生存和发展的变化。

第二节　环境影响评价

一、环境影响评价的由来

20 世纪中叶，科学、工业、交通等领域迅速发展，工业布局和城市人口过分集中，环境问题逐步显现，并由局部扩大到区域，大气、水体、土壤和食品等都出现了污染，公害事件频发。森林过度砍伐、草原垦荒和湿地破坏等，又带来一系列生态环境恶化问题。人们逐渐认识到，人类不能无节制地开发利用环境，在寻求利用自然资源改善人类物质和精神生活的同时，必须尊重自然规律，在环境承载力允许的范围内进行开发建设活动，否则，将会给环境带来不可逆转的破坏，最终毁灭人类赖以生存的地球家园。

随着社会发展和科技水平的提高，人类认识世界和改造世界的能力越来越强，一方面对生态环境的影响越来越大，另一方面对自身活动给生态环境带来的影响也越来越重视，开始在活动之前进行环境影响评价。20 世纪 50 年代初期，由于核设施环境影响的特殊性，人类开始系统地开展辐射环境影响评价。20 世纪 60 年代英国提出环境影响评价"三关键"，即关键因素、关键途径和关键居民区，明确提出从污染源到污染途径（迁移扩散方式）再到受影响人群的环境影响评价模式。但此时环境影响评价只是作为一种科学方法和技术手段，为人类开发活动提供指导依据，是自觉的、没有法律约束力或行政制约作用的。

1969 年 12 月 31 日，美国国会通过了《国家环境政策法》，1970 年 1 月 1 日起正式实施。该法中第二节第二条第三款规定：在对环境质量具有重大影响的每一生态建议或立法建议报告和其他重大联邦行动中，均应由负责官员提供一份包括下列各项内容的详细说明：拟议中的行动将会对环境产生的影响；如果建议付诸实施，不可避免地将会出现的任何不利于环境的影响；拟议行动的各种选择方案；对人类环境的短期使用与维持和驾驭长期生产能力之间关系的影响；拟议行动如付诸实施，将要造成的无法改变和无法恢复的资源损失。在制作详细说明之前，联邦负责官员应同有管辖权或者有特殊专业知识的联邦官员进行磋商，并取得他们对可能引起的环境影响所做的评价。再将该说明和负责修订、执行环境标准的相应联邦、州和地方官员所做的评价和意见书一并提交总统和环境质量委员会，并依照有关法律规定向公众宣布。这些文件应与提案一道按现行的机构审查办法审查通过。因而美国是世界上第一个把环境影响评价用法律规定下来并建立环境影响评价制度的国家。

随后瑞典（1970 年）、新西兰（1973 年）、加拿大（1973 年）、澳大利亚（1974 年）、马来西亚（1974 年）、德国（1976 年）等国家也相继建立了环境影响评价制度。与此同时，国际上设立了许多有关环境影响评价的机构，召开了一系列有关环境影响评价的会议，开展环境影响评价的研究和交流，进一步促进各国环境影响评价的应用与发展。1970 年世界银行设立环境与健康事务办公室，对其投资的每一个项目的环境影响做出审查和评价。1974 年联合国环境规划署与加拿大联合召开了第一次环境影响评价会议。1984 年 5 月，联合国环境规划理事会第 12 届会议建议组织各国环境影响评价专家进行环境影响评价研究，为各国开展环境影响评价提供理论基础和技术方法。1992 年联合国环境与发展大会在里约热内卢召开，会议通过的《里约环境与发展宣言》和《21世纪议程》都写入了有关环境影响评价的内容。《里约环境与发展宣言》原则十七宣告：作为一项国家手段，应该对可能会对环境产生重大不利影响的活动和要由一个有关国家机构做决定的活动进行环境影响评价。1994年由加拿大环境评价办公室（FERO）和国际影响评价协会（IAIA）在魁北克市联合召开第一届国际环境影响评价部长级会议，有52个国家和组织机构参加会议，会议做出了进行环境评价有效性研究的决议。

经过几十年的发展，现已有100多个国家建立了环境影响评价制度。环境影响评价的内涵不断丰富，从自然环境影响评价发展到社会环境影响评价；自然环境的影响不仅考虑环境污染，还注重生态影响；开展了风险评价；关注累积性影响并开始对环境影响进行后评价；环境影响评价从最初单纯的建设项目环境影响评价，发展到区域开发环境影响评价和战略环境影响评价，环境影响评价的技术方法和程序也在不断地提高和完善。

二、我国环境影响评价发展史

（一）引入和确立阶段

1973年的第一次全国环境保护会议后，我国环境保护工作全面起步。1974—1976年，开展了"北京西郊环境质量评价研究"和"官厅水系水源保护研究"工作，开始了环境质量评价及其方法的探索和研究。在此基础上，1977年，中国科学院召开"区域环境保护学术交流研讨会"，进一步推动了大中城市和重要水域的环境质量现状评价。

1978年12月31日，中发〔1978〕79号文件批转的原国务院环境保护领导小组《环境保护工作汇报要点》中，首次提出了环境影响评价的意向。1979年4月，原国务院环境保护领导小组在《关于全国环境保护工作会议情况的报告》中，把环境影响评价作为一项方针政策再次提出。1979年5月，原国家计委、国家建委发布的《关于做好基本建设前期工作的通知》（建发设字〔79〕280号），明确要求建设项目要进行环境影响预评价。

1979年9月颁布的《中华人民共和国环境保护法（试行）》第六条规定：

一切企业、事业单位的选址、设计、建设和生产，都必须充分注意防止对环境的污染和破坏。在进行新建、改建和扩建工程时，必须提出对环境影响的报告书，经环境保护部门和其他有关部门审查批准后才能进行设计；其中防止污染和其他公害的设施，必须与主体工程同时设计、同时施工、同时投产；各项有害物质的排放必须遵守国家规定的标准。

已经对环境造成污染和其他公害的单位，应当按照谁污染谁治理的原则，制定规划，积极治理，或者报请主管部门批准转产、搬迁。

从此，我国的环境影响评价制度正式确立。

（二）规范和建设阶段

环境影响评价制度确立后，相继颁布的各项环境保护法律法规，不断对环境影响评价进行规范。

1981年，原国家计委、国家经委、国家建委、国务院环境保护领导小组联合颁发的《基本建设项目环境保护管理办法》，明确把环境影响评价制度纳入基本建设项目审批程序中。1986年，原国家计委、国家经委、国务院环境保护委员会联合颁发的《建设项目环境保护管理办法》中，对建设项目环境影响评价的范围、内容、审批和环境影响报告书（表）的编制格式都做了明确规定，促进了环境影响评价制度的有效执行。1986年，原国家环境保护局颁布《建设项目环境影响评价证书管理办法（试行）》，在我国开始实行环境影响评价单位的资质管理。同期，环境影响评价的技术方法也得到不断探索和完善。

1982年颁布的《中华人民共和国海洋环境保护法》、1984年颁布的《中华人民共和国水污染防治法》、1987年颁布的《中华人民共和国大气污染防治法》中，都有建设项目环境影响评价的规定。

1989年12月26日颁布的《中华人民共和国环境保护法》第十三条规定：

建设污染环境的项目，必须遵守国家有关建设项目环境保护管理的规定。

建设项目的环境影响报告书，必须对建设项目产生的污染和对环境的影响做出评价，规定防治措施，经项目主管部门预审并依照规定的程序报环境保护行政主管部门批准。环境影响报告书经批准后，计划部门方可批准建设项目设计任务书。

此条规定对环境影响评价制度的执行对象、任务、工作原则和审批程序、执行时段和与基本建设程序之间的关系做了原则规定，再一次用法律确认了建设项目环境影响评价制度，并为制定具体规范的环境影响评价的行政法规提供了法律依据和基础。

（三）强化和完善阶段

进入20世纪90年代，随着我国改革开放的深入发展和社会主义计划经济向市场经济转轨，建设项目的环境保护管理，特别是环境影响评价制度得到强化，开展了区域环境影响评价，并针对企业长远发展计划进行了规划环境影响评价。针对投资多元化造成的建设项目多渠道立项和开发区的兴起，1993年，原国家环境保护局下发了《关于进一步做好建设项目环境保护管理工作的几点意见》，提出先评价、后建设，并对环境影响评价分类指导和开发区区域环境影响评价做了规定。

在注重环境污染的同时，加强了生态影响类项目的环境影响评价，防治污染和保护生态并重。通过国际金融组织贷款项目，在中国开始实行建设项目环境影响评价的公众参与，并逐步扩大和完善公众参与的范围。

从1994年起，开始了建设项目环境影响评价招标试点工作，并陆续颁布实施了《环境影响评价技术导则　总纲》《环境影响评价技术导则　地面水环境》《环境影响评价技术导则　大气环境》《电磁辐射环境影响评价方法与标准》《火电厂建设项目环境影响报告书编制规程》《环境影响评价技术导则　非污染生态影响》等。1996年，召开了第四次全国环境保护工作会议并发布《国务院关于环境保护若干问题的决定》。各地加强对建设项目的审批和检查，并实施污染物排放总量控制，增加了"清洁生产"和"公众参与"内容，强化了生态环境影响评价，使环境影响评价的深度和广度得到进一步扩展。

1998年11月29日，国务院253号令颁布实施《建设项目环境保护管理条例》，这是建设项目环境管理的第一个行政法规，对环境影响评价做了全面、详细和明确的规定。1999年3月，依据《建设项目环境保护管理条例》，原国家环境保护总局颁布第2号令，公布了《建设项目环境影响评价资格证书管理办法》，对评价单位的资质进行了规定；同年4月，原国家环境保护总局发布《关于公布建设项目环境保护分类管理名录（试行）的通知》，公布了分类管理名录。

原国家环境保护总局加强了建设项目环境影响评价人员的资质管理，与国际金融组织合作，从 1990 年开始对环境影响评价人员进行培训，实行环境影响评价人员持证上岗制度。这一阶段，我国的建设项目环境影响评价在法律法规、评价方法和评价队伍建设，以及评价对象和评价内容的扩展等方面，取得了全面发展。

（四）提高和扩展阶段

2002 年 10 月 28 日，第九届全国人大常委会通过《中华人民共和国环境影响评价法》，环境影响评价从建设项目环境影响评价扩展到规划环境影响评价，使环境影响评价制度得到了新的发展。原国家环境保护总局依照法律的规定，建立了环境影响评价的基础数据库，颁布了规划环境影响评价的技术导则，会同有关部门并经国务院批准制定了环境影响评价规划名录，制定了专项规划环境影响报告书审查办法，设立了国家环境影响评价审查专家库。

为了加强环境影响评价管理，提高环境影响评价专业技术人员的素质，确保环境影响评价质量，2004 年 2 月，原人事部、国家环境保护总局建立了环境影响评价工程师职业资格制度，对从事环境影响评价工作的有关人员提出了更高的要求。

2009 年 8 月 17 日，国务院颁布了《规划环境影响评价条例》，自 2009 年 10 月 1 日起施行。这是我国环境立法的重大进展，标志着环境保护参与综合决策进入了新阶段。

（五）改革和优化阶段

进入"十三五"以来，环境影响评价进入了改革和优化阶段。为在新时期发挥环境影响评价源头预防环境问题的作用，推动实现"十三五"绿色发展和改善生态环境质量总体目标，2016 年 7 月 15 日，原环境保护部印发了《"十三五"环境影响评价改革实施方案》（环环评〔2016〕95 号）。

（六）全面深化改革阶段

《全国人民代表大会常务委员会关于修改〈中华人民共和国劳动法〉等七部法律的决定》（中华人民共和国主席令第二十四号）于 2018 年 12 月 29 日公布施行，对《中华人民共和国环境影响评价法》做出修改。修改后的《中华人民共和国环境影响评价法》取消了建设项目环境影响评价资质行政许可事项，不再强制要求由具有环境影响评价资质的技术机构编制建设项目环境影响报告书（表），规定建设单位既可以委托技术单位为其编制环境影响报告书（表），如果具备环境影响评价技术能力的，也可以自行对其建设项目开展环境影响评价，并编制环境影响报告书（表）。

在全面深化"放管服"改革的新形势下，随着环境影响评价技术核校等事中事后监管的力度越来越大，放开事前准入的条件逐步成熟，此次修改《中华人民共和国环境影响评价法》标志着环境影响评价资质管理的改革持续推进。

三、环境影响评价的概念

《中华人民共和国环境影响评价法》第二条规定：

本法所称环境影响评价，是指对规划和建设项目实施后可能造成的环境影响进行分析、预测和评估，提出预防或者减轻不良环境影响的对策和措施，进行跟踪监测的方法与制度。

环境影响评价（Environmental Impact Assessment，EIA），通常简称环评，包含两层含义：一是技术方法，涉及物理学、化学、生态学、文化与社会经济等领域；另一个是管理制度，以法律法规形式将环境影响评价作为一项环境管理制度规定下来。此外，还可以从四个方面理解环境影响评价的内涵：评价对象是政府拟订中的有关规划和建设单位欲兴建的建设项目；评价单位要分析、预测和评估评价对象在实施过程中及实施后可能造成的环境影响；评价单位要提出具体而明确的预防或者减轻不良环境影响的对策和措施；规划和建设项目实施单位、生态环境主管部门对规划和建设项目实施后的实际环境影响，要进行跟踪监测、分析和评估。以上四点加上前述的"方法"和"制度"共六个方面，共同构成了环境影响评价概念的完整体系。

根据《"十三五"环境影响评价改革实施方案》的要求：建设项目环境影响评价重在落实环境质量目标管理要求，优化环境保护措施，强化环境风险防控，做好与排污许可制度的衔接；规划环境影响评价重在优化行业的布局、规模、结构，拟定负面清单，指导建设项目环境准入；加强规划环境影响评价与建设项目环境影响评价联动。可见，建设项目环境影响评价与规划环境影响评价的着重点存在显著差异，本书主要针对建设项目环境影响评价展开介绍。

四、环境影响评价的目的和意义

环境影响评价作为一种方法，是正确认识经济、社会和环境之间相互关系的科学方法，是正确处理经济发展使之符合国家总体利益、长远利益和强化环境管理的有效手段，对确定经济发展方向和环境保护等一系列重大决策都有重要的指导作用。环境影响评价能为区域社会经济发展指明方向，合理确定区域发展的产业结构、规模和布局。环境影响评价是对区域自然条件、资源条件、环境质量条件和社会经济发展现状进行综合分析研究的过程。它根据区域的环境、社会和资源的综合能力，把人类活动对环境的不利影响限制到最小，其作用和意义表现在以下几个方面。

1. 为制订区域社会经济发展规划提供依据

环境影响评价，特别是规划环境影响评价，对区域的自然条件、资源条件、社会条件和经济发展状况等进行综合分析，并依据该地区的资源、环境和社会承受能力等，为制订区域发展总体规划和确定适宜的经济发展方向、产业规模、产业结构与产业布局等提供科学依据。同时，通过环境影响评价掌握区域环境状况，预测和评价开发建设活动对环境的影响，为制订区域环境保护目标、计划和措施等提供科学依据，从而达到宏观调控和全过程污染防控的目的。

2. 保证建设项目选址和布局的合理性

合理的经济布局是保证环境与经济可持续发展的前提条件，而不合理的经济布局则是造成环境污染和生态破坏的重要原因。环境影响评价从开发活动所在地区的整体出发，考察建设项目的不同选址和布局对区域的不同影响，并进行比较和取舍，选择最优的方案，保证建设项目选址和布局的合理性。

3. 指导环境保护措施的设计

通常，建设项目的开发建设活动和生产活动都要消耗一定的资源，给环境造成一定的污染和破坏，因此必须采取相应的环境保护对策和措施。环境影响评价针对具体的开发建设和生产活动，综合考虑活动特点和环境特征，通过对环境影响进行分析、预测和评估，在此基础上，提出预防和减轻不良环境影响的对策和措施，并进行技术、经济和环境可行性论证，指导环境保护措施的设计，实现环境管理的强化，把因人类活动而产生的环境污染或生态破坏限制在可接受范围内。

4. 提供最佳环境管理手段

环境管理的目的是在保证环境质量的前提下发展经济、提高经济效益；反过来环境管理也必须讲求经济效益，要把经济发展和环境效益二者统一起来，选择最佳的"结合点"，即以最小的环境代价取得最大的经济效益。环境影响评价就是找出这个最佳"结合点"的环境管理手段。

5. 促进相关科学技术的发展

环境影响评价涉及自然科学和社会科学的众多领域，包括基础理论研究和应用技术开发。环境影响评价工作中遇到的问题，必然是对相关科学技术的挑战，进而推动相关科学技术的发展。而相关科学技术的发展又可以促进环境影响评价工作更为科学合理。

五、环境影响评价的原则

（一）基本原则

《中华人民共和国环境影响评价法》第四条规定：

环境影响评价必须客观、公开、公正，综合考虑规划或者建设项目实施后对各种环境因素及其所构成的生态系统可能造成的影响，为决策提供科学依据。

因此，客观、公开和公正是环境影响评价的基本原则。

（二）工作原则

《建设项目环境影响评价技术导则 总纲》（HJ 2.1—2016）按照突出环境影响评价的源头预防作用，坚持保护环境和改善环境质量的要求，提出在建设项目环境影响评价中应遵循的工作原则如下：

1. 依法评价原则

应贯彻执行我国环境保护相关法律法规、标准、政策和规划等，优化项目建设，服务环境管理。

2. 科学评价原则

应规范环境影响评价方法，科学分析、预测和评估建设项目对环境的影响。

3. 突出重点原则

应根据建设项目的工程内容及其特点，明确与环境要素间的作用效应关系，根据规划环境影响评价结论和审查意见，充分利用符合时效的数据资料及成果，对建设项目主要环境影响予以重点分析和评价。

六、环境影响评价的类别

1. 按照评价对象

环境影响评价可以分为规划环境影响评价和建设项目环境影响评价。

2. 按照项目性质

环境影响评价可以分为新建项目环境影响评价、技术改造项目环境影响评价和扩建项目环境影响评价等。

3. 按照环境要素

环境影响评价可以分为大气环境影响评价、地表水环境影响评价、地下水环境影响评价、土壤环境影响评价、声环境影响评价、固体废物环境影响评价和生态影响评价等。

4. 按照评价专题

环境影响评价一般分为环境风险评价、人群健康风险评价、环境影响经济损益分析、污染物排放总量控制等。

5. 按照时间顺序

环境影响评价一般分为环境现状评价、环境影响预测评价、建设项目环境影响后评价等。《中华人民共和国环境保护法》和其他相关法律法规还规定："建设项目中防治污染的设施，应当与主体工程同时设计、同时施工、同时投产使用。""三同时"制度和建设项目竣工环境保护验收是对环境影响评价中提出的预防和减轻不良环境影响的对策和措施的具体落实和检查，是环境影响评价的延续。从广义上讲，建设项目竣工环境保护验收也属于环境影响评价的范畴。

思考与练习

1. 基本概念：环境、环境质量、环境容量、环境影响、环境问题、环境影响评价。
2. 环境的基本功能是什么？
3. 环境的特点有哪些？
4. 环境影响评价的意义是什么？
5. 环境影响评价的原则有哪些？

第二章　环境影响评价制度和环境保护法律法规体系

第一节　分类管理

一、分类管理的法律依据

建设项目对环境的影响千差万别，不仅不同的行业、不同的产品、不同的规模、不同的工艺、不同的原辅材料产生的污染物种类和数量不同，对环境的影响不同，而且即使是相同的企业，处于不同的地点、区域，对环境的影响也不一样。《中华人民共和国环境影响评价法》和《建设项目环境保护管理条例》中均规定了国家对建设项目环境影响评价实行分类管理。

《中华人民共和国环境影响评价法》第十六条规定：

国家根据建设项目对环境的影响程度，对建设项目的环境影响评价实行分类管理。

建设单位应当按照下列规定组织编制环境影响报告书、环境影响报告表或者填报环境影响登记表（以下统称环境影响评价文件）：

（一）可能造成重大环境影响的，应当编制环境影响报告书，对产生的环境影响进行全面评价；

（二）可能造成轻度环境影响的，应当编制环境影响报告表，对产生的环境影响进行分析或者专项评价；

（三）对环境影响很小、不需要进行环境影响评价的，应当填报环境影响登记表。

建设项目的环境影响评价分类管理名录，由国务院生态环境主管部门制定并公布。

《建设项目环境保护管理条例》第七条规定：

国家根据建设项目对环境的影响程度，按照下列规定对建设项目的环境保护实行分类管理：

（一）建设项目对环境可能造成重大影响的，应当编制环境影响报告书，对建设项目产生的污染和对环境的影响进行全面、详细的评价；

（二）建设项目对环境可能造成轻度影响的，应当编制环境影响报告表，对建设项目产生的污染和对环境的影响进行分析或者专项评价；

（三）建设项目对环境影响很小，不需要进行环境影响评价的，应当填报环境影响登记表。

建设项目环境影响评价分类管理名录，由国务院环境保护行政主管部门在组织专家进行论证和征求有关部门、行业协会、企事业单位、公众等意见的基础上制定并公布。

《中华人民共和国环境影响评价法》和《建设项目环境保护管理条例》对分类管理规定的内容基本一致，但表述略有差别，分别为"对建设项目的环境影响评价实行分类管理"和"对建设项目的环境保护实行分类管理"，但均体现出促进经济社会发展和保护美好生态环境的双赢理念。

对环境影响大的建设项目需要全面系统地分析、预测和评价其对环境的影响，以便提前做好应对措施；而对环境影响小的建设项目，其环境影响评价工作可以相对简化。

二、分类管理的实现

为了实施建设项目环境影响评价分类管理，根据《中华人民共和国环境影响评价法》第十六条的规定，生态环境部制定《建设项目环境影响评价分类管理名录》。

根据建设项目特征和所在区域的环境敏感程度，综合考虑建设项目可能对环境产生的影响，对建设项目的环境影响评价实行分类管理。建设单位应当按照名录的规定，分别组织编制建设项目环境影响报告书、环境影响报告表或者填报环境影响登记表（见表 2.1）。

表 2.1　建设项目环境影响评价分类管理名录

项目类别		环评类别			本栏目环境敏感区含义
		报告书	报告表	登记表	
一、畜牧业					
1	畜禽养殖场、养殖小区	年出栏生猪5 000头（其他畜禽种类折合猪的养殖规模）及以上；涉及环境敏感区的	/	其他	第三条（一）中的全部区域；第三条（三）中的全部区域
二、农副食品加工业					
2	粮食及饲料加工	含发酵工艺的	年加工1万吨及以上的	其他	
3	植物油加工	/	除单纯分装和调和外的	单纯分装或调和的	
4	制糖、糖制品加工	原糖生产	其他（单纯分装的除外）	单纯分装的	
5	屠宰	年屠宰生猪10万头、肉牛1万头、肉羊15万只、禽类1 000万只及以上	其他	/	
6	肉禽类加工	/	年加工2万吨及以上	其他	
7	水产品加工	/	鱼油提取及制品制造；年加工10万吨及以上的；涉及环境敏感区的	其他	第三条（一）中的全部区域；第三条（二）中的全部区域
8	淀粉、淀粉糖	含发酵工艺的	其他（单纯分装除外）	单纯分装的	
9	豆制品制造	/	除手工制作和单纯分装外的	手工制作或单纯分装的	
10	蛋品加工	/	/	全部	

项目类别		环评类别			本栏目环境敏感区含义
		报告书	报告表	登记表	
三、食品制造业					
11	方便食品制造	/	除手工制作和单纯分装外的	手工制作或单纯分装的	
12	乳制品制造	/	除单纯分装外的	单纯分装的	
13	调味品、发酵制品制造	含发酵工艺的味精、柠檬酸、赖氨酸制造	其他（单纯分装的除外）	单纯分装的	
14	盐加工	/	全部	/	
15	饲料添加剂、食品添加剂制造	/	除单纯混合和分装外的	单纯混合或分装的	
16	营养食品、保健食品、冷冻饮品、食用冰制造及其他食品制造	/	除手工制作和单纯分装外的	手工制作或单纯分装的	
四、酒、饮料制造业					
17	酒精饮料及酒类制造	有发酵工艺的（以水果或水果汁为原料年生产能力1 000千升以下的除外）	其他（单纯勾兑的除外）	单纯勾兑的	
18	果菜汁类及其他软饮料制造	/	除单纯调制外的	单纯调制的	
五、烟草制品业					
19	卷烟	/	全部	/	
六、纺织业					
20	纺织品制造	有洗毛、染整、脱胶工段的；产生缫丝废水、精炼废水的	其他（编织物及其制品制造除外）	编织物及其制品制造	
七、纺织服装、服饰业					
21	服装制造	有湿法印花、染色、水洗工艺的	新建年加工100万件及以上	其他	
八、皮革、毛皮、羽毛及其制品和制鞋业					
22	皮革、毛皮、羽毛（绒）制品	制革、毛皮鞣制	其他	/	
23	制鞋业	/	使用有机溶剂的	其他	
九、木材加工和木、竹、藤、棕、草制品业					
24	锯材、木片加工、木制品制造	有电镀或喷漆工艺且年用油性漆量（含稀释剂）10吨及以上的	其他	/	
25	人造板制造	年产20万立方米及以上	其他	/	

项目类别		环评类别			本栏目环境敏感区含义
		报告书	报告表	登记表	
26	竹、藤、棕、草制品制造	有喷漆工艺且年用油性漆量（含稀释剂）10吨及以上的	有化学处理工艺的；有喷漆工艺且年用油性漆量（含稀释剂）10吨以下的，或使用水性漆的	其他	
十、家具制造业					
27	家具制造	有电镀或喷漆工艺且年用油性漆量（含稀释剂）10吨及以上的	其他	/	
十一、造纸和纸制品业					
28	纸浆、溶解浆、纤维浆等制造;造纸（含废纸造纸）	全部	/	/	
29	纸制品制造	/	有化学处理工艺的	其他	
十二、印刷和记录媒介复制业					
30	印刷厂;磁材料制品	/	全部	/	
十三、文教、工美、体育和娱乐用品制造业					
31	文教、体育、娱乐用品制造	/	全部	/	
32	工艺品制造	有电镀或喷漆工艺且年用油性漆量（含稀释剂）10吨及以上的	有喷漆工艺且年用油性漆量（含稀释剂）10吨以下的，或使用水性漆的；有机加工的	其他	
十四、石油加工、炼焦业					
33	原油加工、天然气加工、油母页岩等提炼原油、煤制油、生物制油及其他石油制品	全部	/	/	
34	煤化工(含煤炭液化、气化)	全部	/	/	
35	炼焦、煤炭热解、电石	全部	/	/	

项目类别		环评类别			本栏目环境敏感区含义
		报告书	报告表	登记表	
十五、化学原料和化学制品制造业					
36	基本化学原料制造；农药制造；涂料、染料、颜料、油墨及其类似产品制造；合成材料制造；专用化学品制造；炸药、火工及焰火产品制造；水处理剂等制造	除单纯混合和分装外的	单纯混合或分装的	/	
37	肥料制造	化学肥料（单纯混合和分装的除外）	其他	/	
38	半导体材料	全部	/	/	
39	日用化学品制造	除单纯混合和分装外的	单纯混合或分装的	/	
十六、医药制造业					
40	化学药品制造；生物、生化制品制造	全部	/	/	
41	单纯药品分装、复配	/	全部	/	
42	中成药制造、中药饮片加工	有提炼工艺的	其他	/	
43	卫生材料及医药用品制造	/	全部	/	
十七、化学纤维制造业					
44	化学纤维制造	除单纯纺丝外的	单纯纺丝	/	
45	生物质纤维素乙醇生产	全部	/	/	
十八、橡胶和塑料制品业					
46	轮胎制造、再生橡胶制造、橡胶加工、橡胶制品制造及翻新	轮胎制造；有炼化及硫化工艺的	其他	/	
47	塑料制品制造	人造革、发泡胶等涉及有毒原材料的；以再生塑料为原料的；有电镀或喷漆工艺且年用油性漆量（含稀释剂）10吨及以上的	其他	/	

项目类别	环评类别			本栏目环境敏感区含义
	报告书	报告表	登记表	
十九、非金属矿物制品业				
48 水泥制造	全部	/	/	
49 水泥粉磨站	/	全部	/	
50 砼结构构件制造、商品混凝土加工	/	全部	/	
51 石灰和石膏制造、石材加工、人造石制造、砖瓦制造	/	全部	/	
52 玻璃及玻璃制品	平板玻璃制造	其他玻璃制造；以煤、油、天然气为燃料加热的玻璃制品制造	/	
53 玻璃纤维及玻璃纤维增强塑料制品	/	全部	/	
54 陶瓷制品	年产建筑陶瓷100万平方米及以上；年产卫生陶瓷150万件及以上；年产日用陶瓷250万件及以上	其他	/	
55 耐火材料及其制品	石棉制品	其他	/	
56 石墨及其他非金属矿物制品	含焙烧的石墨、碳素制品	其他	/	
57 防水建筑材料制造、沥青搅拌站、干粉砂浆搅拌站	/	全部	/	
二十、黑色金属冶炼和压延加工业				
58 炼铁、球团、烧结	全部	/	/	
59 炼钢	全部	/	/	
60 黑色金属铸造	年产10万吨及以上	其他	/	
61 压延加工	黑色金属年产50万吨及以上的冷轧	其他	/	
62 铁合金制造；锰、铬冶炼	全部	/	/	

项目类别	环评类别			本栏目环境敏感区含义
	报告书	报告表	登记表	
二十一、有色金属冶炼和压延加工业				
63 有色金属冶炼(含再生有色金属冶炼)	全部	/	/	
64 有色金属合金制造	全部	/	/	
65 有色金属铸造	年产10万吨及以上	其他	/	
66 压延加工	/	全部	/	
二十二、金属制品业				
67 金属制品加工制造	有电镀或喷漆工艺且年用油性漆量(含稀释剂)10吨及以上的	其他(仅切割组装除外)	仅切割组装的	
68 金属制品表面处理及热处理加工	有电镀工艺的;使用有机涂层的(喷粉、喷塑和电泳除外);有钝化工艺的热镀锌	其他	/	
二十三、通用设备制造业				
69 通用设备制造及维修	有电镀或喷漆工艺且年用油性漆量(含稀释剂)10吨及以上的	其他(仅组装的除外)	仅组装的	
二十四、专用设备制造业				
70 专用设备制造及维修	有电镀或喷漆工艺且年用油性漆量(含稀释剂)10吨及以上的	其他(仅组装的除外)	仅组装的	
二十五、汽车制造业				
71 汽车制造	整车制造(仅组装的除外);发动机生产;有电镀或喷漆工艺且年用油性漆量(含稀释剂)10吨及以上的零部件生产	其他	/	
二十六、铁路、船舶、航空航天和其他运输设备制造业				
72 铁路运输设备制造及修理	机车、车辆、动车组制造;发动机生产;有电镀或喷漆工艺且年用油性漆量(含稀释剂)10吨及以上的零部件生产	其他	/	
73 船舶和相关装置制造及维修	有电镀或喷漆工艺且年用油性漆量(含稀释剂)10吨及以上的;拆船、修船厂	其他	/	

	项目类别	环评类别			
		报告书	报告表	登记表	本栏目环境敏感区含义
74	航空航天器制造	有电镀或喷漆工艺且年用油性漆量（含稀释剂）10吨及以上的	其他	/	
75	摩托车制造	整车制造(仅组装的除外)；发动机生产；有电镀或喷漆工艺且年用油性漆量（含稀释剂）10吨及以上的零部件生产	其他	/	
76	自行车制造	有电镀或喷漆工艺且年用油性漆量（含稀释剂）10吨及以上的	其他	/	
77	交通器材及其他交通运输设备制造	有电镀或喷漆工艺且年用油性漆量（含稀释剂）10吨及以上的	其他（仅组装的除外）	仅组装的	
二十七、电气机械和器材制造业					
78	电气机械及器材制造	有电镀或喷漆工艺且年用油性漆量（含稀释剂）10吨及以上的；铅蓄电池制造	其他（仅组装的除外）	仅组装的	
79	太阳能电池片	太阳能电池片生产	其他	/	
二十八、计算机、通信和其他电子设备制造业					
80	计算机制造	/	显示器件；集成电路；有分割、焊接、酸洗或有机溶剂清洗工艺的	其他	
81	智能消费设备制造	/	全部	/	
82	电子器件制造	/	显示器件；集成电路；有分割、焊接、酸洗或有机溶剂清洗工艺的	其他	
83	电子元件及电子专用材料制造	/	印刷电路板；电子专用材料；有分割、焊接、酸洗或有机溶剂清洗工艺的	/	

	项目类别	环评类别			本栏目环境敏感区含义
		报告书	报告表	登记表	
84	通信设备制造、广播电视设备制造、雷达及配套设备制造、非专业视听设备制造及其他电子设备制造	/	全部	/	
二十九、仪器仪表制造业					
85	仪器仪表制造	有电镀或喷漆工艺且年用油性漆量（含稀释剂）10吨及以上的	其他（仅组装的除外）	仅组装的	
三十、废弃资源综合利用业					
86	废旧资源（含生物质）加工、再生利用	废电子电器产品、废电池、废汽车、废电机、废五金、废塑料（除分拣清洗工艺的）、废油、废船、废轮胎等加工、再生利用	其他	/	
三十一、电力、热力生产和供应业					
87	火力发电（含热电）	除燃气发电工程外的	燃气发电	/	
88	综合利用发电	利用矸石、油页岩、石油焦等发电	单纯利用余热、余压、余气（含煤层气）发电	/	
89	水力发电	总装机1 000千瓦及以上；抽水蓄能电站；涉及环境敏感区的	其他	/	第三条（一）中的全部区域；第三条（二）中的重要水生生物的自然产卵场、索饵场、越冬场和洄游通道
90	生物质发电	生活垃圾、污泥发电	利用农林生物质、沼气发电、垃圾填埋气发电	/	
91	其他能源发电	海上潮汐电站、波浪电站、温差电站等；涉及环境敏感区的总装机容量5万千瓦及以上的风力发电	利用地热、太阳能热等发电；地面集中光伏电站（总容量大于6 000千瓦，且接入电压等级不小于10千伏）；其他风力发电	其他光伏发电	第三条（一）中的全部区域；第三条（二）中的重要水生生物的自然产卵场、索饵场、天然渔场；第三条（三）中的全部区域

	项目类别	环评类别			本栏目环境敏感区含义
		报告书	报告表	登记表	
92	热力生产和供应工程	燃煤、燃油锅炉总容量65吨/小时（不含）以上	其他（电热锅炉除外）	/	
三十二、燃气生产和供应业					
93	煤气生产和供应工程	煤气生产	煤气供应	/	
94	城市天然气供应工程	/	全部	/	
三十三、水的生产和供应业					
95	自来水生产和供应工程	/	全部	/	
96	生活污水集中处理	新建、扩建日处理10万吨及以上	其他	/	
97	工业废水处理	新建、扩建集中处理的	其他	/	
98	海水淡化、其他水处理和利用	/	全部	/	
三十四、环境治理业					
99	脱硫、脱硝、除尘、VOC_s治理等工程	/	新建脱硫、脱硝、除尘	其他	
100	危险废物(含医疗废物)利用及处置	利用及处置的［单独收集、病死动物化尸窖(井)除外］	其他	/	
101	一般工业固体废物（含污泥）处置及综合利用	采取填埋和焚烧方式的	其他	/	
102	污染场地治理修复	/	全部	/	
三十五、公共设施管理业					
103	城镇生活垃圾转运站	/	全部	/	
104	城镇生活垃圾（含餐厨废弃物）集中处置	全部	/	/	
105	城镇粪便处置工程	/	日处理50吨及以上	其他	
三十六、房地产					
106	房地产开发、宾馆、酒店、办公用房、标准厂房等	/	涉及环境敏感区的；需自建配套污水处理设施的	其他	第三条（一）中的全部区域；第三条（二）中的基本农田保护区、基本草原、森林公园、地质公园、重要湿地、天然林、野生动物重要栖息地、重点保护野生植物生长繁殖地；第三条（三）中的文物保护单位，针对标准厂房增加第三条（三）中的以居住、医疗卫生、文化教育、科研、行政办公等为主要功能的区域

| 项目类别 | 环评类别 | | | |
	报告书	报告表	登记表	本栏目环境敏感区含义
三十七、研究和试验发展				
107	专业实验室	P3、P4生物安全实验室；转基因实验室	其他	/	
108	研发基地	含医药、化工类等专业中试内容的	其他	/	
三十八、专业技术服务业				
109	矿产资源地质勘查（含勘探活动和油气资源勘探）	/	除海洋油气勘探工程外的	海洋油气勘探工程	
110	动物医院	/	全部	/	
三十九、卫生				
111	医院、专科防治院（所、站）、社区医疗、卫生院(所、站）、血站、急救中心、妇幼保健院、疗养院等其他卫生机构	新建、扩建床位500张及以上的	其他（20张床位以下的除外）	20张床位以下的	
112	疾病预防控制中心	新建	其他	/	
四十、社会事业与服务业				
113	学校、幼儿园、托儿所、福利院、养老院	/	涉及环境敏感区的；有化学、生物等实验室的学校	其他（建筑面积5 000平方米以下的除外）	第三条（一）中的全部区域；第三条（二）中的基本农田保护区、基本草原、森林公园、地质公园、重要湿地、天然林、野生动物重要栖息地、重点保护野生植物生长繁殖地
114	批发、零售市场	/	涉及环境敏感区的	其他	第三条（一）中的全部区域；第三条（二）中的基本农田保护区、基本草原、森林公园、地质公园、重要湿地、天然林、野生动物重要栖息地、重点保护野生植物生长繁殖地；第三条（三）中的文物保护单位
115	餐饮、娱乐、洗浴场所	/	/	全部	

	项目类别	环评类别			
		报告书	报告表	登记表	本栏目环境敏感区含义
116	宾馆饭店及医疗机构衣物集中洗涤、餐具集中清洗消毒	/	需自建配套污水处理设施的	其他	
117	高尔夫球场、滑雪场、狩猎场、赛车场、跑马场、射击场、水上运动中心	高尔夫球场	其他	/	
118	展览馆、博物馆、美术馆、影剧院、音乐厅、文化馆、图书馆、档案馆、纪念馆、体育场、体育馆等	/	涉及环境敏感区的	其他	第三条（一）中的全部区域；第三条（二）中的基本农田保护区、基本草原、森林公园、地质公园、重要湿地、天然林、野生动物重要栖息地、重点保护野生植物生长繁殖地；第三条（三）中的文物保护单位
119	公园（含动物园、植物园、主题公园）	特大型、大型主题公园	其他（城市公园和植物园除外）	城市公园、植物园	
120	旅游开发	涉及环境敏感区的缆车、索道建设；海上娱乐及运动、海上景观开发	其他	/	第三条（一）中的全部区域；第三条（二）中的森林公园、地质公园、重要湿地、天然林、野生动物重要栖息地、重点保护野生植物生长繁殖地、重要水生生物的自然产卵场、索饵场、越冬场和洄游通道、封闭及半封闭海域；第三条（三）中的文物保护单位
121	影视基地建设	涉及环境敏感区的	其他	/	第三条（一）中的全部区域；第三条（二）中的基本草原、森林公园、地质公园、重要湿地、天然林、野生动物重要栖息地、重点保护野生植物生长繁殖地；第三条（三）中的全部区域

	项目类别	环评类别			本栏目环境敏感区含义
		报告书	报告表	登记表	
122	胶片洗印厂	/	全部	/	
123	驾驶员训练基地、公交枢纽、大型停车场、机动车检测场	/	涉及环境敏感区的	其他	第三条（一）中的全部区域；第三条（二）中的基本农田保护区、基本草原、森林公园、地质公园、重要湿地、天然林、野生动物重要栖息地、重点保护野生植物生长繁殖地；第三条（三）中的文物保护单位
124	加油、加气站	/	新建、扩建	其他	
125	洗车场	/	涉及环境敏感区的；危险化学品运输车辆清洗场	其他	第三条（一）中的全部区域；第三条（二）中的基本农田保护区、基本草原、森林公园、地质公园、重要湿地、天然林、野生动物重要栖息地、重点保护野生植物生长繁殖地；第三条（三）中的全部区域
126	汽车、摩托车维修场所	/	涉及环境敏感区的；有喷漆工艺的	其他	第三条（一）中的全部区域；第三条（三）中的全部区域
127	殡仪馆、陵园、公墓	/	殡仪馆；涉及环境敏感区的	其他	第三条（一）中的全部区域；第三条（二）中的基本农田保护区；第三条（三）中的全部区域
四十一、煤炭开采和洗选业					
128	煤炭开采	全部	/	/	
129	洗选、配煤	/	全部	/	
130	煤炭储存、集运	/	全部	/	
131	型煤、水煤浆生产	/	全部	/	
四十二、石油和天然气开采业					
132	石油、页岩油开采	石油开采新区块开发；页岩油开采	其他	/	
133	天然气、页岩气、砂岩气开采(含净化、液化)	新区块开发	其他	/	

项目类别		环评类别			本栏目环境敏感区含义
		报告书	报告表	登记表	
134	煤层气开采（含净化、液化）	年生产能力1亿立方米及以上；涉及环境敏感区的	其他	/	第三条（一）中的全部区域；第三条（二）中的基本草原、水土流失重点防治区、沙化土地封禁保护区；第三条（三）中的全部区域
四十三、黑色金属矿采选业					
135	黑色金属矿采选（含单独尾矿库）	全部	/	/	
四十四、有色金属矿采选业					
136	有色金属矿采选（含单独尾矿库）	全部	/	/	
四十五、非金属矿采选业					
137	土砂石、石材开采加工	涉及环境敏感区的	其他	/	第三条（一）中的全部区域；第三条（二）中的基本草原、重要水生生物的自然产卵场、索饵场、越冬场和洄游通道、沙化土地封禁保护区、水土流失重点防治区
138	化学矿采选	全部	/	/	
139	采盐	井盐	湖盐、海盐	/	
140	石棉及其他非金属矿采选	全部	/	/	
四十六、水利					
141	水库	库容1000万立方米及以上；涉及环境敏感区的	其他	/	第三条（一）中的全部区域；第三条（二）中的重要水生生物的自然产卵场、索饵场、越冬场和洄游通道
142	灌区工程	新建5万亩及以上；改造30万亩及以上	其他	/	
143	引水工程	跨流域调水；大中型河流引水；小型河流年总引水量占天然年径流量1/4及以上；涉及环境敏感区的	其他	/	第三条（一）中的全部区域；第三条（二）中的重要水生生物的自然产卵场、索饵场、越冬场和洄游通道
144	防洪治涝工程	新建大中型	其他（小型沟渠的护坡除外）	/	

项目类别		环评类别			本栏目环境敏感区含义
		报告书	报告表	登记表	
145	河湖整治	涉及环境敏感区的	其他	/	第三条（一）中的全部区域；第三条（二）中的重要湿地、野生动物重要栖息地、重点保护野生植物生长繁殖地、重要水生生物的自然产卵场、索饵场、越冬场和洄游通道；第三条（三）中的文物保护单位
146	地下水开采	日取水量1万立方米及以上；涉及环境敏感区的	其他	/	第三条（一）中的全部区域；第三条（二）中的重要湿地
四十七、农业、林业、渔业					
147	农业垦殖	/	涉及环境敏感区的	其他	第三条（一）中的全部区域；第三条（二）中的基本草原、重要湿地、水土流失重点防治区
148	农产品基地项目（含药材基地）	/	涉及环境敏感区的	其他	第三条（一）中的全部区域；第三条（二）中的基本草原、重要湿地、水土流失重点防治区
149	经济林基地项目	/	原料林基地	其他	
150	淡水养殖	/	网箱、围网等投饵养殖；涉及环境敏感的	其他	第三条（一）中的全部区域
151	海水养殖	/	用海面积300亩及以上；涉及环境敏感区的	其他	第三条（一）中的自然保护区、海洋特别保护区；第三条（二）中的重要湿地、野生动物重要栖息地、重点保护野生植物生长繁殖地、重要水生生物的自然产卵场、索饵场、天然渔场、封闭及半封闭海域
四十八、海洋工程					
152	海洋人工鱼礁工程	/	固体物质投放量5 000立方米及以上；涉及环境敏感区的	其他	第三条（一）中的自然保护区、海洋特别保护区；第三条（二）中的野生动物重要栖息地、重点保护野生植物生长繁殖地、重要水生生物的自然产卵场、索饵场、天然渔场、封闭及半封闭海域

项目类别		环评类别			本栏目环境敏感区含义
		报告书	报告表	登记表	
153	围填海工程及海上堤坝工程	围填海工程；长度 0.5 千米及以上的海上堤坝工程；涉及环境敏感区的	其他	/	第三条（一）中的自然保护区、海洋特别保护区；第三条（二）中的重要湿地、野生动物重要栖息地、重点保护野生植物生长繁殖地、重要水生生物的自然产卵场、索饵场、天然渔场、封闭及半封闭海域
154	海上和海底物资储藏设施工程	全部	/	/	
155	跨海桥梁工程	全部	/	/	
156	海底隧道、管道、电（光）缆工程	长度 1.0 千米及以上的	其他	/	
四十九、交通运输业、管道运输业和仓储业					
157	等级公路(不含维护，不含改扩建四级公路)	新建 30 千米以上的三级及以上等级公路；新建涉及环境敏感区的 1 千米及以上的隧道；新建涉及环境敏感区的主桥长度 1 千米以上的桥梁	其他（配套设施、不涉及环境敏感区的四级公路除外）	配套设施、不涉及环境敏感区的四级公路	第三条（一）中的全部区域；第三条（二）中的全部区域；第三条（三）中的全部区域
158	新建、增建铁路	新建、增建铁路（30 千米及以下铁路联络线和 30 千米及以下铁路专用线除外）；涉及环境敏感区的	30 千米及以下铁路联络线和 30 千米及以下铁路专用线	/	第三条（一）中的全部区域；第三条（二）中的全部区域；第三条（三）中的全部区域
159	改建铁路	200 千米及以上的电气化改造(线路和站场不发生调整的除外)	其他	/	
160	铁路枢纽	大型枢纽	其他	/	
161	机场	新建；迁建；飞行区扩建	其他	/	
162	导航台站、供油工程、维修保障等配套工程	/	供油工程；涉及环境敏感区的	其他	第三条（三）中的以居住、医疗卫生、文化教育、科研、行政办公等为主要功能的区域
163	油气、液体化工码头	新建；扩建	其他	/	
164	干散货（含煤炭、矿石）；件杂、多用途、通用码头	单个泊位 1 000 吨级及以上的内河港口；单个泊位 1 万吨级及以上的沿海港口；涉及环境敏感区的	其他	/	第三条（一）中的全部区域；第三条（二）中的重要水生生物的自然产卵场、索饵场、越冬场和洄游通道、天然渔场

| 项目类别 | 环评类别 | | | 本栏目环境敏感区含义 |
	报告书	报告表	登记表	
165 集装箱专用码头	单个泊位3 000吨级及以上的内河港口；单个泊位3万吨级及以上的海港；涉及危险品、化学品的；涉及环境敏感区的	其他	/	第三条（一）中的全部区域；第三条（二）中的重要水生生物的自然产卵场、索饵场、越冬场和洄游通道、天然渔场
166 滚装、客运、工作船、游艇码头	涉及环境敏感区的	其他	/	第三条（一）中的全部区域；第三条（二）中的重要水生生物的自然产卵场、索饵场、越冬场和洄游通道、天然渔场
167 铁路轮渡码头	涉及环境敏感区的	其他	/	第三条（一）中的全部区域；第三条（二）中的重要水生生物的自然产卵场、索饵场、越冬场和洄游通道、天然渔场
168 航道工程、水运辅助工程	航道工程；涉及环境敏感区的防波堤、船闸、通航建筑物	其他	/	第三条（一）中的全部区域；第三条（二）中的重要水生生物的自然产卵场、索饵场、越冬场和洄游通道、天然渔场
169 航电枢纽工程	全部	/	/	
170 中心渔港码头	涉及环境敏感区的	其他	/	第三条（一）中的全部区域；第三条（二）中的重要水生生物的自然产卵场、索饵场、越冬场和洄游通道、天然渔场
171 城市轨道交通	全部	/	/	
172 城市道路(不含维护，不含支路)	/	新建快速路、干道	其他	
173 城市桥梁、隧道（不含人行天桥、人行地道）	/	全部	/	
174 长途客运站	/	新建	其他	
175 城镇管网及管廊建设(不含1.6兆帕及以下的天然气管道)	/	新建	其他	

项目类别		环评类别			本栏目环境敏感区含义
		报告书	报告表	登记表	
176	石油、天然气、页岩气、成品油管线（不含城市天然气管线）	200千米及以上；涉及环境敏感区的	其他	/	第三条（一）中的全部区域；第三条（二）中的基本农田保护区、地质公园、重要湿地、天然林；第三条（三）中的全部区域
177	化学品输送管线	全部	/	/	
178	油库(不含加油站的油库)	总容量20万立方米及以上；地下洞库	其他	/	
179	气库(含LNG库，不含加气站的气库)	地下气库	其他	/	
180	仓储（不含油库、气库、煤炭储存）	/	有毒、有害及危险品的仓储、物流配送项目	其他	
五十、核与辐射					
181	输变电工程	500千伏及以上；涉及环境敏感区的330千伏及以上	其他（100千伏以下除外）	/	第三条（一）中的全部区域；第三条（三）中的以居住、医疗卫生、文化教育、科研、行政办公等为主要功能的区域
182	广播电台、差转台	中波50千瓦及以上；短波100千瓦及以上；涉及环境敏感区的	其他	/	第三条（三）中的以居住、医疗卫生、文化教育、科研、行政办公等为主要功能的区域
183	电视塔台	涉及环境敏感区的100千瓦及以上的	其他	/	第三条（三）中的以居住、医疗卫生、文化教育、科研、行政办公等为主要功能的区域
184	卫星地球上行站	涉及环境敏感区的	其他	/	第三条（三）中的以居住、医疗卫生、文化教育、科研、行政办公等为主要功能的区域
185	雷达	涉及环境敏感区的	其他	/	第三条（三）中的以居住、医疗卫生、文化教育、科研、行政办公等为主要功能的区域
186	无线通信	/	/	全部	

| 项目类别 | 环评类别 | | | 本栏目环境敏感区含义 |
	报告书	报告表	登记表	
187	核动力厂（核电厂、核热电厂、核供气供热厂等）；反应堆（研究堆、实验堆、临界装置等）；核燃料生产、加工、储存、后处理；放射性废物储存、处理或处置；上述项目的退役。放射性污染治理项目	新建、扩建（独立的放射性废物储存设施除外）	主生产工艺或安全重要构筑物的重大变更，但源项不显著增加；次临界装置的新建、扩建；独立的放射性废物储存设施	核设施控制区范围内新增的不带放射性的实验室、试验装置、维修车间、仓库、办公设施等	
188	铀矿开采、冶炼	新建、扩建及退役	其他	/	
189	铀矿地质勘探、退役治理	/	全部	/	
190	伴生放射性矿产资源的采选、冶炼及废渣再利用	新建、扩建	其他	/	
191	核技术利用建设项目（不含在已许可场所增加不超出已许可活动种类和不高于已许可范围等级的核素或射线装置）	生产放射性同位素的(制备PET用放射性药物的除外)；使用I类放射源的（医疗使用的除外）；销售（含建造）、使用I类射线装置的；甲级非密封放射性物质工作场所	制备PET用放射性药物的；医疗使用I类放射源的；使用II类、III类放射源的；生产、使用II类射线装置的；乙、丙级非密封放射性物质工作场所（医疗机构使用植入治疗用放射性粒子源的除外）；在野外进行放射性同位素示踪试验的	销售I类、II类、III类、IV类、V类放射源的；使用IV类、V类放射源的；医疗机构使用植入治疗用放射性粒子源的；销售非密封放射性物质的；销售II类射线装置的；生产、销售、使用III类射线装置的	
192	核技术利用项目退役	生产放射性同位素的(制备PET用放射性药物的除外)；甲级非密封放射性物质工作场所	制备PET用放射性药物的；乙级非密封放射性物质工作场所；水井式γ辐照装置；除水井式γ辐照装置外其他使用I类、II类、III类放射源场所存在污染的；使用I类、II类射线装置存在污染的	丙级非密封放射性物质工作场所；除水井式γ辐照装置外其他使用I类、II类、III类放射源场所不存在污染的	

（一）建设项目的特征

建设项目的特征主要包括建设项目类别和具体特征。

1. 建设项目类别

现行的《建设项目环境影响评价分类管理名录》将建设项目划分为50个大类，如畜牧业、农副食品加工业、食品制造业等，又细分为192个小类，如畜禽养殖场、养殖小区，粮食及饲料加工，植物油加工等。

2. 建设项目具体特征

包括建设项目的性质、规模大小、工艺选择、是否涉及敏感区等。

（二）所在区域的环境敏感程度

《建设项目环境影响评价分类管理名录》第三条规定：

本名录所称环境敏感区是指依法设立的各级各类保护区域和对建设项目产生的环境影响特别敏感的区域，主要包括生态保护红线范围内或者其外的下列区域：

（一）自然保护区、风景名胜区、世界文化和自然遗产地、海洋特别保护区、饮用水水源保护区；

（二）基本农田保护区、基本草原、森林公园、地质公园、重要湿地、天然林、野生动物重要栖息地、重点保护野生植物生长繁殖地、重要水生生物的自然产卵场、索饵场、越冬场和洄游通道、天然渔场、水土流失重点防治区、沙化土地封禁保护区、封闭及半封闭海域；

（三）以居住、医疗卫生、文化教育、科研、行政办公等为主要功能的区域，以及文物保护单位。

建设单位应当严格按照本名录确定建设项目环境影响评价类别，不得擅自改变环境影响评价类别。

环境影响评价应当就建设项目对环境敏感区的影响做重点分析。

跨行业、复合型建设项目，其环境影响评价类别按其中单项等级最高的确定。名录中未做规定的建设项目，其环境影响评价类别由省级生态环境主管部门根据建设项目的环境污染因子、生态影响因子特征及其所处环境的敏感性质和敏感程度提出建议，报生态环境部认定。

第二节　环境影响评价文件的编制要求

一、环境影响评价文件的基本内容

建设项目环境影响评价文件分为环境影响报告书、环境影响报告表和环境影响登记表。为保证环境影响评价的工作质量，督促建设单位认真履行生态环境保护义务，规范环境影响评价文件的编制，《中华人民共和国环境影响评价法》第十七条和《建设项目环境保护管理条例》第八条均对建设项目环境影响报告书的内容、环境影响报告表和环境影响登记表的内容和格式做出了规定。

（一）环境影响报告书的内容

《中华人民共和国环境影响评价法》第十七条规定：

建设项目的环境影响报告书应当包括下列内容：

（1）建设项目概况；

（2）建设项目周围环境现状；

（3）建设项目对环境可能造成影响的分析、预测和评估；

（4）建设项目环境保护措施及其技术、经济论证；

（5）建设项目对环境影响的经济损益分析；

（6）对建设项目实施环境监测的建议；

（7）环境影响评价的结论。

除上述内容外，根据形势的发展，鉴于建设项目风险事故对环境会造成极大危害，对存在环境风险事故的建设项目，特别是在原辅料运输和储存以及产品的生产、储存和运输中涉及危险化学品的建设项目，在环境影响报告书的编制中，还须有环境风险评价的内容。

根据《建设项目环境影响评价技术导则　总纲》（HJ 2.1—2016）规定，典型环境影响报告书应包含以下九个方面的内容。

1. 概述

简要说明建设项目的特点、环境影响评价的工作过程、分析判定相关情况、关注的主要环境问题和环境影响以及环境影响评价的主要结论等。

2. 总则

包括编制依据、评价因子与评价标准、评价等级和评价范围、相关规划及环境功能区划、主要环境保护目标等。

（1）编制依据。包括建设项目执行的相关法律法规、相关政策及规划、相关技术导则及规范等，以及环境影响报告书编制中引用的资料等。

（2）评价因子与评价标准。分别列出环境质量现状评价因子和预测评价因子，给出各评价因子所执行的环境质量标准、污染物排放标准、其他有关标准及具体限值等。

（3）评价等级和评价范围。说明各环境要素、专题评价等级和评价范围。具体根据各环境要素和各专题环境影响评价技术导则的要求确定。

（4）相关规划及环境功能区划。附图列表说明建设项目所在区域或流域发展总体规划、环境保护规划、生态保护规划、环境功能区划或保护区规划等。

（5）主要环境保护目标。依据环境影响识别结果，附图并列表说明评价范围内各环境要素涉及的环境敏感区，需要特殊保护对象的名称、功能、与建设项目的位置关系以及保护要求等。

3. 建设项目工程分析

包括建设项目概况、影响因素分析和污染源源强核算。

（1）建设项目概况。采用图表与文字结合的方式，概要说明建设项目的基本情况、项目组成、主要工艺路线、工程布置及与原有工程的关系等。

（2）影响因素分析。包括污染影响因素分析和生态影响因素分析。

（3）污染源源强核算。选用可行的方法确定建设项目单位时间内污染物的产生量或排放量。

4. 环境现状调查与评价

根据环境影响识别结果，开展相应的环境现状调查与评价。包括自然环境、环境保护目标、环境质量和区域污染源等方面的环境现状调查。给出相应的环境现状调查与评价结果。

5. 环境影响预测与评价

给出各环境要素或专题的环境影响预测时段、预测内容、预测范围、预测方法及预测结果，并根据环境质量标准或评价指标对建设项目的环境影响进行评价。重点预测建设项目生产运行阶段正常工况与非正常工况下的环境影响。

6. 环境保护措施及其可行性论证

明确提出建设项目建设阶段、生产运行阶段和服务期满后（可根据建设项目具体情况选择，下同）拟采取的污染防治、生态保护和环境风险防范等方面的措施；分析论证拟采取措施的技术可行性、经济合理性、长期稳定运行和达标排放的可靠性、满足环境质量改善和排污许可要求的可行性、生态保护和恢复效果的可达性。

环境保护措施的有效性判定应以同类或相同措施的实际运行效果为依据，没有实际运行经验的，可提供工程化实验数据。

环境质量不达标的区域，应采取国内外先进可行的环境保护措施，结合区域限期达标规划及实施情况，分析建设项目实施对区域环境质量改善目标的贡献和影响。

给出各项污染防治、生态保护和环境风险防范等方面的措施的具体内容、责任主体、实施时段，估算环境保护投入，明确资金来源。

环境保护投入应包括为预防和减轻建设项目不良环境影响而采取的各项环境保护措施和设施的建设费用、运行维护费用，直接为建设项目服务的环境管理与监测费用以及相关研究费用等。

7. 环境影响经济损益分析

将建设项目实施后的环境影响预测结果与环境质量现状进行比较，从环境影响的正负两方面，以定性与定量相结合的方式，对建设项目的环境影响（包括直接和间接影响、有利和不利影响）进行货币化经济损益分析，估算建设项目环境影响的经济价值。

8. 环境管理与监测计划

按照建设项目建设阶段、生产运行阶段和服务期满后等不同阶段，针对不同工况、不同环境影响和不同环境风险特征，提出具体环境管理要求。

给出污染物排放清单，明确污染物排放的管理要求。包括工程组成及原辅材料组分要求，建设项目拟采取的环境保护措施及主要运行参数，所排放污染物的种类、排放浓度、排放强度和总量控制指标，污染物排放的分时段要求，排污口信息，执行的环境保护标准，环境风险防范措施以及环境监测等，并提出应向社会公开的信息内容。

提出建立日常环境管理制度、组织机构和环境管理台账等相关要求，明确各项环境保护设施的建设、运行及维护等费用的保障计划。

环境监测计划应包括污染源监测计划和环境质量监测计划，内容包括监测因子、监测网点布设、监测频次、监测数据采集与处理、样品采集和分析方法等，明确自行监测计划的内容。

9. 环境影响评价结论

对建设项目的建设概况、环境质量现状、污染物排放情况、主要环境影响、公众意见采纳情况、环境保护措施、环境影响经济损益分析、环境管理与监测计划等内容进行概括总结，结合环境质量目标要求，明确给出建设项目的环境影响可行的结论。

对存在重大环境制约因素、环境影响不可接受或环境风险不可控、环境保护措施经济技术不满足长期稳定达标及生态保护要求、区域环境问题突出且整治计划未落实或不能满足环境质量改善目标的建设项目，应给出环境影响不可行的结论。

（二）环境影响报告表和环境影响登记表的内容

《中华人民共和国环境影响评价法》对建设项目环境影响报告表和环境影响登记表做出了如下规定：

环境影响报告表和环境影响登记表的内容和格式，由国务院生态环境主管部门制定。

原国家环境保护总局于 1999 年 8 月发布《关于公布〈建设项目环境影响报告表〉（试行）和〈建设项目环境影响登记表〉（试行）内容及格式的通知》（环发〔1999〕178 号），公布了环境影响报告表和环境影响登记表的内容及格式。

1. 环境影响报告表的内容

《建设项目环境影响报告表（试行）》中规定的环境影响报告表的填报内容包括：建设项目的基本情况、建设项目所在地自然环境和社会环境简况、环境质量状况、评价适用标准、建设项目工程分析、项目主要污染物产生及预计排放情况、环境影响分析、建设项目拟采取的防治措施及预期治理效果和结论与建议。

要特别注意，环境影响报告表如不能说明项目产生的环境污染及对环境造成的影响，应进行专项评价。根据建设项目的特点和当地环境特征，可进行 1~2 项专项评价，专项评价按环境影响评价技术导则中的要求进行。

环境影响报告表应有必要的附件和图表。

2. 环境影响登记表的内容

根据《建设项目环境影响登记表（试行）》，环境影响登记表填报的内容包括：项目名称、建设地点、建设性质、行业类别及代码、建设项目内容及规模、污染物排放量和排放去向、周围环境简况、生产工艺流程简况、拟采取的污染防治措施等。

二、建设项目规划的环境影响评价

1. 整体建设项目的规划环境影响评价

《中华人民共和国环境影响评价法》第十八条第二款、第三款规定：

作为一项整体建设项目的规划，按照建设项目进行环境影响评价，不进行规划的环境影响评价。

已经进行了环境影响评价的规划包含具体建设项目的，规划的环境影响评价结论应当作为建设项目环境影响评价的重要依据，建设项目环境影响评价的内容应当根据规划的环境影响评价审查意见予以简化。

一项整体建设项目的规划是指一个具体的建设发展规划，规划中一般包括多个建设项目。规划中建设项目建设的地点、规模、产品、工艺都比较具体，尽管是在一段时间内陆续建设的，但可以运用建设项目环境影响评价方法来预测其最终建成规模对环境可能造成的影响程度，也可以提出具体的污染防治及生态保护的措施，可视为分期建设、分期投产的一揽子项目。对于这种规划，采用建设项目环境影响评价技术导则和管理程序更有利于做好规划的环境保护，因此应按建设项目进行环境影响评价。

如果规划环境影响评价中包含了一些具体的建设项目，规划环境影响评价结论应当作为建设项目环境影响评价的重要依据，这些建设项目开始建设时与规划环境影响评价中的规模和工艺是没有变化的，其环境影响评价内容可以根据规划环境影响评价审查意见予以简化。

2. 区域性开发建设规划的环境影响评价

《建设项目环境保护管理条例》第二十七条规定：

流域开发、开发区建设、城市新区建设和旧区改建等区域性开发，编制建设规划时，应当进行环境影响评价。具体办法由国务院环境保护行政主管部门会同国务院有关部门另行规定。

这是在《中华人民共和国环境影响评价法》出台前，为了落实"完善环境影响评价制度从对单个建设项目的环境影响进行评价向对各项资源开发活动、经济开发区建设和重大经济决策的环境影响评价拓展"以及"对区域和资源开发，要进行环境论证，建立有效的环境管理程序，使环境与发展综合决策科学化、规范化"的有关要求而制定的，目的是为了推动环境影响评价从建设项目向更高层次发展，推进规划环境影响评价立法。

三、建设项目环境影响评价的公众参与和信息公开机制

环境影响评价公众参与和信息公开是保障公众环境保护权益、构建共同参与的环境治理体系的有效途径。2006 年 2 月，原国家环境保护总局发布了《环境影响评价公众参与暂行办法》（环发〔2006〕28 号），首次对环境影响评价公众参与进行了全面系统的规定。为了健全环境治理体系，建立全过程、全覆盖的建设项目环境影响评价信息公开机制，保障公众对项目建设的环境影响知情权、参与权和监督权，原环境保护部于 2015 年 12 月 10 日发布了《建设项目环境影响评价信息公开机制方案》（环发〔2015〕162 号）。2018 年 7 月 16 日，生态环

境部发布《环境影响评价公众参与办法》（生态环境部令 第 4 号），并于 2018 年 10 月 12 日发布《关于发布〈环境影响评价公众参与办法〉配套文件的公告》（公告 2018 年 第 48 号），2019 年 1 月 1 日起施行。

1. 法律和行政法规有关规定

《中华人民共和国环境影响评价法》规定：

第五条 国家鼓励有关单位、专家和公众以适当方式参与环境影响评价。

……

第二十一条 除国家规定需要保密的情形外，对环境可能造成重大影响、应当编制环境影响报告书的建设项目，建设单位应当在报批建设项目环境影响报告书前，举行论证会、听证会，或者采取其他形式，征求有关单位、专家和公众的意见。

建设单位报批的环境影响报告书应当附具对有关单位、专家和公众的意见采纳或者不采纳的说明。

《建设项目环境保护管理条例》第十四条规定：

建设单位编制环境影响报告书，应当依照有关法律规定，征求建设项目所在地有关单位和居民的意见。

2. 环境影响评价公众参与原则

《环境影响评价公众参与办法》第三条规定环境影响评价公众参与应当遵循以下原则：

环境影响评价公众参与遵循依法、有序、公开、便利的原则。

3. 建设单位听取意见的范围

《环境影响评价公众参与办法》规定：

第五条 建设单位应当依法听取环境影响评价范围内的公民、法人和其他组织的意见，鼓励建设单位听取环境影响评价范围之外的公民、法人和其他组织的意见。

……

第三十二条 核设施建设项目建造前的环境影响评价公众参与依照本办法有关规定执行。

堆芯热功率 300 兆瓦以上的反应堆设施和商用乏燃料后处理厂的建设单位应当听取设施或者后处理厂半径 15 公里范围内公民、法人和其他组织的意见；其他核设施和铀矿冶设施的建设单位应当根据环境影响评价的具体情况，在一定范围内听取公民、法人和其他组织的意见。

大型核动力厂建设项目的建设单位应当协调相关省级人民政府制定项目建设公众沟通方案，以指导与公众的沟通工作。

4. 建设单位公开环境影响评价信息的方式、内容和程序

《环境影响评价公众参与办法》规定：

第八条 建设项目环境影响评价公众参与相关信息应当依法公开，涉及国家秘密、商业秘密、个人隐私的，依法不得公开。法律法规另有规定的，从其规定。

生态环境主管部门公开建设项目环境影响评价公众参与相关信息，不得危及国家安全、公共安全、经济安全和社会稳定。

第九条　建设单位应当在确定环境影响报告书编制单位后 7 个工作日内，通过其网站、建设项目所在地公共媒体网站或者建设项目所在地相关政府网站（以下统称网络平台），公开下列信息：

（一）建设项目名称、选址选线、建设内容等基本情况，改建、扩建、迁建项目应当说明现有工程及其环境保护情况；

（二）建设单位名称和联系方式；

（三）环境影响报告书编制单位的名称；

（四）公众意见表的网络链接；

（五）提交公众意见表的方式和途径。

在环境影响报告书征求意见稿编制过程中，公众均可向建设单位提出与环境影响评价相关的意见。

公众意见表的内容和格式，由生态环境部制定。

第十条　建设项目环境影响报告书征求意见稿形成后，建设单位应当公开下列信息，征求与该建设项目环境影响有关的意见：

（一）环境影响报告书征求意见稿全文的网络链接及查阅纸质报告书的方式和途径；

（二）征求意见的公众范围；

（三）公众意见表的网络链接；

（四）公众提出意见的方式和途径；

（五）公众提出意见的起止时间。

建设单位征求公众意见的期限不得少于 10 个工作日。

第十一条　依照本办法第十条规定应当公开的信息，建设单位应当通过下列三种方式同步公开：

（一）通过网络平台公开，且持续公开期限不得少于 10 个工作日；

（二）通过建设项目所在地公众易于接触的报纸公开，且在征求意见的 10 个工作日内公开信息不得少于 2 次；

（三）通过在建设项目所在地公众易于知悉的场所张贴公告的方式公开，且持续公开期限不得少于 10 个工作日。

鼓励建设单位通过广播、电视、微信、微博及其他新媒体等多种形式发布本办法第十条规定的信息。

第十二条　建设单位可以通过发放科普资料、张贴科普海报、举办科普讲座或者通过学校、社区、大众传播媒介等途径，向公众宣传与建设项目环境影响有关的科学知识，加强与公众互动。

5. 公众意见收集整理和公众参与说明的规定

《环境影响评价公众参与办法》规定：

第十三条　公众可以通过信函、传真、电子邮件或者建设单位提供的其他方式，在规定时间内将填写的公众意见表等提交建设单位，反映与建设项目环境影响有关的意见和建议。

公众提交意见时，应当提供有效的联系方式。鼓励公众采用实名方式提交意见并提供常住地址。

对公众提交的相关个人信息，建设单位不得用于环境影响评价公众参与之外的用途，未经个人信息相关权利人允许不得公开。法律法规另有规定的除外。

第十八条 建设单位应当对收到的公众意见进行整理，组织环境影响报告书编制单位或者其他有能力的单位进行专业分析后提出采纳或者不采纳的建议。

建设单位应当综合考虑建设项目情况、环境影响报告书编制单位或者其他有能力的单位的建议、技术经济可行性等因素，采纳与建设项目环境影响有关的合理意见，并组织环境影响报告书编制单位根据采纳的意见修改完善环境影响报告书。

对未采纳的意见，建设单位应当说明理由。未采纳的意见由提供有效联系方式的公众提出的，建设单位应当通过该联系方式，向其说明未采纳的理由。

第十九条 建设单位向生态环境主管部门报批环境影响报告书前，应当组织编写建设项目环境影响评价公众参与说明。公众参与说明应当包括下列主要内容：

（一）公众参与的过程、范围和内容；

（二）公众意见收集整理和归纳分析情况；

（三）公众意见采纳情况，或者未采纳情况、理由及向公众反馈的情况等。

公众参与说明的内容和格式，由生态环境部制定。

第二十条 建设单位向生态环境主管部门报批环境影响报告书前，应当通过网络平台，公开拟报批的环境影响报告书全文和公众参与说明。

第二十一条 建设单位向生态环境主管部门报批环境影响报告书时，应当附具公众参与说明。

第三十条 公众提出的涉及征地拆迁、财产、就业等与建设项目环境影响评价无关的意见或者诉求，不属于建设项目环境影响评价公众参与的内容，公众可以依法另行向其他有关主管部门反映。

6. 公众座谈会、专家论证会和听证会程序

《环境影响评价公众参与办法》规定：

第十四条 对环境影响方面公众质疑性意见多的建设项目，建设单位应当按照下列方式组织开展深度公众参与：

（一）公众质疑性意见主要集中在环境影响预测结论、环境保护措施或者环境风险防范措施等方面的，建设单位应当组织召开公众座谈会或者听证会。座谈会或者听证会应当邀请在环境方面可能受建设项目影响的公众代表参加。

（二）公众质疑性意见主要集中在环境影响评价相关专业技术方法、导则、理论等方面的，建设单位应当组织召开专家论证会。专家论证会应当邀请相关领域专家参加，并邀请在环境方面可能受建设项目影响的公众代表列席。

建设单位可以根据实际需要，向建设项目所在地县级以上地方人民政府报告，并请求县级以上地方人民政府加强对公众参与的协调指导。县级以上生态环境主管部门应当在同级人民政府指导下配合做好相关工作。

第十五条 建设单位决定组织召开公众座谈会、专家论证会的，应当在会议召开的 10 个工作日前，将会议的时间、地点、主题和可以报名的公众范围、报名办法，通过网络平台和在建设项目所在地公众易于知悉的场所张贴公告等方式向社会公告。

建设单位应当综合考虑地域、职业、受教育水平、受建设项目环境影响程度等因素，从报名的公众中选择参加会议或者列席会议的公众代表，并在会议召开的 5 个工作日前通知拟

邀请的相关专家，并书面通知被选定的代表。

第十六条　建设单位应当在公众座谈会、专家论证会结束后 5 个工作日内，根据现场记录，整理座谈会纪要或者专家论证结论，并通过网络平台向社会公开座谈会纪要或者专家论证结论。座谈会纪要和专家论证结论应当如实记载各种意见。

第十七条　建设单位组织召开听证会的，可以参考环境保护行政许可听证的有关规定执行。

7. 建设项目环境影响评价公众参与简化规定

《环境影响评价公众参与办法》第三十一条规定：

对依法批准设立的产业园区内的建设项目，若该产业园区已依法开展了规划环境影响评价公众参与且该建设项目性质、规模等符合经生态环境主管部门组织审查通过的规划环境影响报告书和审查意见，建设单位开展建设项目环境影响评价公众参与时，可以按照以下方式予以简化：

（一）免予开展本办法第九条规定的公开程序，相关应当公开的内容纳入本办法第十条规定的公开内容一并公开；

（二）本办法第十条第二款和第十一条第一款规定的 10 个工作日的期限减为 5 个工作日；

（三）免予采用本办法第十一条第一款第三项规定的张贴公告的方式。

8. 生态环境主管部门建设项目环境影响评价公众参与

《环境影响评价公众参与办法》规定：

第二十二条　生态环境主管部门受理建设项目环境影响报告书后，应当通过其网站或者其他方式向社会公开下列信息：

（一）环境影响报告书全文；

（二）公众参与说明；

（三）公众提出意见的方式和途径。公开期限不得少于 10 个工作日。

第二十三条　生态环境主管部门对环境影响报告书做出审批决定前，应当通过其网站或者其他方式向社会公开下列信息：

（一）建设项目名称、建设地点；

（二）建设单位名称；

（三）环境影响报告书编制单位名称；

（四）建设项目概况、主要环境影响和环境保护对策与措施；

（五）建设单位开展的公众参与情况；

（六）公众提出意见的方式和途径。

公开期限不得少于 5 个工作日。

生态环境主管部门依照第一款规定公开信息时，应当通过其网站或者其他方式同步告知建设单位和利害关系人享有要求听证的权利。

生态环境主管部门召开听证会的，依照环境保护行政许可听证的有关规定执行。

第二十四条　在生态环境主管部门受理环境影响报告书后和做出审批决定前的信息公开期间，公民、法人和其他组织可以依照规定的方式、途径和期限，提出对建设项目环境影响报告书审批的意见和建议，举报相关违法行为。

生态环境主管部门对收到的举报，应当依照国家有关规定处理。必要时，生态环境主管部门可以通过适当方式向公众反馈意见采纳情况。

第二十五条 生态环境主管部门应当对公众参与说明内容和格式是否符合要求、公众参与程序是否符合本办法的规定进行审查。经综合考虑收到的公众意见、相关举报及处理情况、公众参与审查结论等，生态环境主管部门发现建设项目未充分征求公众意见的，应当责成建设单位重新征求公众意见，退回环境影响报告书。

第二十六条 生态环境主管部门参考收到的公众意见，依照相关法律法规、标准和技术规范等审批建设项目环境影响报告书。

第二十七条 生态环境主管部门应当自做出建设项目环境影响报告书审批决定之日起7个工作日内，通过其网站或者其他方式向社会公告审批决定全文，并依法告知提起行政复议和行政诉讼的权利及期限。

9. 公众参与说明格式要求

2018年10月12日生态环境部发布《关于发布〈环境影响评价公众参与办法〉配套文件的公告》，对建设项目环境影响评价公众参与说明的格式进行了明确的规定。

第三节　环境影响评价文件的审批

一、环境影响评价文件的报批时限

当前，在投资体制改革新形势下，项目管理分为审批、核准、备案三种。其中，针对使用政府性资金投资建设的项目适用审批制，针对企业不使用政府性资金投资建设的项目适用核准制和备案制，2016年11月30日，国务院发布《企业投资项目核准和备案管理条例》（国务院令 第 673 号），该条例进一步深化了投资体制改革，将企业投资项目分为核准管理和备案管理两类。对关系国家安全、涉及全国重大生产力布局、战略性资源开发和重大公共利益等项目，实行核准管理。对前款规定以外的项目，实行备案管理。

2017年3月8日，国家发展和改革委员会发布《企业投资项目核准和备案管理办法》规定：

第二条 本办法所称企业投资项目，是指企业在中国境内投资建设的固定资产投资项目，包括企业使用自己筹措资金的项目，以及使用自己筹措的资金并申请使用政府投资补助或贷款贴息等的项目。

第四条 根据项目不同情况，分别实行核准管理或备案管理。

对关系国家安全、涉及全国重大生产力布局、战略性资源开发和重大公共利益等项目，实行核准管理。其他项目实行备案管理。

第五条 实行核准管理的具体项目范围以及核准机关、核准权限，由国务院颁布的《政府核准的投资项目目录》确定。法律、行政法规和国务院对项目核准的范围、权限有专门规定的，从其规定。

《核准目录》由国务院投资主管部门会同有关部门研究提出，报国务院批准后实施，并根据情况适时调整。

未经国务院批准，各部门、各地区不得擅自调整《核准目录》确定的核准范围和权限。

第十五条　企业投资建设固定资产投资项目，应当遵守国家法律法规，符合国民经济和社会发展总体规划、专项规划、区域规划、产业政策、市场准入标准、资源开发、能耗与环境管理等要求，依法履行项目核准或者备案及其他相关手续，并依法办理城乡规划、土地（海域）使用、环境保护、能源资源利用、安全生产等相关手续，如实提供相关材料，报告相关信息。

第二十二条　项目单位在报送项目申请报告时，应当根据国家法律法规的规定附具以下文件：

（一）城乡规划行政主管部门出具的选址意见书（仅指以划拨方式提供国有土地使用权的项目）；

（二）国土资源（海洋）行政主管部门出具的用地（用海）预审意见（国土资源主管部门明确可以不进行用地预审的情形除外）；

（三）法律、行政法规规定需要办理的其他相关手续。

2014年12月10日，国务院办公厅发布的《关于印发精简审批事项规范中介服务实行企业投资项目网上并联核准制度工作方案的通知》（国办发〔2014〕59号）对精简前置审批提出了要求：只保留规划选址、用地（用海）预审两项前置审批，其他审批事项实行并联办理。对重特大项目，也应将环境影响评价审批作为前置条件。

2016年9月1日起施行的《中华人民共和国环境影响评价法》取消了环境影响评价审批的前置要求，提出在建设项目开工建设前，环境影响评价文件需要依法经审批部门审查批准。即环境影响评价行政审批不再作为可行性研究报告审批、项目申请报告核准或项目基本信息备案的前置条件，环境影响评价文件的审批与可行性研究报告审批、项目申请报告核准或项目基本信息备案同时进行，但仍须在开工前完成。

二、环境影响评价文件的审批程序和时限

《中华人民共和国环境影响评价法》第二十二条规定：

建设项目的环境影响报告书、报告表，由建设单位按照国务院的规定报有审批权的生态环境主管部门审批。

海洋工程建设项目的海洋环境影响报告书的审批，依照《中华人民共和国海洋环境保护法》的规定办理。

审批部门应当自收到环境影响报告书之日起六十日内，收到环境影响报告表之日起三十日内，分别做出审批决定并书面通知建设单位。

国家对环境影响登记表实行备案管理。

审核、审批建设项目环境影响报告书、报告表以及备案环境影响登记表，不得收取任何费用。

不同的环境影响评价文件，其审批时限要求不同，环境影响报告书是六十日内，环境影响报告表是三十日内，不仅要做出审批决定，而且要书面通知建设单位。对生态环境主管部门审批环境影响评价文件的时限做出规定，能有效地履行政府职责，提高审批工作效率。

此外，环境影响登记表为备案管理。为此，原环境保护部颁布了《建设项目环境影响登记表备案管理办法》（环境保护部令第41号）。

三、环境影响评价文件的重新报批和重新审核

《中华人民共和国环境影响评价法》第二十四条规定：

建设项目的环境影响评价文件经批准后，建设项目的性质、规模、地点、采用的生产工艺或者防治污染、防止生态破坏的措施发生重大变动的，建设单位应当重新报批建设项目的环境影响评价文件。

建设项目的环境影响评价文件自批准之日起超过五年，方决定该项目开工建设的，其环境影响评价文件应当报原审批部门重新审核；原审批部门应当自收到建设项目环境影响评价文件之日起十日内，将审核意见书面通知建设单位。

《建设项目环境保护管理条例》第十二条也有相同的规定，并对重新审核环境影响评价文件的情形，明确规定"逾期未通知的，视为审核同意"。

重新报批的建设项目环境影响评价文件的审批程序和时限按照《中华人民共和国环境影响评价法》第二十二条、第二十三条和《建设项目环境保护管理条例》第九条、第十条执行。

为界定环境影响评价管理中建设项目的重大变动，2015 年 6 月 4 日，原环境保护部发布了《关于印发环评管理中部分行业建设项目重大变动清单的通知》（环办〔2015〕52 号），制定了水电、水利、火电、煤炭、油气管道、铁路、高速公路、港口、石油炼制与石油化工建设项目重大变动清单（试行），并提出将根据情况进一步补充、调整和完善；原省级环境保护行政主管部门可结合本地区实际情况，制定本行政区特殊行业重大变动清单，报原环境保护部备案。原环境保护部于 2018 年 1 月 29 日发布了《关于印发制浆造纸等十四个行业建设项目重大变动清单的通知》（环办环评〔2018〕6 号），进一步制定了纸浆造纸、制药、农药、化肥（氮肥）、纺织印染、制革、制糖、电镀、钢铁、炼焦、平板玻璃、水泥、铜铅锌冶炼、铝冶炼建设项目重大变动清单（试行）。

关于重大变动的界定，《关于印发环评管理中部分行业建设项目重大变动清单的通知》（环办〔2015〕52 号）规定：

根据《中华人民共和国环境影响评价法》和《建设项目环境保护管理条例》有关规定，建设项目的性质、规模、地点、生产工艺和环境保护措施五个因素中的一项或一项以上发生重大变动，且可能导致环境影响显著变化（特别是不利环境影响加重的），界定为重大变动。属于重大变动的应当重新报批环境影响评价文件，不属于重大变动的纳入竣工环境保护验收管理。

四、环境影响评价文件的分级审批

根据《中华人民共和国环境影响评价法》第二十三条规定：

国务院生态环境主管部门负责审批下列建设项目的环境影响评价文件：

（一）核设施、绝密工程等特殊性质的建设项目；

（二）跨省、自治区、直辖市行政区域的建设项目；

（三）由国务院审批的或者由国务院授权有关部门审批的建设项目。

前款规定以外的建设项目的环境影响评价文件的审批权限，由省、自治区、直辖市人民政府规定。

建设项目可能造成跨行政区域的不良环境影响，有关生态环境主管部门对该项目的环境影响评价结论有争议的，其环境影响评价文件由共同的上一级生态环境主管部门审批。

为进一步加强和规范建设项目环境影响评价文件审批，提高审批效率，明确审批权责，原环境保护部修订并公布了《建设项目环境影响评价文件分级审批规定》（环境保护部令第5号）。其中规定：

第七条 环境保护部直接审批环境影响评价文件的建设项目的目录、环境保护部委托省级环境保护部门审批环境影响评价文件的建设项目的目录，由环境保护部制定、调整和发布。

第八条 第五条规定以外的建设项目环境影响评价文件的审批权限，由省级环境保护部门参照第四条及下述原则提出分级审批建议，报省级人民政府批准后实施，并抄报环境保护部。

（一）有色金属冶炼及矿山开发、钢铁加工、电石、铁合金、焦炭、垃圾焚烧及发电、制浆等对环境可能造成重大影响的建设项目环境影响评价文件由省级环境保护部门负责审批。

（二）化工、造纸、电镀、印染、酿造、味精、柠檬酸、酶制剂、酵母等污染较重的建设项目环境影响评价文件由省级或地级市环境保护部门负责审批。

（三）法律和法规关于建设项目环境影响评价文件分级审批管理另有规定的，按照有关规定执行。

2019年2月26日，生态环境部调整并公布了《生态环境部审批环境影响评价文件的建设项目目录》；各省、自治区、直辖市人民政府也制定了相应的"生态环境部门审批环境影响评价文件的建设项目目录"，为项目的分级审批提供了切实的依据。

负责审批环境影响评价文件的生态环境主管部门，除了生态环境部和省、自治区、直辖市生态环境主管部门，还有地、州、市生态环境主管部门，以及县、区生态环境主管部门。

五、环境影响评价文件的审批原则

生态环境主管部门审批环境影响报告书、环境影响报告表，应当重点审查建设项目的环境可行性、环境影响分析预测评估的可靠性、环境保护措施的有效性、环境影响评价结论的科学性等。

《建设项目环境保护管理条例》第十一条规定：

建设项目有下列情形之一的，环境保护行政主管部门应当对环境影响报告书、环境影响报告表做出不予批准的决定。

（一）建设项目类型及其选址、布局、规模等不符合环境保护法律法规和相关法定规划；

（二）所在区域环境质量未达到国家或者地方环境质量标准，且建设项目拟采取的措施不能满足区域环境质量改善目标管理要求；

（三）建设项目采取的污染防治措施无法确保污染物排放达到国家和地方排放标准，或者未采取必要措施预防和控制生态破坏；

（四）改建、扩建和技术改造项目，未针对项目原有环境污染和生态破坏提出有效防治措施；

（五）建设项目的环境影响报告书、环境影响报告表的基础资料数据明显不实，内容存在重大缺陷、遗漏，或者环境影响评价结论不明确、不合理。

在委托和下放部分审批权限后，为进一步规范建设项目环境影响评价文件审批，统一管理尺度，原环境保护部于 2015 年 12 月 18 日发布了《关于规范火电等七个行业建设项目环境影响评价文件审批的通知》（环办〔2015〕112 号），提出了火电、水电、钢铁、铜铅锌冶炼、石化、纸浆造纸、高速公路七个行业建设项目环境影响评价文件审批原则。在此基础上，原环境保护部于 2016 年 12 月 24 日发布了《关于印发水泥制造等七个行业建设项目环境影响评价文件审批原则的通知》（环办环评〔2016〕114 号），对水泥制造、煤炭采选、汽车整车制造、铁路、制药、水利（引调水工程）、航道等七个行业建设项目环境影响评价文件提出了审批原则；2018 年 1 月 4 日与 7 月 21 日，原环境保护部和生态环境部分别发布了《关于印发机场、港口、水利（河湖整治与防洪除涝工程）三个行业建设项目环境影响评价文件审批原则的通知》（环办环评〔2018〕2 号）、《关于印发城市轨道交通、水利（灌区）两个行业建设项目环境影响评价文件审批原则的通知》（环办环评〔2018〕17 号）。上述审批原则的制定，为各级生态环境主管部门统一上述行业环境影响评价文件的审查提供了依据。

六、"未批先建"建设项目环境影响评价管理

为了明确建设单位"未批先建"违法行为的法律适用、追溯期限以及后续办理环境影响评价手续等方面的管理要求，2018 年 2 月 22 日与 2 月 24 日，原环境保护部分别发布了《关于建设项目"未批先建"违法行为法律适用问题的意见》（环政法函〔2018〕31 号）、《关于加强"未批先建"建设项目环境影响评价管理工作的通知》（环办环评〔2018〕18 号）。

关于"未批先建"违法行为的界定，《关于加强"未批先建"建设项目环境影响评价管理工作的通知》（环办环评〔2018〕18 号）规定：

"未批先建"违法行为是指，建设单位未依法报批建设项目环境影响报告书（表），或者未按照环境影响评价法第二十四条的规定重新报批或者重新审核环境影响报告书（表），擅自开工建设的违法行为，以及建设项目环境影响报告书（表）未经批准或者未经原审批部门重新审核同意，建设单位擅自开工建设的违法行为。

关于建设项目开工建设的界定，《关于加强"未批先建"建设项目环境影响评价管理工作的通知》（环办环评〔2018〕18 号）规定：

除火电、水电和电网项目外，建设项目开工建设是指，建设项目的永久性工程正式破土开槽开始施工，在此以前的准备工作，如地质勘探、平整场地、拆除旧有建筑物、临时建筑、施工用临时道路、通水、通电等不属于开工建设。

火电项目开工建设是指，主厂房基础垫层浇筑第一方混凝土。电网项目中变电工程和线路工程开工建设是指，主体工程基础开挖和线路基础开挖。水电项目筹建及准备期相关工程按照《关于进一步加强水电建设环境保护工作的通知》（环办〔2012〕4 号）执行。

关于"未批先建"违法行为的行政处罚追溯期限，《关于建设项目"未批先建"违法行为法律适用问题的意见》（环政法函〔2018〕31 号）规定：

（一）相关法律规定

行政处罚法第二十九条规定："违法行为在两年内未被发现的，不再给予行政处罚。法律另有规定的除外。前款规定的期限，从违法行为发生之日起计算；违法行为有连续或者继续状态的，从行为终了之日起计算。"

（二）追溯期限的起算时间

根据上述法律规定，"未批先建"违法行为的行政处罚追溯期限应当自建设行为终了之日起计算。因此，"未批先建"违法行为自建设行为终了之日起两年内未被发现的，环保部门应当遵守行政处罚法第二十九条的规定，不予行政处罚。

关于"未批先建"建设项目建设单位可否主动补交环境影响报告书、环境影响报告表报送审批，《关于建设项目"未批先建"违法行为法律适用问题的意见》（环政法函〔2018〕31号）规定：

（一）新环境保护法和新环境影响评价法并未禁止建设单位主动补交环境影响报告书、报告表报送审批

对"未批先建"违法行为，2014年修订的新环境保护法第六十一条增加了处罚条款，该条款与原环境影响评价法（2002年）第三十一条相比，未规定"责令限期补办手续"的内容；2016年修正的新环境影响评价法第三十一条，亦删除了原环境影响评价法"限期补办手续"的规定。不再将"限期补办手续"作为行政处罚的前置条件，但并未禁止建设单位主动补交环境影响报告书、报告表报送审批。

（二）建设单位主动补交环境影响报告书、报告表并报送环保部门审查的，有权审批的环保部门应当受理

因"未批先建"违法行为受到环保部门依据新环境保护法和新环境影响评价法做出的处罚，或者"未批先建"违法行为自建设行为终了之日起两年内未被发现而未予行政处罚的，建设单位主动补交环境影响报告书、报告表并报送环保部门审查的，有权审批的环保部门应当受理，并根据不同情形分别做出相应处理：

1. 对符合环境影响评价审批要求的，依法做出批准决定。

2. 对不符合环境影响评价审批要求的，依法不予批准，并可以依法责令恢复原状。

建设单位同时存在违反"三同时"验收制度、超过污染物排放标准排污等违法行为的，应当依法予以处罚。

第四节　环境影响评价工程师职业资格制度

从1990年开始，国家对环境影响评价技术人员开始进行环境影响评价政策法规和技术的业务培训，颁发岗位培训证书。随着人事制度的改革，根据中国对专业技术人员"淡化职称，强化岗位管理，在关系公众利益和国家安全的关键技术岗位大力推行职业资格"的总体要求，国家对从事环境影响评价工作的专业技术人员实行职业资格制度。

一、环境影响评价工程师职业资格制度的实施目的

为了加强对环境影响评价专业技术人员的管理，规范环境影响评价行为，提高环境影响评价专业技术人员素质和业务水平，维护国家环境安全和公众利益，原人事部和国家环境保护总局于2004年2月16日联合发布了《关于印发〈环境影响评价工程师职业资格制度暂行

规定〉〈环境影响评价工程师职业资格考试实施办法〉和〈环境影响评价工程师职业资格考试认定办法〉的通知》(国人部发〔2004〕13号),规定从2004年4月1日起在全国实施环境影响评价工程师职业资格制度。

环境影响评价工程师是指取得《中华人民共和国环境影响评价工程师职业资格证书》(以下简称职业资格证书)且在一个环境影响评价机构或者申请资质机构中全日制专职工作的专业技术人员。

环境影响评价工程师职业资格制度适用于从事规划和建设项目环境影响评价、技术评估和竣工环境保护验收等工作的专业技术人员,凡从事环境影响评价、技术评估和竣工环境保护验收的单位,应配备环境影响评价工程师。环境影响评价工程师职业资格制度纳入全国专业技术人员职业资格证书制度统一管理。

二、环境影响评价工程师职业资格考试

环境影响评价工程师职业资格考试时间定于每年的第二季度。环境影响评价工程师考试设《环境影响评价相关法律法规》《环境影响评价技术导则与标准》《环境影响评价技术方法》和《环境影响评价案例分析》4个科目。

申请报名参加环境影响评价工程师职业资格考试的人员,必须满足以下条件:

1. 环境保护相关专业的技术人员

大专学历需从事环境影响评价工作满7年;本科学历需从事环境影响评价工作满5年;硕士研究生需从事环境影响评价工作满2年;博士研究生需从事环境影响评价工作满1年。

2. 其他专业的技术人员

大专学历需从事环境影响评价工作满8年;本科学历需从事环境影响评价工作满6年;硕士研究生需从事环境影响评价工作满3年;博士研究生需从事环境影响评价工作满2年。

考试分4个半天进行,各科目的考试时间均为3小时,采用闭卷笔答方式。考试成绩实行2年为1个周期的滚动管理办法。参加全部4个科目考试的人员必须在连续的2个考试年度内通过全部科目,方可取得中华人民共和国环境影响评价工程师职业资格证书。

三、环境影响评价从业人员职业道德规范

为规范环境影响评价从业人员的职业行为,提高从业人员的职业道德水准,促进行业健康有序发展,2010年6月,原环境保护部制定了《环境影响评价从业人员职业道德规范(试行)》。该规范所称环境影响评价从业人员是指在承担环境影响评价、技术评估、"三同时"环境监理、竣工环境保护验收监测或调查工作的单位从事相关工作的人员,包括环境影响评价工程师、技术评估人员、接受评估机构聘请从事评审工作的专家、验收监测人员、验收调查人员以及其他相关人员等。规范主要内容如下:

环境影响评价从业人员应当自觉践行社会主义核心价值体系,遵行职业操守,规范日常行为,坚持做到依法遵规、公正诚信、忠于职守、服务社会、廉洁自律。

一、依法遵规

（一）自觉遵守法律法规，拥护党和国家制定的路线方针政策。

（二）遵守环保行政主管部门的相关规章和规范性文件，自觉接受管理部门、社会各界和人民群众的监督。

二、公正诚信

（三）不弄虚作假，不歪曲事实，不隐瞒真实情况，不编造数据信息，不给出有歧义或误导性的工作结论。积极阻止对其所做工作或由其指导完成工作的歪曲和误用。

（四）如实向建设单位介绍环评相关政策要求。对建设项目存在违反国家产业政策或者环保准入规定等情形的，要及时通告。

（五）不出借、出租个人有关资格证书、岗位证书，不以个人名义私自承接有关业务，不在本人未参与编制的有关技术文件中署名。

（六）为建设单位和所在单位保守技术和商业秘密，不得利用工作中知悉的信息谋取不正当利益。

三、忠于职守

（七）在维护社会公众合法环境权益的前提下，严格依照有关技术规范和规定开展从业活动。

（八）具备必要的专业知识与技能，不提供本人不能胜任的服务。从事环评文件编制的专业技术人员必须遵守相应的资质要求。

（九）技术评估、验收监测、验收调查人员、评审专家与建设单位、环评机构或有关人员存在直接利害关系的，应当在相关工作中予以回避。

四、服务社会

（十）在任何时候都必须把保护自然环境、人类健康安全置于所有地区、企业和个人利益之上，追求环境效益、社会效益、经济效益的和谐统一。

（十一）加强学习，积极参加相关专业培训教育和学术活动，不断提高工作水平和业务技能。

（十二）秉持勤奋的工作态度，严谨认真，提供高质量、高效率服务。

五、廉洁自律

（十三）不接受项目建设单位赠送的礼品、礼金和有价证券，不向环保行政主管部门管理人员赠送礼品、礼金和有价证券，也不邀请其参加可能影响公正执行公务的旅游、健身、娱乐等活动。

（十四）自觉维护所在单位及个人的职业形象，不从事有不良社会影响的活动。

（十五）加强同业人员间的交流与合作，形成良性竞争格局，尊重同行，不诋毁、贬低同行业其他单位及其从业人员。

知识拓展：环境影响评价技术单位

我国关于环境影响评价机构资质的最早规定见于 1986 年 3 月原国务院环境保护委员会、国家计划委员会和国家经济委员会联合发布的《建设项目环境保护管理办法》，该办法指出，对从事环境影响评价的单位实行资格审查制度，要求承担环境影响评价工作的单位必须持有建设项目环境影响评价证书，并按照证书规定的范围开展环境影响评价工作。

《建设项目环境影响评价资质管理办法》明确了评价资质等级划分和评价范围确定，评价机构的资质条件、申请与审查，环评机构的管理、监督检查以及法律责任等内容。

2017年10月1日起施行的《建设项目环境保护管理条例》删除了环境影响评价单位资质条款（原条例第十三条、十四条），取消了环境影响评价单位资格证书审查制度。

2018年12月29日第十三届全国人民代表大会常务委员会第七次会议修正的《中华人民共和国环境影响评价法》规定：

第十九条　建设单位可以委托技术单位对其建设项目开展环境影响评价，编制建设项目环境影响报告书、环境影响报告表；建设单位具备环境影响评价技术能力的，可以自行对其建设项目开展环境影响评价，编制建设项目环境影响报告书、环境影响报告表。

编制建设项目环境影响报告书、环境影响报告表应当遵守国家有关环境影响评价标准、技术规范等规定。

国务院生态环境主管部门应当制定建设项目环境影响报告书、环境影响报告表编制的能力建设指南和监管办法。

接受委托为建设单位编制建设项目环境影响报告书、环境影响报告表的技术单位，不得与负责审批建设项目环境影响报告书、环境影响报告表的生态环境主管部门或者其他有关审批部门存在任何利益关系。

第二十条　建设单位应当对建设项目环境影响报告书、环境影响报告表的内容和结论负责，接受委托编制建设项目环境影响报告书、环境影响报告表的技术单位对其编制的建设项目环境影响报告书、环境影响报告表承担相应责任。

设区的市级以上人民政府生态环境主管部门应当加强对建设项目环境影响报告书、环境影响报告表编制单位的监督管理和质量考核。

负责审批建设项目环境影响报告书、环境影响报告表的生态环境主管部门应当将编制单位、编制主持人和主要编制人员的相关违法信息记入社会诚信档案，并纳入全国信用信息共享平台和国家企业信用信息公示系统向社会公布。

任何单位和个人不得为建设单位指定编制建设项目环境影响报告书、环境影响报告表的技术单位。

第三十二条　建设项目环境影响报告书、环境影响报告表存在基础资料明显不实，内容存在重大缺陷、遗漏或者虚假，环境影响评价结论不正确或者不合理等严重质量问题的，由设区的市级以上人民政府生态环境主管部门对建设单位处五十万元以上二百万元以下的罚款，并对建设单位的法定代表人、主要负责人、直接负责的主管人员和其他直接责任人员，处五万元以上二十万元以下的罚款。

接受委托编制建设项目环境影响报告书、环境影响报告表的技术单位违反国家有关环境影响评价标准和技术规范等规定，致使其编制的建设项目环境影响报告书、环境影响报告表存在基础资料明显不实，内容存在重大缺陷、遗漏或者虚假，环境影响评价结论不正确或者不合理等严重质量问题的，由设区的市级以上人民政府生态环境主管部门对技术单位处所收费用三倍以上五倍以下的罚款；情节严重的，禁止从事环境影响报告书、环境影响报告表编制工作；有违法所得的，没收违法所得。

编制单位有本条第一款、第二款规定的违法行为的，编制主持人和主要编制人员五年内禁止从事环境影响报告书、环境影响报告表编制工作；构成犯罪的，依法追究刑事责任，并终身禁止从事环境影响报告书、环境影响报告表编制工作。

可见，新修正的《中华人民共和国环境影响评价法》取消了建设项目环境影响评价资质行政许可。明确指出有能力的建设单位可自行开展建设项目环境影响评价，并编制环境影响报告书和环境影响报告表；建设单位还可以委托技术单位对其建设项目开展环境影响评价，编制建设项目环境影响报告书、环境影响报告表。建设单位应当对环境影响报告书（表）的内容和结论负责；接受委托编制环境影响报告书（表）的技术单位对其编制的环境影响报告书（表）承担相应责任。

为规范建设项目环境影响报告书（表）编制行为，加强建设项目环境影响评价事中事后监管，维护环境影响评价技术服务市场秩序，保障环境影响评价工作质量，2019 年 9 月 20 日，生态环境部发布《建设项目环境影响报告书（表）编制监督管理办法》。配合《建设项目环境影响报告书（表）编制监督管理办法》出台，同步开展政策解读，发布相关配套规范性文件，启用全国统一的环境影响评价信用管理系统，确保环境影响评价文件编制质量以及环境影响评价管理工作得到明显提升。

第五节　环境影响评价的程序

环境影响评价作为一项环境管理制度和一门技术方法，有其特定的程序。环境影响评价程序是指按指导完成环境影响评价的顺序或步骤，可分为管理程序和工作程序。环境影响评价的管理程序主要用于指导环境影响评价工作的监督与管理，是制度的体现；环境影响评价的工作程序主要用于指导环境影响评价工作的具体实施，是方法的体现。

一、管理程序

拟建项目建设单位从环境影响评价申报（咨询）到环境影响报告书（表）审查通过或环境影响登记表进行备案的全过程，每一步都必须按照法定程序的要求执行。相关内容如下：

1. 环境影响报告书（表）的审批

依法应当编制环境影响报告书、环境影响报告表的建设项目，建设单位应当在开工建设前将环境影响报告书、环境影响报告表报有审批权的生态环境主管部门审批；建设项目的环境影响评价文件未依法经审批部门审查或者审查后未予批准的，建设单位不得开工建设。

生态环境主管部门审批环境影响报告书、环境影响报告表，应当重点审查建设项目的环境可行性、环境影响分析预测评估的可靠性、环境保护措施的有效性、环境影响评价结论的科学性等，并分别在自收到环境影响报告书和环境影响报告表之日起 60 日和 30 日内，做出审批决定并书面通知建设单位。

生态环境主管部门可以组织技术机构对建设项目环境影响报告书、环境影响报告表进行技术评估，并承担相应费用；技术机构应当对其提出的技术评估意见负责，不得向建设单位、从事环境影响评价工作的技术单位收取任何费用。

2. 环境影响登记表的备案

依法应当填报环境影响登记表的建设项目,建设单位应当按照国务院生态环境主管部门的规定将环境影响登记表报建设项目所在地县级生态环境主管部门备案。建设项目的建设地点涉及多个县级行政区域的,建设单位应当分别向各建设地点所在地的县级生态环境主管部门备案。

建设项目环境影响登记表备案采用网上备案方式。生态环境部统一布设建设项目环境影响登记表网上备案系统。对国家规定需要保密的建设项目,其环境影响登记表备案采用纸质备案方式。

建设单位应当在建设项目建成并投入生产运营前,登录网上备案系统,在线填报并提交建设项目环境影响登记表。建设单位在线提交环境影响登记表后,网上备案系统自动生成备案编号和回执,该建设项目环境影响登记表备案即为完成。

3. 环境保护设施竣工验收

编制环境影响报告书、环境影响报告表的建设项目竣工后,建设单位应当按照国务院生态环境主管部门规定的标准和程序,对配套建设的环境保护设施进行验收,编制报告。

建设单位在环境保护设施验收过程中,应当如实查验、监测、记载建设项目环境保护设施的建设和调试情况,不得弄虚作假。除按照国家规定需要保密的情形外,建设单位应当依法向社会公开验收报告。

建设项目配套建设的环境保护设施经验收合格后,其主体工程方可投入生产或者使用;未经验收或者验收不合格的,不得投入生产或者使用。

4. 环境影响后评价

建设项目投入生产或者使用后,应当按照原环境保护部发布的《建设项目环境影响后评价管理办法(试行)》(环境保护部令 第 37 号)开展环境影响后评价。

环境影响后评价是指编制环境影响报告书的建设项目在通过环境保护设施竣工验收且稳定运行一定时期后,对其实际产生的环境影响以及污染防治、生态保护和风险防范措施的有效性进行跟踪监测和验证评价,并提出补救方案或者改进措施,提高环境影响评价有效性的方法与制度。

下列建设项目运行过程中产生不符合经审批的环境影响报告书情形的,应当开展环境影响后评价。如水利、水电、采掘、港口、铁路等行业中实际环境影响程度和范围较大,且主要环境影响在项目建成运行一定时期后逐步显现的建设项目,以及其他行业中穿越重要生态环境敏感区的建设项目;冶金、石化和化工行业中有重大环境风险,建设地点敏感,且持续排放重金属或者持久性有机污染物的建设项目;审批环境影响报告书的生态环境主管部门认为应当开展环境影响后评价的其他建设项目。

建设单位或者生产经营单位应当在建设项目正式投入生产或者运营后三至五年内开展环境影响后评价。原审批环境影响报告书的生态环境主管部门也可以根据建设项目的环境影响和环境要素变化特征,确定开展环境影响后评价的时限。

建设单位或者生产经营单位负责组织开展环境影响后评价工作,编制环境影响后评价文件，并对环境影响后评价结论负责。建设单位或者生产经营单位可以委托环境影响评价技术单位、工程设计单位、大专院校和相关评估机构等编制环境影响后评价文件。编制建设项目环境影响报告书的技术单位，原则上不得承担该建设项目环境影响后评价文件的编制工作。

建设单位或者生产经营单位应当将环境影响后评价文件报原审批环境影响报告书的生态环境主管部门备案，并接受监督检查。

二、工作程序

建设项目环境影响评价是一项复杂的、程序化的系统性工作，其工作程序可依据《建设项目环境影响评价技术导则　总纲》(HJ 2.1—2016)执行。环境影响评价工作一般分为三个阶段，即调查分析和工作方案制定阶段（第一阶段）、分析论证和预测评价阶段（第二阶段）、环境影响报告书（表）编制阶段（第三阶段）。具体流程见图2.1。

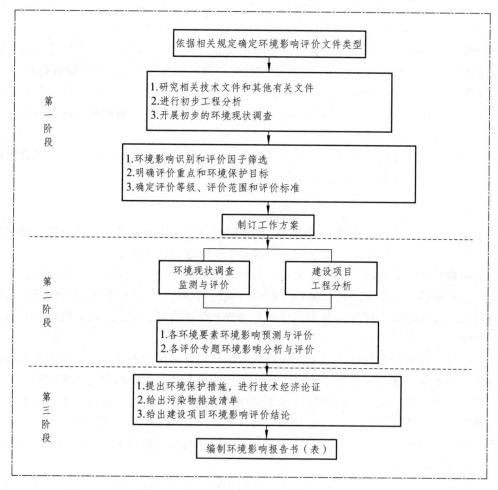

图 2.1　建设项目环境影响评价工作程序

1. 第一阶段

在初步研究建设项目工程技术文件的基础上，根据建设项目的工程特点和建设项目的基本情况，依据相关法律法规确定环境影响评价文件的类型。结合建设项目所在地区的环境现状，识别可能的环境影响，筛选确定评价因子，按各环境要素和评价专题确定环境影响评价等级与范围，选取适宜的评价标准，制定环境影响评价工作方案。

2. 第二阶段

在项目所在地区环境现状调查和深入工程分析的基础上，开展各环境要素和评价专题的影响分析和预测。

3. 第三阶段

在总结各环境要素和评价专题的评价结果的基础上，综合给出建设项目环境影响评价结论，编制环境影响评价文件。

第六节　环境保护法律法规体系

环境保护法律法规体系是环境影响评价工作的基本依据。

一、环境保护法律法规体系

（一）环境保护法律法规体系的构成

我国目前建立了由法律、环境保护行政法规、政府部门规章、地方性法规和地方性规章、环境保护标准、环境保护国际公约组成的完整的环境保护法律法规体系。

1. 法律

（1）宪法。环境保护法律法规体系以《中华人民共和国宪法》中对环境保护的规定为基础。

1982 年通过的《中华人民共和国宪法》在 2004 年修正案第九条第二款规定：

国家保障自然资源的合理利用，保护珍贵的动物和植物，禁止任何组织或者个人用任何手段侵占或者破坏自然资源。

第二十六条第一款规定：

国家保护和改善生活环境和生态环境，防治污染和其他公害。

《中华人民共和国宪法》2018 年修正案序言明确：

推动物质文明、政治文明、精神文明、社会文明、生态文明协调发展。

《中华人民共和国宪法》中的这些规定是环境保护立法的依据和指导原则。但是，目前我国宪法的作用主要局限在为具体的立法提供法律依据方面，不具有可适用性。

（2）环境保护法律。包括环境保护综合法、环境保护单行法和环境保护相关法。

环境保护综合法是指 2018 年修订的《中华人民共和国环境保护法》。

环境保护单行法包括污染防治法（如《中华人民共和国水污染防治法》《中华人民共和国大

气污染防治法》《中华人民共和国土壤污染防治法》《中华人民共和国固体废物污染环境防治法》《中华人民共和国环境噪声污染防治法》和《中华人民共和国放射性污染防治法》等）、生态保护法（如《中华人民共和国水土保持法》《中华人民共和国野生动物保护法》《中华人民共和国防沙治沙法》等）、《中华人民共和国海洋环境保护法》和《中华人民共和国环境影响评价法》等。

环境保护相关法是指一些自然资源保护法和其他有关法律，如《中华人民共和国森林法》《中华人民共和国草原法》《中华人民共和国渔业法》《中华人民共和国矿产资源法》《中华人民共和国水法》《中华人民共和国清洁生产促进法》等都涉及环境保护的有关要求，也是环境保护法律法规体系的一部分。

2. 环境保护行政法规

环境保护行政法规是由国务院制定并公布或经国务院批准有关主管部门公布的环境保护规范性文件。一是根据法律授权制定的环境保护法的实施细则或条例；二是针对环境保护的某个领域而制定的条例、规定和办法，如《建设项目环境保护管理条例》和《规划环境影响评价条例》。

3. 政府部门规章

政府部门规章是指国务院生态环境主管部门单独发布或与国务院有关部门联合发布以及政府其他有关行政主管部门依法制定的环境保护规范性文件。政府部门规章是以环境保护法律和行政法规为依据而制定的，或者是针对某些尚无相应法律和行政法规调整的领域做出的相应规定。

4. 地方性法规和地方性规章

环境保护地方性法规和地方性规章是享有立法权的地方权力机关和地方政府机关依据《中华人民共和国宪法》和相关法律制定的环境保护规范性文件。这些规范性文件是根据本地实际情况和特定环境问题制定的，并在本地区实施，有较强的可操作性。环境保护地方性法规和地方性规章不能和法律、行政法规相抵触。

5. 环境保护标准

环境保护标准是环境保护法律法规体系的一个重要组成部分，是环境执法和环境管理工作的技术依据。

6. 环境保护国际公约

环境保护国际公约是指我国缔结和参加的环境保护国际公约、条约和议定书。

（二）环境保护法律法规体系中各组成部分的关系

1. 法律层面上效力等同

《中华人民共和国宪法》是环境保护法律法规体系的基础，是制定其他各种环境保护法律、法规、规章等的依据。在法律层面上，无论是综合法、单行法还是相关法，其中有关环境保护的要求的法律效力是等同的。

2. 后法大于先法

如果法律规定中出现不一致的内容，按照发布时间的先后顺序，遵循后颁布法律的效力大于先颁布法律的效力的原则。

3. 行政法规的效力仅次于法律

部门行政规章、地方性法规和地方性规章均不得违背法律和环境保护行政法规。地方性法规和地方性规章只在制定本法规、规章的辖区内有效。

4. 国际公约优先

我国的环境保护法律法规如与参加和签署的环境保护国际公约有不同规定时，优先遵守国际公约的规定，但我国声明保留的条款除外。

（三）环境影响评价的重要环境保护法律法规

1. 中华人民共和国环境影响评价法

《中华人民共和国环境影响评价法》作为一部环境保护单行法，具体规定了规划和建设项目环境影响评价的相关法律要求，是我国环境影响评价工作中的直接法律依据。2018 年 12 月 29 日第十三届全国人民代表大会常务委员会第七次会议通过了第二次修正，共五章三十七条。内容包括总则、规划的环境影响评价、建设项目的环境影响评价、法律责任和附则。

2. 建设项目环境保护管理条例

《建设项目环境保护管理条例》是国务院于 1998 年 11 月发布并实施的关于建设项目环境管理的第一个行政法规。为防止、减少建设项目产生的环境污染和生态破坏，建立健全环境影响评价制度和"三同时"制度，强化制度的有效性，2017 年 7 月 16 日国务院发布《国务院关于修改〈建设项目环境保护管理条例〉的决定》，新修订的《建设项目环境保护管理条例》于 2017 年 10 月 1 日起施行，内容包括总则、环境影响评价、环境保护设施建设、法律责任和附则，共五章三十条。

3. 建设项目环境影响评价分类管理名录

《建设项目环境影响评价分类管理名录》是原国家环境保护总局于 2002 年 10 月 3 日发布的环境保护部门规章，于 2018 年 4 月 28 日经生态环境部第 3 次部务会议通过修改，是建设项目环境影响评价分类管理的具体依据。

二、环境保护标准

（一）环境保护标准的定义

环境保护标准是为防治环境污染，维护生态平衡，保护人体健康，国务院生态环境主管部门及其他有关部门和省、自治区、直辖市人民政府依据国家有关法律规定，对环境保护工作中需要统一的各项技术规范和技术要求所做的规定。具体地讲，环境保护标准是对环境中污染物的允许含量和污染源排放污染物的种类、数量、浓度、排放方式，以及监测方法和其他有关方面所制定的技术规范。

（二）环境保护标准体系的构成

环境保护标准分为国家环境保护标准和地方环境保护标准（见图2.2）。

国家环境保护标准包括国家环境质量标准、国家污染物排放（控制）标准、国家环境监测类标准、国家环境管理规范类标准和国家环境基础类标准，统一编号 GB、GB/T、HJ 或 HJ/T。

地方环境保护标准主要包括地方环境质量标准和地方污染物排放（控制）标准，统一编号 DB。

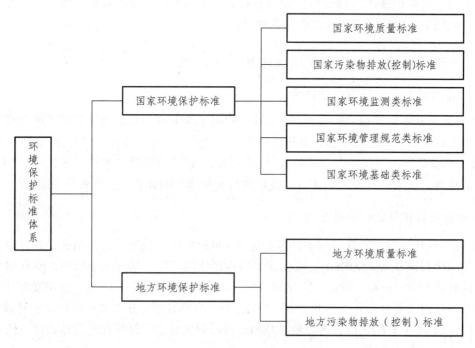

图 2.2　环境保护标准体系框图

1. 国家环境保护标准

（1）国家环境质量标准：是为了保障公众健康、维护生态环境和保障社会物质财富，与经济社会发展阶段相适应，对环境中有害物质和因素所做的限制性规定。国家环境质量标准是一定时期内衡量环境优劣程度的标准，是为保护人体健康和生态环境而规定的具体、明确的环境保护目标。

（2）国家污染物排放（控制）标准：是根据国家环境质量标准，以及适用的污染控制技术，并考虑经济承受能力，对排入环境的有害物质和产生污染的各种因素所做的限制性规定，是结合环境保护需求和行业经济、技术发展水平对排污单位提出的最基本的污染物排放（控制）要求。

（3）国家环境监测类标准：是为监测环境质量和污染物排放，规范采样、分析、测试、数据处理等所做的统一规定（指对分析方法、测定方法、采样方法、试验方法、检验方法、操作方法、标准物质等所做的统一规定）。环境监测类标准主要包括环境监测分析方法标准、环境监测技术规范、环境监测仪器技术要求以及环境标准样品四个小类。

（4）国家环境管理规范类标准：是为提高环境管理的科学性、规范性，对环境影响评价、排污许可、污染防治、生态保护、环境监测、监督执法、环境统计与信息等各项环境管理工作中需要统一的技术要求、管理要求所做出的规定。

（5）国家环境基础类标准：是对环境保护标准工作中需要统一的技术术语、符号代号（代码）、图形、指南、导则、量纲单位及信息编码等做的统一规定。

2. 地方环境保护标准

地方环境保护标准是对国家环境保护标准的补充和完善，由省、自治区、直辖市人民政府制定。近年来为控制环境质量的恶化趋势，一些地方已将总量控制指标纳入地方环境保护标准。

（1）地方环境质量标准。对国家环境质量标准中未做规定的项目，可以制定地方环境质量标准；对国家环境质量标准中已做规定的项目，可以制定严于国家环境质量标准的地方环境质量标准。地方环境质量标准应报国务院生态环境主管部门备案。

（2）地方污染物排放（控制）标准。对于国家污染物排放（控制）标准中未做规定的项目，可以制定地方污染物排放（控制）标准；对于国家污染物排放（控制）标准已做规定的项目，可以制定严于国家污染物排放（控制）标准的地方污染物排放标准。地方污染物排放（控制）标准应报国务院生态环境主管部门备案。

（三）环境保护标准之间的关系

1. 国家环境保护标准与地方环境保护标准的关系

地方环境保护标准优先于国家环境保护标准执行。

2. 国家污染物排放标准之间的关系

国家污染物排放（控制）标准分为跨行业的综合性排放标准（如污水综合排放标准、大气污染物综合排放标准）和行业性排放标准（如火电厂大气污染物排放标准、合成氨工业水污染物排放标准、造纸工业水污染物排放标准等）。综合性排放标准与行业性排放标准不交叉执行，即有行业性排放标准的执行行业排放标准，没有行业排放标准的执行综合排放标准。

3. 环境保护标准体系的要素

一方面，由于环境的复杂多样性，使得在环境保护领域中需要建立针对不同对象的环境保护标准，因而它们各具不同的内容、用途、性质和特点等；另一方面，为使不同种类的环境保护标准有效地完成环境管理的总体目标，又需要科学地从环境管理的目的、对象、作用方式出发，合理地组织协调各种标准，使其相互支持、相互匹配，以发挥标准的综合作用。

环境质量标准和污染物排放（控制）标准是环境保护标准体系的主体，它们是环境保护标准体系的核心内容，从环境监督管理的要求上集中体现了环境保护标准体系的基本功能，是实现环境保护标准体系目标的基本途径和具体表现。

环境基础类标准是环境保护标准体系的基础，是环境保护标准的"标准"，它对统一、规范环境保护标准的制定和执行具有指导作用，是环境保护标准体系的基石。

环境监测类标准、环境管理规范类标准构成环境保护标准体系的支持系统。它们直接服务于环境质量标准和污染物排放（控制）标准，是环境质量标准与污染物排放（控制）标准内容上的配套补充以及环境质量标准与污染物排放（控制）标准执行上的技术保证。

（四）环境影响评价涉及的重要的环境保护标准

1. 环境质量标准

一个国家或地区通常依据本国或本地区的社会经济发展需要，根据环境结构、状态和使用功能的差异，对不同区域进行合理划分，形成不同类别的环境功能区。环境质量标准与环境功能区类别一一对应，类别高的功能区的浓度限值严于类别低的功能区的浓度限值。

（1）《环境空气质量标准》（GB 3095—2012）。

依据环境空气的功能和保护目标，将环境空气质量分为两类，分别执行两级环境质量标准。

一类区为自然保护区、风景名胜区和其他需特殊保护的区域。适用一级浓度限值。

二类区为居住区、商业交通居民混合区、文化区、工业区和农村地区。适用二级浓度限值。

（2）《地表水环境质量标准》（GB 3838—2002）。

依据地表水水域环境功能和保护目标，按功能高低依次划分为五类。

Ⅰ类：主要适用于源头水、国家自然保护区；

Ⅱ类：主要适用于集中式生活用水地表水源地一级保护区、珍稀水生生物栖息地、鱼虾类产卵场、仔稚幼鱼的索饵场等；

Ⅲ类：主要适用于集中式生活饮用水地表水源地二级保护区、鱼虾类越冬场、洄游通道、水产养殖区等渔业水域及游泳区；

Ⅳ类：主要适用于一般工业用水区及人体非直接接触的娱乐用水区；

Ⅴ类：主要适用于农业用水区及一般景观要求水域。

对应地表水上述五类水域功能，将地表水环境质量标准基本项目标准值分为五类，不同功能类别分别执行相应类别的标准值。

该标准规定了 109 个项目的标准限值，分为基本项目、集中式生活饮用水地表水源地补充项目和特定项目的三大类标准限值，其中基本项目含有 24 个标准限值。若同一水域兼有多类使用功能时，执行最高功能类别对应的标准限值。

（3）《地下水质量标准》（GB/T 14848—2017）。

依据我国地下水质量状况和人体健康风险，参照生活饮用水、工业、农业等用水质量要求，依据各组分含量高低（pH 值除外），分为五类。

Ⅰ类：地下水化学组分含量低，适用于各种用途；

Ⅱ类：地下水化学组分含量较低，适用于各种用途；

Ⅲ类：地下水化学组分含量中等，以《生活饮用水卫生标准》（GB 5749—2006）为依据，主要适用于集中式生活饮用水水源及工农业用水；

Ⅳ类：地下水化学组分含量较高，以农业和工业用水质量要求以及一定水平的人体健康风险为依据，适用于农业和部分工业用水，适当处理后可作生活饮用水；

Ⅴ类：地下水化学组分含量高，不宜作为生活饮用水水源，其他用水可根据使用目的选用。

该标准规定了93项指标的标准限值，分为39项常规指标和54项非常规指标。

（4）《海水水质标准》（GB 3097—1997）。

海水水质按照海域的不同使用功能和保护目标分为四类。

第一类适用海洋渔业水域、海上自然保护区和珍稀濒危海洋生物保护区；

第二类适用于水产养殖区、海水浴场、人体直接接触海水的海上运动或娱乐区、与人类食用直接有关的工业用水区；

第三类适用于一般工业用水区、滨海风景旅游区；

第四类适用于海洋港口水域、海洋开发作业区。

该标准规定了35项指标的标准限值。

（5）《声环境质量标准》（GB 3096—2008）。

依据区域的使用功能特点和环境质量要求，声环境功能区分为五类。

0类声环境功能区：指康复疗养区等特别需要安静的区域。执行0类标准。

1类声环境功能区：指以居民住宅、医疗卫生、文化教育、科研设计、行政办公为主要功能，需要保持安静的区域。

2类声环境功能区：指以商业金融、集市贸易为主要功能，或者居住、商业、工业混杂，需要维护住宅安静的区域。

3类声环境功能区：指以工业生产、仓储物流为主要功能，需要防止工业噪声对周围环境产生严重影响的区域。

4类声环境功能区：指交通干线两侧一定距离内，需要防止交通噪声对周围环境产生严重影响的区域，包括4a类和4b类两种类型。

其中4a类指高速公路、一级和二级公路、城市快速路、城市主干路、城市次干路、城市轨道交通（地面段）、内河航道两侧区域；4b类指铁路干线两侧区域。

2. 污染物排放（控制）标准

过去，对于水、气污染物排放标准，大部分是分级别的，分别对应相应的环境功能区，处在类别高的功能区的污染源执行严格的排放限值，处在类别低的功能区的污染源执行宽松的排放限值。

目前，污染物排放（控制）标准的制定思路有所调整。

首先，排放标准限值建立在经济可行的控制技术基础上，不分级别。制定国家污染物排放（控制）标准时，明确以技术为依据，采用"污染物达标排放技术"，即以现阶段所能达到的经济可行的最佳适用控制技术为标准的制定依据。国家污染物排放（控制）标准不分级别，不再根据污染源所在区域环境功能，而是根据不同行业的工艺技术、污染物产生量水平、清洁生产水平、处理技术等因素确定各种污染物排放限值。污染物排放（控制）标准以减少单位产品或单位原料的污染物排放量为目标，根据行业生产工艺和污染防治技术的发展，适时对污染物排放（控制）标准进行修订，逐步达到减少污染物排放总量，以实现改善环境质量的目标。

其次，国家污染物排放（控制）标准与环境质量功能区逐步脱离对应关系，由地方根据具体需要补充制定排入特殊保护区的排放（控制）标准。污染物排放（控制）标准的作用对象是污染源，污染源排污量与行业生产工艺和污染防治技术密切相关。而目前这种根据环境质量功能区类别来制定相应级别的污染物排放（控制）标准过于勉强，因为单个污染源与环境质量不具有一一对应的因果关系，一个地方的环境质量受到诸如污染源数量、种类、分布，人口密度，经济水平，环境背景及环境容量等众多因素的制约，必须采取综合整治措施才能达到环境质量标准。

根据环境保护工作的要求，在国土开发密度已经较高、环境承载能力较弱，或环境容量较小、生态环境脆弱，容易发生严重环境问题而需要采取特别保护措施的地区，应严格控制企业的污染物排放行为，在上述地区的企业应执行污染物特别排放限值。

（1）《大气污染物综合排放标准》（GB 16297—1996）。

该标准规定了 33 种大气污染物的最高允许排放浓度和按排气筒高度限定的最高允许排放速率。适用于尚没有行业排放标准的现有污染源的大气污染物排放管理，以及建设项目的环境影响评价和竣工环境保护验收及其投产后的大气污染物排放管理。随着国民经济的迅速发展和当前大气环境问题的形势日趋严峻，针对大气污染物排放的行业性标准不断增多与完善，按照综合性排放标准与行业性排放标准不交叉执行的原则，该标准的使用范围逐渐缩小。

（2）《锅炉大气污染物排放标准》（GB 13271—2014）。

经过 3 次修订后，该标准规定了锅炉大气污染物浓度排放限值、检测和监控要求。该标准适用于以燃煤、燃油和燃气为燃料的单台出力 65 t/h（45.5 MW）及以下蒸汽锅炉、各种容量的热水锅炉及有机热载体锅炉、各种容量的层燃炉及抛煤机炉。该标准适用于在用锅炉的大气污染物排放管理，以及锅炉建设项目环境影响评价、环境保护设施设计、竣工环境保护验收及其投产后的大气污染物排放管理。重点地区锅炉执行大气污染物特别排放限值，其地域范围和时间由国务院生态环境主管部门或者省级人民政府规定。

（3）《污水综合排放标准》（GB 8978—1996）。

根据污水排放去向，按年限规定了第一类污染物（共 13 种）和第二类污染物（共 69 种）的最高允许排放浓度及部分行业最高允许排放量。第一类污染物，不分行业和污水排放方式、不分受纳水体的功能类别，一律在车间或车间处理设施排放口采样；第二类污染物，在排污单位排放口采样，其最高允许排放浓度及部分行业最高允许排水量按年限分别执行该标准的相应要求。

（4）《城镇污水处理厂污染物排放标准》（GB 18918—2002）。

适用于城镇污水处理厂出水、废气排放和污泥处置（控制）的管理，规定了污水处理厂出水、废气排放和污泥处置（控制）的污染物浓度限值。

（5）《工业企业厂界环境噪声排放标准》（GB 12348—2008）。

适用于工业及企事业等单位噪声排放的管理、评价及控制。该标准规定了厂界环境噪声排放限值及其测量方法。

（6）《建筑施工场界环境噪声排放标准》（GB 12523—2011）。

适用于周围有敏感建筑物的建筑施工噪声排放管理、评价及控制。该标准规定昼间和夜间的噪声排放限值分别为 70 dB（A）和 55 dB（A）。

思考与练习

1. 建设项目环境影响评价分类管理的法律依据和具体实现依据分别是什么？
2. 简述环境敏感区的定义及内容。
3. 简述环境影响报告书的内容。
4. 简述建设单位公开环境影响评价信息的方式、内容和程序。
5. 简述环境影响评价文件的审批程序和时限。
6. 什么情况下需要重新报批和重新审核环境影响评价文件？
7. 简述环境影响评价文件的分级审批。
8. 建设项目"未批先建"的定义。
9. 简述环境影响评价的管理程序。
10. 简述环境影响评价的工作程序。
11. 什么是环境影响后评价？
12. 简述环境保护法律法规体系的构成及各层次的关系。
13. 简述环境保护标准体系结构及相互关系。
14. 思考环境质量标准和污染排放（控制）标准之间的逻辑关系，并论述它们对环境保护的作用。
15. 思考如何才能成为一名环境影响评价报告书（表）的编制人员。

第三章 环境影响评价技术方法

第一节 工程分析

工程分析是指对建设项目的一般特征以及可能导致环境污染的因子和生态破坏的因素做全面分析，是环境影响评价中分析建设项目影响环境内在因素的重要环节，既从宏观上掌握建设项目（或开发行为）与区域乃至国家环境保护全局的关系，又从微观上为环境影响预测、评价和环境保护措施设计提供基础数据。

根据建设项目对环境影响的表现不同，工程分析可以分为污染影响型建设项目工程分析和生态影响型建设项目工程分析。

一、工程分析的作用

工程分析贯穿于环境影响评价工作的全过程，是环境影响分析、预测和评价的基础。工程分析的作用主要体现在以下四个方面：

1. 是建设项目决策的重要依据

工程分析是建设项目决策的重要依据之一，从环境保护的角度分析工艺技术的先进性、环境保护措施的可行性、总图布置的合理性和达标排放的可能性。

2. 为各环境要素和评价专题预测评价提供基础数据

工程分析给出的产污节点、污染源坐标、污染源源强、污染物排放方式和排放去向等技术参数是大气环境、水环境、声环境和生态等影响预测的依据，为定量评价建设项目对环境影响的程度和范围提供了基础数据。

3. 为环境保护措施设计提供优化建议

分析拟采取的防治环境污染和生态破坏措施的先进性和可靠性，必要时提出进一步完善和改进的建议。

4. 为建设项目环境管理提供建议指标和科学数据

工程分析筛选的主要环境污染因子、生态影响因素是建设项目建设单位（或者生产运营单位）和生态环境主管部门日常管理和关注的对象；工程分析对建设项目污染物排放情况的核算结果，是排污许可证申领和污染物总量控制指标衡量的基础。根据排污许可证管理的相关要求，排污许可制度与环境影响评价制度有机衔接，污染物总量控制由行政区域向企事业单位转变，新建项目申领排污许可证时，环境影响评价文件及其批复文件中与污染物排放相关的内容将纳入排污许可证。

二、工程分析的方法

通常，建设项目工程分析都应根据项目规划、可行性研究报告和初步设计文件等技术资料进行。但是，如果有些建设项目在可行性研究阶段所能提供的技术资料不能满足工程分析的需要，则可以根据具体情况选用其他适用的方法进行工程分析。目前可供选用的方法有类比法、物料衡算法、实测法、实验法和查阅参考资料分析法等。

1. 类比法

类比法是用与拟建项目类型相同的现有项目的技术资料或实测数据进行工程分析的常用方法。采用此法时，为提高类比数据的准确性，应注意分析对象与类比对象之间的相似性和可比性。一般应从以下三个方面进行分析：

（1）工程一般特征的相似性。所谓一般特征包括建设项目的性质、建设规模、车间组成、产品结构、工艺路线、生产方法、原辅材料、燃料成分与消耗量、用水量和设备类型等。

（2）污染物排放特征的相似性。包括污染物的类型，浓度，排放方式、强度、去向以及污染方式与途径等。

（3）环境特征的相似性。包括气象条件、地貌、生态特点、环境功能以及区域污染情况等。因为在生产和建设中常会遇到某污染物在甲地是主要污染因子，而在乙地则可能是次要因子，甚至是可被忽略的因子，因此需强调环境特征的相似性。

类比法中，经验排污系数法是常用方法之一，它是根据某种产品成熟的生产工艺中比较先进的单位产品排污量的统计数据得出的，用于计算同类生产工艺的产品的污染物产生量或排放量。但是采用此法必须注意，一定要根据生产规模等工程特征和生产管理以及外部因素等实际情况进行必要的修正。

经验排污系数法公式见式 3.1。

$$A = AD \times M \tag{3.1}$$

式中　A——某污染物的排放总量；

　　　AD——单位产品某污染物的排放定额；

　　　M——产品总产量。

采用经验排污系数法计算污染物排放量时，必须对生产工艺、化学反应、副反应和管理等情况进行全面了解，掌握原辅材料、燃料的成分和消耗定额。一些项目计算结果可能与实际存在一定的误差，在实际工作中，应注意结果的一致性。

2. 物料衡算法

物料衡算法是计算污染物排放量的常规和基本方法。在具体建设项目、产品方案、工艺路线、生产规模、原辅材料和能源消耗，以及环境保护措施确定的情况下，运用质量守恒定律核算污染物排放量，即在生产过程中投入系统的物料总量必须等于产品量和物料流失量之和。物料衡算法的计算通式见式 3.2。

$$\sum G_{投入} = \sum G_{产品} + \sum G_{流失} \tag{3.2}$$

式中　$\sum G_{投入}$——投入系统的物料总量；

　　　$\sum G_{产品}$——产品量；

　　　$\sum G_{流失}$——物料流失量。

工程分析中常用的物料衡算法有：总物料衡算法；有毒有害物料衡算法；有毒有害元素物料衡算法。当投入的物料在生产过程中发生化学反应时，可按总物料衡算公式进行衡算。

（1）总物料衡算公式见式 3.3。

$$\sum G_{排放} = \sum G_{投入} - \sum G_{回收} - \sum G_{处理} - \sum G_{转化} - \sum G_{产品} \tag{3.3}$$

式中　$\sum G_{排放}$——某物质的排放量；

　　　$\sum G_{投入}$——投入物料中的某物质总量；

　　　$\sum G_{回收}$——进入回收产品中的某物质总量；

　　　$\sum G_{处理}$——经净化处理掉的某物质总量；

　　　$\sum G_{转化}$——生产过程中被分解、转化的某物质总量；

　　　$\sum G_{产品}$——进入产品中的某物质总量。

【例 3.1】图 3.1 为某企业 A、B、C 三个车间的物料关系图，请分别以企业，车间 A、B、C 为衡算系统，列出每个系统的物料平衡关系。

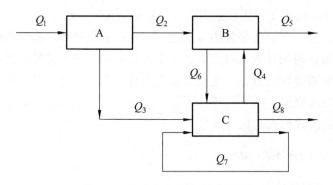

图 3.1　某企业车间物料关系图

解析：物料流 Q 是一种概括，可以设想为水、气、渣或原辅材料等，是一个物质平衡体系。各平衡关系如下：

①把整个企业看作一个衡算系统，平衡关系为：$Q_1 = Q_5 + Q_8$；

②把车间 A 看作一个衡算系统，平衡关系为：$Q_1 = Q_2 + Q_3$；

③把车间 B 看作一个衡算系统，平衡关系为：$Q_2 + Q_4 = Q_5 + Q_6$；

④把车间 C 看作一个衡算系统，平衡关系为：$Q_3 + Q_6 = Q_4 + Q_8$。

（2）单元工艺过程或单元操作的物料衡算。对某单元工艺过程或某单元操作进行物料衡算，可以确定这些单元工艺过程、单元操作的污染物产生量，如对泵和管道输送过程、吸收过程、分离过程、反应过程等进行物料衡算，可以核定这些过程的物料损失量，从而了解污染物的产生量。

在科研文献提供的基础资料比较翔实或对生产工艺熟悉的条件下，应优先采用物料衡算法计算污染物的排放量。理论上讲，该方法是最精确的。

3. 实测法

通过选择相同或类似工艺实测一些关键的污染参数，从而确定污染物的排放量。

4. 实验法

通过一定的实验手段来确定一些关键的污染参数。作为其他方法的补充，实验法对实验条件要求较高，操作时要求实验条件尽可能与实际条件一致，这样所得到的参数才具有意义。

5. 查阅参考资料分析法

查阅参考资料分析法是利用同类工程已有的环境影响评价资料或建设项目的可行性研究报告等资料进行工程分析的方法。虽然此法较为简便，但所得数据的准确性很难保证，所以只能在评价等级较低的建设项目的工程分析中使用。

在实际工作中，经常是类比法、物料衡算法、实测法、实验法和查阅参考资料分析法等多种方法互相校正、互相补充，以取得最可靠的污染物排放数据。

三、污染影响型建设项目工程分析

（一）工程分析的时段

工程分析的工作内容在环境影响评价各个工作阶段有所不同。

1. 调查分析和工作方案制订阶段

在调查分析和工作方案制订阶段，主要工作内容包括根据项目工艺特点、原辅材料及产品方案，按清洁生产的理念，识别可能的环境影响，进行初步的污染影响因素分析，筛选出可能对环境产生较大污染影响的因素，以便进行后续的深入分析。

2. 分析论证和预测评价阶段

在分析论证和预测评价阶段，工作内容是对筛选的主要污染影响因素进行详细和深入的分析。

（二）工程分析的对象

污染影响型建设项目应明确项目组成、建设地点、原辅材料、生产工艺、主要生产设备、产品（包括主产品和副产品）方案、平面布置、建设周期、总投资及环境保护投资等。工程分析的工作内容原则上应是根据建设项目的工程特征，包括建设项目的类型、性质、规模、开发建设方式与强度、能源与资源用量、污染物排放特征以及项目所在地的环境条件等来确定的。主要工作内容是常规污染物和特征污染物排放（产生）强度的核算，提出污染物排放清单，客观评价建设项目的污染物排放负荷。对于建设项目可能存在的有毒有害污染物及具有持久性影响的污染物，应分析其产生的环节、污染物迁移转化途径和流向。

（三）工程分析的内容

1. 工程概况

工程分析的范围应包括主体工程、辅助工程、公用工程、环保工程、储运工程及依托工程等。首先对建设项目概况、工程一般特征做简要介绍，通过项目组成分析找出可能存在的主要环境问题，列出项目组成表（见表 3.1）和产品方案（包括主要产品及副产品），为分析项目产生的环境影响和提出合理的环境保护措施奠定基础。在工程概况中，应明确项目建设地点、生产工艺、主要生产设备、总平面布置、建设周期、总投资及环境保护投资等内容。

表 3.1　建设项目组成

项目名称		建设规模
主体工程	1	
	2	
	⋮	
辅助工程	1	
	2	
	⋮	
公用工程	1	
	2	
	⋮	
环保工程	1	
	2	
	⋮	
储运工程	1	
	2	
	⋮	
依托工程	1	
	2	
	⋮	

根据工程组成和工艺，给出主要的原辅材料的名称、单位产品消耗量、年耗量和来源（见表 3.2）。对于含有有毒有害物质的原辅材料，还应给出组分。给出建设项目涉及的原辅材料、产品、中间产品、副产物等主要物料的理化性质、毒性特征等。

表 3.2 建设项目原辅材料消耗及来源

序 号	名 称	单位产品消耗量	年耗量	来 源
1				
2				
⋮				

对于分期建设的项目，应按不同建设期分别说明建设规模。对于改建、扩建及异地搬迁等项目应列出现有工程基本情况、污染物排放及达标情况、存在的环境问题及拟采取的工程方案等内容，说明其与建设项目的依托关系。

2. 工艺流程及产污环节分析

一般情况下，工艺流程应根据可行性研究报告或初步设计文件等技术资料所描述的工艺过程及同类项目生产的实际情况进行绘制。环境影响评价工艺流程图有别于工程设计工艺流程图，环境影响评价关心的是工艺过程中产生污染物的具体环节、污染物的种类和数量。所以绘制工艺流程图应包括涉及产生污染物的装置和工艺过程，不产生污染物的装置和过程可以简化，有化学反应发生的工序要列出主要化学反应式和副反应式，并在总平面布置图上标出污染源的准确位置，以便为环境要素和评价专题评价提供可靠的污染源资料。工艺流程的叙述应与工艺流程图相对应，注意产（排）污节点的编号应一致。在产（排）污环节分析中，应包括主体工程、辅助工程、公用工程、环保工程、储运工程及依托工程等的项目组成内容，说明是否会增加依托工程污染物的排放量。对于现有工程回顾性评价，应明确项目污染物排放统计的基准年份。图 3.2 为某钢木家居生产厂的工艺流程及产污环节图，用于说明该厂的生产过程及产污环节，一般可简化用方块流程图表示。

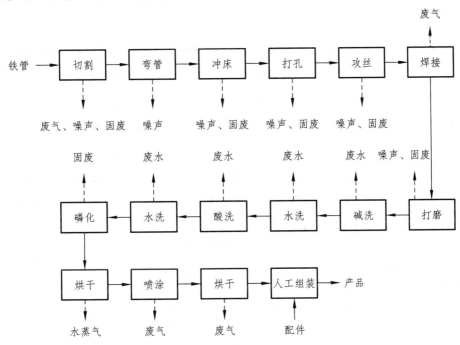

图 3.2 某钢木家居生产厂工艺流程及产污环节图

3. 污染源源强分析与核算

（1）污染源分布及污染源源强核算。污染源分布和污染物类型及排放量是各环境要素和各评价专题预测评价的基础资料，必须按建设阶段、运行阶段详细统计和核算。根据项目评价需要，一些建设项目还应对服务期满后（退役期）的影响源强进行核算。因此，对于污染源分布，应根据已绘制的工艺流程和产污环节图，标明污染物排放部位，然后列表逐点统计各种污染物的排放强度、浓度及数量。对于最终进入环境的污染物，需以建设项目的最大负荷核算，确定其是否达标排放。如燃煤锅炉二氧化硫、烟尘排放量，必须要以锅炉最大产气量时所耗的燃煤量为基础进行核算。

对于废气，可按点源、线源、面源和体源进行核算，说明源强、排放方式和排放高度及存在的问题；对于废水，应说明污染物种类、成分、浓度、排放量、排放方式和排放去向等；对于废渣，应说明有害成分、溶出物浓度、是否属于危险废物、排放量、储存方法和处理与处置方式等；对于噪声和放射性物质，应列表说明源强、剂量和分布等。

污染源源强的核算基本要求是根据污染物产生环节、产生方式和治理措施，核算建设项目正常工况和非正常工况（开车、停车、检修等）的污染物排放量，一方面要确定污染源的主要排放因子，另一方面需要明确污染源的排放参数和位置。对于改、扩建项目，需要分别按现有工程、在建工程以及改、扩建项目实施后等多种情形下的污染物产生量、排放量及其变化量，明确改、扩建项目建成后最终的污染物排放量。对国家和地方限期达标规划及其他相关环境管理规定有特殊要求的时段，包括重污染天气应急预警期等，应说明建设项目的污染物排放的调整措施。

工程分析中污染源源强核算可参考具体行业污染源源强核算指南规定的方法。污染源源强统计可以参照表 3.3 进行，分别列出废水、废气、固体废物排放表，噪声统计通常较简单，可单独列出。

表 3.3　污染源源强

序　号	污染源	污染因子	产生量	治理措施	排放量	排放方式	排放去向	达标分析
1								
2								
3								
⋮								

① 新建项目污染物排放量的统计须按废水和废气污染物分别统计各种污染物排放总量，固体废物按照我国规定，分别统计一般固体废物和危险废物。应算清"两本账"，即生产过程中的污染物产生量和实施环境保护措施后的污染物削减量，两者之差为污染物最终排放量（见表 3.4）。

统计时应以车间或工段为核算单元，对于泄漏和放散量部分，原则上要求实测，实测有困难时，可以利用年均消耗定额的数据进行物料平衡推算。

② 改、扩建项目污染物排放量统计应算清新老污染源"三本账"，即改、扩建前污染物排放量，改、扩建项目自身污染物排放量，改、扩建完成后（包括"以新带老"污染物削减量）

污染物排放量（见表 3.5）。其相互关系可表示为：改、扩建完成后排放量=改、扩建前排放量
－"以新带老"削减量+改、扩建项目排放量。

表 3.4　新建项目污染物排放量统计

类　别	序　号	污染物名称	产生量	削减量	排放量
废　气	1				
	2				
	⋮				
废　水	1				
	2				
	⋮				
固体废物	1				
	2				
	⋮				

（2）物料平衡和水平衡。在进行环境影响评价的工程分析时，必须根据不同行业的具体
特点，选择若干有代表性的物料，主要是针对有毒有害的物料进行平衡计算。

水是工业生产中的主要原料和载体，在任一用水单元内都存在着水量的平衡关系，因此
可以依据质量守恒定律，进行质量平衡计算，即为水平衡。

根据《工业用水分类及定义》（CJ 40—1999）规定，工业用水量和排水量的关系见图 3.3。

表 3.5　改、扩建项目污染物排放量统计

类　别	序　号	污染物	现有工程排放量	拟建项目排放量	"以新带老"削减量	改、扩建完成后排放量	增减变化量
废　气	1						
	2						
	⋮						
废　水	1						
	2						
	⋮						
固体废物	1						
	2						
	⋮						

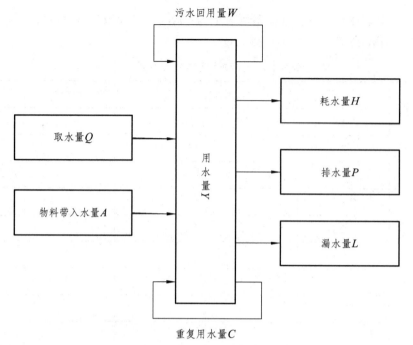

图 3.3 工业用水量和排水量的关系图

水平衡关系式见式 3.4。

$$Q + A = H + P + L \tag{3.4}$$

式中　Q——取水量；

　　　A——物料带入水量；

　　　H——耗水量；

　　　P——排水量；

　　　L——漏水量。

水平衡计算中常用指标如下：

①取水量。工业用水的取水量是指取自地表水、地下水、自来水、海水及其他水源的总水量。对于建设项目，工业取水量包括生产用水（间接冷却水、工艺用水和锅炉给水等）和生活用水，主要指建设项目取用的新鲜水量。

②重复用水量。建设项目内部循环使用和循序使用的总水量。即在生产过程中，不同设备之间与不同工序之间经两次或两次以上重复利用的水量。

③耗水量。又称损失水量，指整个建设项目消耗掉的新鲜水量总和，见式 3.5。

$$H = Q_1 + Q_2 + Q_3 + Q_4 + Q_5 + Q_6 \tag{3.5}$$

式中　H——耗水量；

　　　Q_1——产品含水量，即由产品带走的水；

　　　Q_2——间接冷却水系统补充水量，即循环冷却水系统补充水量；

　　　Q_3——洗涤用水（包括装置和生产区地坪冲洗水）、直接冷却水和其他工艺用水量之和；

　　　Q_4——锅炉运转消耗的水量；

· 68 ·

Q_5——水处理用水量，指再生水处理装置所需的用水量；

Q_6——生活用水量。

（3）污染物排放总量建议指标。在核算项目污染物排放量的基础上，按照国家对污染物排放总量控制指标的要求，提出污染物排放总量控制建议指标。污染物排放总量控制建议指标包括常规污染物指标和特征污染物指标。提出的污染物排放总量控制建议指标必须满足以下要求：达标排放的要求；符合其他相关环境保护要求（如特殊控制的区域与河段）；技术可行。

建设项目污染物排放总量核算与排污许可制度紧密衔接，环境质量不达标地区，要通过提高排放标准或加严许可排放量等措施，对企事业单位实施更为严格的污染物排放总量控制，推动环境质量改善。

（4）无组织排放源的统计。无组织排放是相对于有组织排放而言的，主要针对废气排放，表现为生产过程中产生的污染物没有进入收集和排气系统，而是通过厂房天窗或直接弥散到环境中。在工程分析中，通常将没有排气筒或排气筒高度低于 15 m 的排放源定为无组织排放。无组织排放量的确定方法主要有三种：

① 物料衡算法。通过全厂物料的投入、产出分析，核算无组织排放量。

② 类比法。与工艺相同、原辅材料相似的同类工厂进行类比，核算本厂无组织排放量。

③ 反推法。通过对同类工厂正常生产时无组织监控点进行现场监测，利用面源扩散模式反推，以此确定该工厂无组织排放量。

（5）非正常排污的源强统计与分析。非正常排污包括两部分：

① 正常开车、停车或部分设备检修时排放的污染物。

② 工艺设备或环境保护设施达不到设计规定指标运行时的可控排污。因为这种排污不代表长期运行的排污水平，所以列入非正常排污评价中。此类异常排污分析应重点说明异常情况产生的原因、发生频率和处置措施。

（6）污染源参数及排放口类型。根据排污许可证申请与核发技术规范的要求，建设项目废气排放口分为主要排放口、一般排放口和其他排放口。原则上将主体工程中的工业炉窑、化工类排污单位的主要反应设备、公用工程中出力 10 t/h 及以上的燃料锅炉和燃气轮机组以及与出力 10 t/h 及以上的燃料锅炉和燃气轮机组排放污染物相当的污染源，其对应的排放口为主要排放口；主体工程、辅助工程、储运工程中污染物排放量相对较小的污染源，其对应的排放口为一般排放口；公用工程中的火炬、放空管等污染物排放标准中未明确污染物排放浓度限值要求的排放口为其他排放口。

污染源及排放口类型确定后，还应给出对应的参数，包括排污口坐标、高度、温度、压力、流量、内径、污染物排放速率、状态、排放规律（连续排放、间断排放、排放频次）、无组织排放源的位置及范围等。

4. 清洁生产分析

《中华人民共和国清洁生产促进法》第十八条规定：

新建、改建和扩建项目应当进行环境影响评价，对原料使用、资源消耗、资源综合利用以及污染物产生与处置等进行分析论证，优先采用资源利用率高以及污染物产生量少的清洁生产技术、工艺和设备。

清洁生产分析应考虑生产工艺和生产装备是否先进可靠，资源和能源的选取、利用和消耗是否合理，产品的设计、寿命、报废后的处理与处置等是否合理，在生产过程中排放出来的废物是否做到尽可能地循环利用和综合利用，从而实现从源头预防环境问题。建设项目工程分析应参考项目可行性研究报告中工艺技术比选、节能、节水、设备等部分的内容，分析项目从原辅材料到产品的设计是否符合清洁生产的理念，包括工艺技术来源和技术特点、装备水平、资源能源利用效率、废弃物产生量、产品指标等方面的说明。

> **知识拓展：清洁生产和清洁生产审核**
>
> 清洁生产是我国实现可持续发展的重要战略，也是实现我国污染控制重点由末端控制向全过程控制转变的重要措施。清洁生产强调预防污染物的产生，即从源头和生产过程防止污染物的产生。项目实施清洁生产，可以减轻项目末端处理的负担，提高建设项目的环境可行性。
>
> 《中华人民共和国清洁生产促进法》规定：
>
> 第二条 本法所称清洁生产，是指不断采取改进设计、使用清洁的能源和原料、采用先进的工艺技术与设备、改善管理、综合利用等措施，从源头削减污染，提高资源利用效率，减少或者避免生产、服务和产品使用过程中污染物的产生和排放，以减轻或者消除对人类健康和环境的危害。
>
> 第三条 在中华人民共和国领域内，从事生产和服务活动的单位以及从事相关管理活动的部门依照本法规定，组织、实施清洁生产。
>
> 凡是在中华人民共和国领域内从事生产和服务活动的单位以及从事相关管理活动的部门都需要组织、实施清洁生产。
>
> 《清洁生产审核办法》规定：
>
> 第二条 本法所称清洁生产审核，是指按照一定程序，对生产和服务过程进行调查和诊断，找出能耗高、物耗高、污染重的原因，提出降低能耗、物耗、废物产生以及减少有毒有害物料的使用、产生和废弃物资源化利用的方案，进而选定并实施技术经济及环境可行的清洁生产方案的过程。
>
> 第六条 清洁生产审核分为自愿性审核和强制性审核。
>
> 第七条 国家鼓励企业自愿开展清洁生产审核。本办法第八条规定以外的企业，可以自愿组织实施清洁生产审核。
>
> 第八条 有下列情形之一的企业，应当实施强制性清洁生产审核：
>
> （一）污染物排放超过国家或者地方规定的排放标准，或者虽未超过国家或者地方规定的排放标准，但超过重点污染物排放总量控制指标的；
>
> （二）超过单位产品能源消耗限额标准构成高耗能的；
>
> （三）使用有毒有害原料进行生产或者在生产中排放有毒有害物质的。

清洁生产审核是我国一项独立的环境保护管理制度。基于此，环境影响评价工作越来越淡化清洁生产，但是清洁生产的思路仍然贯穿于建设项目的工程分析中，并发挥积极作用。

5. 环境保护措施方案分析

环境保护措施方案分析包括两个层次：一是对项目可行性研究报告提供的环境保护措施

进行技术先进性、经济合理性及运行可靠性的分析评价；二是若所提出的措施不能满足前述要求，则须提出改进或完善的建议，包括替代方案。分析要点如下：

（1）分析建设项目可行性研究阶段环境保护措施方案的技术可行性。根据产生的污染物的特点，充分调查同类企业现有环境保护措施方案的技术运行指标，分析建设项目可行性研究阶段所采用的环境保护措施的技术可行性，在此基础上提出进一步改进的意见，包括替代方案。

（2）分析项目采用污染处理工艺排放污染物达标的可靠性。根据现有同类环境保护措施运行的技术经济指标，结合建设项目环境保护措施的基本特点和所采用的污染处理工艺，分析建设项目环境保护措施运行参数是否合理，有无承受冲击负荷能力，能否稳定运行，确保污染物排放达标的可靠性，并提出进一步改进的意见。

（3）分析环境保护措施投资构成及其在总投资（或建设投资）中所占的比例。汇总建设项目环境保护措施的各项投资，分析其投资结构，并计算环境保护投资在总投资（或建设投资）中所占的比例。对于改、扩建项目，其中还应包括"以新带老"的环境保护投资内容。

（4）依托设施的可行性分析。对于改、扩建项目，原有工程的环境保护措施有一部分是可以利用的，如现有的污水处理设施、固体废物处理与处置设施等。原有环境保护措施是否能满足改、扩建后的要求，需要认真核实，分析依托设施的可行性。

随着经济的发展，依托公用环境保护设施已成为区域环境污染防治的重要组成部分。对项目产生的废水，经过简单处理后可排入城镇污水处理厂的项目，应从废水水质、水量、排放路径等方面综合分析污水处理厂接纳的可行性；对于可进一步利用的废气，要结合所在区域的社会经济特点，分析其集中收集、净化和利用的可行性；对于固体废物，则要根据项目所在地的环境、社会经济特点，分析综合利用的可行性，对于危险废物，则要分析其能否得到妥善处置。

6. 总图布置方案与外环境关系分析

总图布置方案与外环境关系分析从环境保护角度指导建设项目优化总图布置，使其布局更加合理。主要包括以下四个方面工作：

（1）分析厂区与周围的环境保护目标之间所定防护距离的合理性。参考大气环境技术导则、国家的有关防护距离规范，分析厂区与周围的环境保护目标之间所定防护距离的合理性，合理布置建设项目的各构筑物及生产设施，给出总图布置方案与外环境关系图。图中应标明：环境保护目标与建设项目的方位关系、距离及保护目标（如学校、医院、集中居住区等）的内容与性质。

（2）分析工厂和车间布置的合理性。在充分掌握项目建设地点的气象、水文和地质资料的条件下，认真考虑这些因素对污染物污染特性的影响，合理布置生产装置和功能区（车间、办公区、生活区等），尽可能减少对环境保护目标和自身环境敏感点的不利影响。

（3）分析对周围环境保护目标处置措施的可行性。分析建设项目所产生的污染物的特点及其污染特征，结合现有资料，确定建设项目对周围环境敏感点的影响程度，在此基础上提出切实可行的处置措施（如搬迁、防护等）。

（4）将建设项目主要污染源标示在总图上。设计文件较详细时，在厂区平面布置图中还应标明主要生产单元及公用工程单元设施名称、位置，有组织废气排放源、废水排放口等。

【例3.2】某市现有一处理能力为600 t/d的生活垃圾填埋场，位于距市区10 km处的一自然冲沟内。厂址及防渗设施均符合相关要求。现有工程包括填埋区、填埋气体导排系统、渗滤液处理导排系统及敞开式调节池。渗滤液产生量约为 80 m³/d，直接由密闭罐输送至距离填埋场 3 km、处理能力为 4×10⁴ m³/d 的城市二级污水处理厂处理后达标排放，填埋场产生的少量生活污水直接排放到附近的小河。

随着城市的发展，该市拟建一垃圾焚烧发电场，处理能力为 1 000 t/d，建设内容包括两个焚烧炉，2×22 t/h 余热炉和 2×6 MW 发电机组，设垃圾卸料、输送、分选、储存、焚烧、发电、飞灰固化和危险废物处理等，配套垃圾渗滤液收集、处理系统和事故处理池，垃圾焚烧产生的炉渣、飞灰固化体均送现有的垃圾填埋场，垃圾焚烧发电厂距现有的垃圾填埋场 2.5 km，不在城市规划区范围内，厂址及附近均无其他工矿企业。

讨论：（1）垃圾填埋场存在的环境问题。（2）垃圾焚烧发电厂主要的恶臭因子有哪些？（3）除了垃圾储存池和垃圾输送系统外，本工程产生恶臭的环节还有哪些？

解析：（1）调节池敞开，未采取消除恶臭的措施；垃圾渗滤液应由垃圾填埋场自行处理，满足相关标准后才能中水回用或进入城市污水处理厂；生活污水不能直接排放。

（2）硫化氢、氨气、甲硫醇，臭气浓度。

（3）分选；卸料；垃圾渗滤液的收集处理；事故处理池。

四、生态影响型建设项目工程分析

（一）工程分析的时段

针对各类生态影响型建设项目的影响特征和所处的区域生态环境特点的差异，工程分析所关注的工程行为和主要生态影响在不同阶段会有所侧重。

1. 施工期

时间跨度少则几个月，多则几年。对生态影响来说，施工期和运营期的影响同等重要且各具特点，施工期产生的直接生态影响一般具有临时性，但在一定条件下，其产生的间接影响可能是永久性的。在实际工程中，施工期生态影响在注重直接影响的同时，也不应忽略可能造成的间接影响。施工期是生态影响评价必须重点关注的时段。

2. 运营期

一般比施工期长得多，在工程可行性研究报告中会有明确的期限要求。由于时间跨度长，该时期的生态环境影响可能会造成区域性的环境问题，如水库蓄水会使周边区域地下水位抬升，可能造成区域土壤盐渍化甚至沼泽化，井下采矿时大量疏干排水可能导致地表沉降和地面植被生长不良甚至荒漠化。运营期是生态影响评价必须重点关注的时段。

3. 退役期

不仅包括主体工程的退役，也涉及主要设备和相关配套工程的退役，如矿井（区）闭矿、渣场封闭、设备报废更新等，也可能存在环境影响需要解决。

（二）工程分析的对象

生态影响型建设项目应明确项目组成、建设地点、占地规模、总平面及现场布置、施工方式、施工时序、建设周期和运行方式、总投资及环境保护投资等。一方面，要求工程组成要完备，包括临时性、永久性、勘察期、施工期、运营期、退役期的所有工程；另一方面，要求重点工程突出，对生态影响范围大、影响时间长的工程和处于环境保护目标附近的工程应重点分析。

工程分析既要考虑工程本身的生态影响特征，也要考虑区域生态环境特点和区域敏感目标。区域生态环境特点不同，同类工程的生态影响范围和程度可能会有明显的差异；同样的生态影响强度，因与区域敏感目标相对位置关系不同，其生态影响的程度不同。改、扩建项目还应包括现有工程的基本情况、污染物排放及达标情况、存在的生态环境问题及拟采取的整改方案等内容。

（三）工程分析的内容

1. 工程概况

介绍工程名称、建设地点、性质、规模，给出工程的经济技术指标；介绍工程特征，给出工程特征表；完整交代工程项目组成，包括施工期临时工程，参照表3.6，给出项目组成表；阐述工程施工和运营设计方案，给出施工期和运营期的工程布置示意图；有比选方案时，在上述内容中均应有介绍。

应给出地理位置图、总平面布置图、施工平面布置图、物料（含土石方）平衡图和水平衡图等基本图件。

表 3.6　工程分析的对象分类及界定依据

分　类	界定依据	备　注
1. 主体工程	一般指永久性工程，由项目立项文件确定的主体工程	
2. 配套工程	一般指永久性工程，由项目立项文件确定的主体工程之外的其他相关工程	
（1）公用工程	除服务于本项目外，还服务于其他项目，可以是新建，也可以依托原有工程或改、扩建原有工程	在此不包括公用的环保工程和储运工程，应分别列入环保工程和储运工程
（2）环保工程	根据环境保护要求，专门新建工程或依托和改、扩建原有工程，其主体工程是生态保护、污染防治、节能、提高资源处用效率和综合利用等	包括公用的或依托的环保工程
（3）储运工程	指原辅材料、产品和副产品的储存设施和运输道路	包括公用的或依托的储运工程
3. 辅助工程	一般指施工期的临时性工程，项目立项文件中不一定有明确的说明，可通过工程分析和类比法确定	

2. 初步论证

主要从宏观上进行项目可行性论证，必要时提出替代或调整方案。初步论证主要包括以下三方面内容：

（1）建设项目与法律法规、产业政策、环境政策和相关规划的符合性。

（2）建设项目选址选线、施工布置和总图布置的合理性。

（3）清洁生产和区域循环经济的可行性，提出替代或调整方案。

3. 影响源识别

应明确建设项目在勘察期、建设期、运营期和退役期（可根据项目情况选择）等不同时段的各种工程行为与可能受影响的环境要素间的作用效应关系、影响性质、影响范围、影响程度等，分析建设项目可能产生的生态影响。生态影响型建设项目除了主要产生生态影响外，还可能会有不同程度的污染影响，其影响源识别主要从工程自身的影响特点出发，识别可能带来生态影响或污染影响的来源，包括工程行为和影响源。在进行影响源识别时，应尽可能给出定量或半定量数据。

工程行为分析时，应明确给出土地征用量、临时用地量、地表植被破坏面积、取土量、弃渣量、库区淹没面积和移民数量等。

污染源分析时，原则上按污染型建设项目要求进行，从废水、废气、固体废物、噪声与振动、电磁等方面分别考虑，明确污染源位置、属性、污染物产生量、污染物处理与处置量和污染物最终排放量。对于改、扩建项目，还应分析原有工程存在的生态环境问题，识别原有工程影响源和源强。

4. 环境影响识别

建设项目环境影响识别一般从社会影响、生态影响和污染影响三个方面考虑，在结合项目自身环境影响特点、区域环境特点和具体环境保护目标的基础上进行识别。

应结合建设项目所在区域发展规划、环境保护规划、环境功能区划、生态功能区划、生态保护红线及环境现状，分析可能受工程行为影响的因素。生态影响型建设项目的生态影响识别，不仅要识别工程行为造成的直接生态影响，而且要注意污染影响造成的间接生态影响，甚至要求识别工程行为和污染影响在时间或空间上的累积效应（累积影响），明确各类影响的性质（有利、不利）和属性（可逆、不可逆，临时、长期等）。

5. 环境保护方案分析

要求从经济、环境、技术和管理等方面论证环境保护措施的可行性，必须满足达标排放、总量控制、环境规划和环境管理要求，技术先进且与社会经济发展水平相适宜，确保环境目标可达性。环境保护方案分析至少应有以下五个方面内容：

（1）施工和运营方案合理性分析。

（2）工艺和设施的先进性和可靠性分析。

（3）环境保护措施的有效性分析。

（4）环境保护措施处理效率的合理性和可靠性分析。

（5）环境保护措资估算及经济合理性分析。

通过对环境保护方案的分析，对于不合理的环境保护措施应提出比选方案，进行分析后提出推荐方案或替代方案。

6. 其他分析

包括非正常工况类型及源强、风险潜势初判、事故风险识别和源项分析以及防范和应急措施说明。

（四）生态影响型工程分析技术要点

按照建设项目环境影响评价资质的评价范围划分，生态影响型建设项目主要包括交通运输、采掘和农林水利三大类别，由于征租用地面积大，直接生态影响范围较大和影响程度较为严重，评价等级多为一级或二级；海洋工程和输变电工程涉及征租地面积较大，结合考虑直接生态影响范围或直接影响程度，二级评价等级较为常见；而其他类建设项目征租用地范围有限，直接生态影响一般局限于征租用地范围，直接影响范围和程度有限，评价等级一般为三级。

根据建设项目特点（线型、区域型）和影响方式不同，以下选择公路、管线、航运码头、油气开采和水电项目为代表，明确工程分析技术要求。

1. 公路项目

工程分析以施工期和运营期为主，按照生态环境、声环境、水环境、大气环境、固体废物和社会环境等要素识别影响源和影响方式，并估算影响源的源强。

施工期是公路工程产生生态破坏和水土流失的主要阶段，应重点考虑工程用地、桥隧工程和辅助工程（施工期临时工程）所带来的环境污染和生态破坏。在工程用地分析中说明临时租地和永久征地的类型、数量，特别是占用基本农田的位置和数量；桥隧工程要说明位置、规模、施工方式和施工时间计划；辅助工程包括进场道路、施工便道、施工营地、作业场地、各类料场和弃渣场等，应说明其位置、临时用地类型和面积及恢复方案，并明确表土堆存和利用方案。

施工期要注意主体工程行为带来的环境问题，如路基开挖工程涉及弃方利用和运输问题，路基填筑需要借方和运输，隧道开挖涉及弃方和爆破，桥梁基础施工涉及底泥清淤、弃渣等。

运营期主要考虑交通噪声、管理区和服务区"三废"、线型工程阻隔及景观等方面的影响，同时根据沿线区域环境特点和可能运输货物的种类，识别运输过程中可能产生的环境污染和风险事故。

2. 管线项目

工程分析应包括施工期和运营期，一般管道工程的生态影响主要发生在施工期。

施工期工程分析对象应包括施工作业带清理（表土堆存和回填）、施工便道、管沟开挖和回填、管道穿越（定向钻和隧道）工程、管道防腐和铺设工程、站场建设和监控工程。重点明确管道防腐、管道铺设、穿越方式、站场建设工程的主要内容和影响源、影响方式，对于重大穿越工程（如穿越大型河流）和处于环境敏感区工程（如自然保护区、水源地等），应重点分析其施工方案和相应的环境保护措施。施工期工程分析时，应注意管道不同的穿越方式可能造成不同影响。

大开挖方式：管沟回填后多余的土方一般就地平整，通常不产生弃方问题。

悬架穿越方式：不产生弃方和直接环境影响，但存在空间、视觉干扰问题。

定向钻穿越方式：存在施工期泥浆处理与处置问题。

隧道穿越方式：除隧道工程弃渣外，还可能对隧道区域的地下水和地面植被产生影响；若有施工爆破则产生噪声、振动影响，甚至有局部地质灾害。

运营期主要是污染影响和风险事故。工程分析应重点关注增压站的噪声源强、清管站的废水和废渣源强、分输站超压放空的噪声源和排空废气源、站场的生活废水和生活垃圾以及相应的环境保护措施。风险事故应根据输送物品的理化性质和毒性，一般从管道潜在的各种灾害识别风险源头，按照自然灾害、人类活动和人为破坏三种原因造成的事故分别估算事故源强。

3. 航运码头项目

工程分析以施工期和运营期为主，按水环境（或海洋环境）、生态环境、大气环境、声环境和固体废物等环境要素识别影响源和影响方式，并估算影响源的源强。

施工期是航运码头工程产生生态破坏和环境污染的主要阶段，重点考虑填充造陆工程、航道疏浚工程、护岸工程和码头施工对水域环境和生态系统的影响，说明施工工艺和施工布置方案的合理性，从施工全过程识别和估算影响源。

运营期主要考虑陆域生活污水、运营过程中产生的含油污水、船舶污染物和码头、航道的风险事故。海运船舶污染物（船舶生活污水、含油污水、压载水、垃圾等）的处理与处置有相应的法律规定。同时，应特别注意从装卸货物的理化性质及装卸工艺分析，识别可能产生的环境污染和风险事故。

4. 油气开采项目

工程分析涉及施工期、运营期和退役期，各时段影响源和主要影响对象存在一定差异。

工程概况中应说明工程开发性质、开发形式、建设内容、产能规划等，项目组成应包括主体工程（井场工程）、配套工程（各类管线、井场道路、监控中心、办公和管理中心、储油/气设施、注水站、集输站、转运站点、环境保护设施、供水、供电、通信等）和施工辅助工程，分别给出位置、占地规模、平面布局、污染设施（设备）和使用功能等相关数据和工程总体平面图、主体工程（井位）平面布置图、重要工程平面布置图和土石方、水平衡图等。

施工期，土建工程的生态保护应重点关注水土保持、表土堆存和利用、植被恢复等措施；对钻井工程更应注意钻井泥浆的处理与处置、落地油处理与处置、钻井套管防渗等措施的有效性，避免土壤、地表水和地下水受到污染。

运营期，以污染影响和事故风险分析和识别为主。按照环境要素进行分析，重点分析含油废水、废弃泥浆、落地油、油泥的产生点，说明其产生量、处理与处置方式、排放量和排放去向。对滚动开发项目，应按"以新带老"要求，分析原有污染源并估算源强。风险事故应考虑到钻井套管破裂、井场和站场漏油（气）、油气罐破损和油气管线破损等而产生泄漏、爆炸和火灾等情形。

退役期，主要考虑封井作业。

5. 水电项目

工程分析以施工期和运营期为主。

施工期工程分析应在掌握施工内容、施工量、施工时序和施工方案的基础上，识别可能引发的环境问题。

运营期的影响源应包括水库淹没高程及范围、淹没区地表附属物名录和数量、耕地和植被类型与面积、机组发电用水及梯级开发联合调配方案、枢纽建筑布置等方面。

运营期生态影响识别时应注意水库、电站运行方式不同，运营期生态影响也有差异。

对于引水式电站，厂址间段会出现不同程度的减脱水河段，其水生生态、用水设施和景观影响较大。

对于日调节电站，下泄流量、下游河段河水流速和水位在日内变化较大，对下游河道的航运和用水设施影响明显。

对于年调节电站，水库水温分层相对稳定，下泄河水温度相对较低，对下游水生生物和农灌作物影响较大。

对于抽水蓄能电站，水库区域易使区域景观、旅游资源等受影响。

环境风险主要是大坝溃坝、弃渣场失稳、水库库岸侵蚀、下泄河段河岸冲刷引发塌方，甚至诱发地震等。

五、污染源源强核算

污染源源强核算是工程分析中的重要工作内容，核算结果的准确性直接影响环境保护措施的选取和环境影响预测评价的结论。因此，污染源源强核算应当依据科学的方法逐步进行。首先，开展污染源识别和污染物确定；其次，进行污染源核算方法的选取和相关参数的确定；最后，开展污染源源强的准确核算及结果统计。

建设项目环境影响评价污染源源强核算技术指南体系由准则及行业指南构成。生态环境部于 2018 年 3 月 27 日发布《污染源源强核算技术指南　准则》（HJ 884—2018）、《污染源源强核算技术指南　钢铁工业》（HJ 885—2018）、《污染源源强核算技术指南　水泥工业》（HJ 886—2018）、《污染源源强核算技术指南　制浆造纸》（HJ 887—2018）和《污染源源强核算技术指南　火电》（HJ 888—2018）。其中，准则规定污染源源强核算的总体要求、核算程序、源强核算原则要求，行业（钢铁工业、水泥工业、纸浆造纸和火电）指南指导和规范具体行业的污染源源强核算工作。

（一）污染源源强核算程序

污染源源强核算程序包括污染源识别与污染物确定阶段、核算方法及参数选定阶段、源强核算阶段、核算结果阶段，具体见图 3.4。

（二）污染源识别与污染物确定

综合工艺流程，识别产生废气、废水、噪声、振动、固体废物等的污染源，确定污染源的类型和数量，针对每个污染源识别所有规定的污染物及其治理措施。

污染源的识别应结合行业特点，涵盖所有工艺和设备类型，明确所有可能产生废气、废水、噪声、振动、固体废物等污染物的场所、设备，包括可能对水环境和土壤环境产生不利影响的"跑、冒、滴、漏"等环节。污染源识别过程应分别对废气、废水、噪声、振动等污染源进行分类。

1. 废气污染源类型

按照污染源形式可划分为点源、面源、线源和体源；按照排放方式可划分为有组织排放源和无组织排放源；按照排放特性可划分为连续排放源和间歇排放源；按照排放状态可划分为正常排放源和非正常排放源。

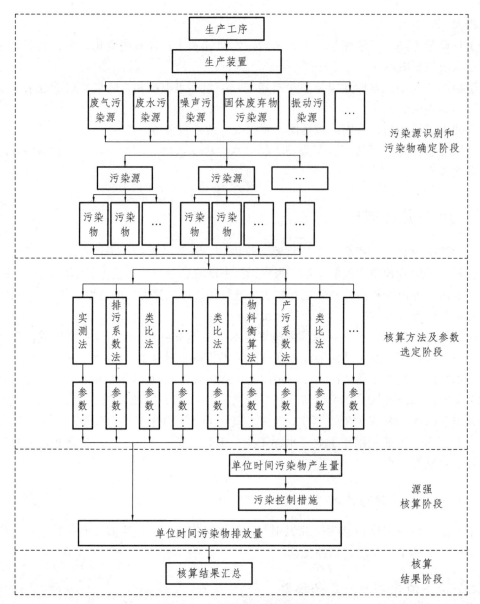

图 3.4　污染源源强核算程序

2. 废水污染源类型

按照排放形式可划分为点源和非点源；按照排放特性可划分为连续排放源和间歇排放源；按照排放状态可划分为正常排放源和非正常排放源。

3. 噪声源类型

按照声源位置可划分为固定声源和流动声源；按照发声时间可划分为频发噪声源和偶发噪声源；按照发声形式可划分为点声源、面声源和线声源。

4. 振动源类型

按照振动变化情况可划分为稳态振动源、冲击振动源、无规则振动源和轨道振动源。

5. 地下水排放类型

按照排放状态可划分为正常状况及非正常状况下的排放。

污染物的确定应根据国家、地方颁布的行业污染物排放标准，确定污染源废气、废水相关污染物。没有行业污染物排放标准的，可结合国家、地方颁布的综合排放标准，或参照具有类似产排污特性的相关行业的排放标准，确定污染源废气、废水相关污染物。也可根据原辅材料及燃料使用和生产工艺情况，分析确定污染源废气、废水污染物。固体废物可划分为第Ⅰ类一般工业固体废物、第Ⅱ类一般工业固体废物、危险废物（按照《国家危险废物名录》划分）和生活垃圾等。

（三）核算方法及参数选定

按照相关行业指南规定的优先级别选取适当的核算方法，合理选取或科学确定相关参数。根据选定的核算方法和参数，结合核算时段确定污染物排放源强，一般为污染物年排放量和小时排放量等。

污染源源强核算可采用实测法、物料衡算法、产污系数法、排污系数法、类比法、实验法等方法。

现有建设项目污染源源强的核算应优先采用实测法，各行业也可根据行业特点确定其他核算方法；采用实测法核算时，对于排污单位自行监测技术指南及排污许可等要求采用自动监测的污染因子，仅可采用有效的自动监测数据进行核算；对于排污单位自行监测技术指南及排污许可证等未要求采用自动监测的污染因子，核算源强时优先采用自动监测数据，其次采用手工监测数据。

（四）源强核算结果与统计

污染源源强核算结果应清晰明确地进行统计及分析，统计结果为后续竣工环境保护验收及排污许可工作提供参考。

【例3.3】西北某市拟建一城市供水项目，由取水工程、净水工程及输水工程组成。其中，净水工程包括净水厂和供水管，净水厂主要建（构）筑物有配水井、混合池、反应池、沉淀池、过滤池、消毒池、加氯间、加氮间、加药间、储泥池、污泥浓缩池、污泥脱水机房、中控室、化验室及综合办公楼。净水厂内化验室对生活饮用水42项水质指标进行分析，常用药品有氯化物、砷化物、汞盐、甲醇、无水乙醇、石油醚以及强酸、强碱等，加药间主要存放聚丙烯酰胺、聚合氯化铝和粉末活性炭，其中活性炭用于原水水质超标时投加使用。净水厂沉淀池排泥水量为 1 900 m³/d（含水率 99.7%），排泥水送污泥浓缩池进行泥水分离，泥水分离排出的上清液为 1 710 m³/d，浓缩后的污泥（含水率97%）经污泥脱水机房脱水后外运（污泥含水率低于80%）。

讨论：（1）分析污泥浓缩池上清液的合理去向，并请说明理由。（2）净水厂运行期是否产生危险废物？请说明理由。（3）计算污泥脱水机房污泥的脱出水量。

解析：（1）污泥浓缩池上清液回流可进入净水系统回用。理由是：污泥浓缩池上清液水量大，净水及污泥处理所使用药剂对上清液水不构成污染，且上清液水质简单。

（2）净水厂运行期会产生危险废物。理由：化验室的药品多为危险化学品。运行期，化验室化验水质会产生废酸、废碱及其盛装物，化验室其他废弃物药品及其盛装物等为危险废物。

（3）方法一：

浓缩后的污泥量为：

$$1900 - 1710 = 190 \ \text{m}^3/\text{d};$$

浓缩后的污泥含干泥量为：

$$190 \times (1 - 97\%) = 5.7 \ \text{m}^3/\text{d};$$

经污泥脱水机房脱水后的污泥量至少为：

$$5.7 \div (1 - 80\%) = 28.5 \ \text{m}^3/\text{d};$$

污泥脱水机房污泥的脱出水量至少为：

$$190 - 28.5 = 161.5 \ \text{m}^3/\text{d}。$$

方法二：

设污染脱水机房污泥的脱出水量为 M，则

$$(1\,900 - 1\,710) \times (1 - 97\%) = (1\,900 - 1\,710 - M) \times (1 - 80\%)$$

解得 $M = 161.5 \ \text{m}^3/\text{d}$。

污泥脱水机房污泥的脱出水量至少为 $161.5 \ \text{m}^3/\text{d}$。

第二节　环境现状调查

环境现状调查是环境影响评价的重要组成部分，一般情况下应根据建设项目所在区域的环境特点，结合环境要素的评价等级，确定各环境要素现状调查的要求和范围，并筛选出应调查的有关参数。

环境现状调查中，对环境中与评价项目有密切关系的部分（如大气、地表水、地下水等）应全面、详细调查，对这些部分的环境质量现状应有定量的数据，并做出分析或评价；对一般自然环境与社会环境，应根据评价区域的实际情况进行调查。

环境质量现状调查与评价，应根据建设项目的特点、可能产生的环境影响和项目所在区域的特征，开展调查与评价工作。根据区域环境质量现状调查资料，说明区域环境质量变化趋势，分析区域存在的环境问题及产生的原因。区域污染源调查应选择建设项目常规污染因子和特征污染因子、影响区域环境质量的主要污染因子和特征因子作为调查对象。

一、环境现状调查的方法

环境现状调查的方法主要有三种，即收集资料法、现场调查法和遥感方法。

1. 收集资料法

收集资料法应用范围广、收效大，比较节省人力、物力和时间。环境现状调查时，应首先通过此方法获得现有的各种有关资料，但此方法只能获得第二手资料，而且往往不全面，不能完全符合要求，需要其他方法补充。

2. 现场调查法

现场调查法可以针对需要，直接获得第一手的数据和资料，以弥补收集资料法的不足。但这种方法工作量大，需占用较多的人力、物力和时间，有时还可能受季节、仪器设备条件的限制。

3. 遥感方法

遥感方法可以从整体上了解一个区域的环境特点，可以弄清人类无法到达区域的地表环境情况，如大面积的森林、草原、荒漠、海洋等。在环境现状调查中，使用此方法时，绝大多数情况不使用直接飞行拍摄的办法，只利用已有的航空或卫星相片进行判读和分析。

二、自然环境调查的基本内容与技术要求

1. 地理位置

应包括建设项目所处的经纬度、行政区位置，要说明建设项目与所在区域的主要城市、车站、码头、港口、机场等的距离和交通条件，并附地理位置图。

2. 地质条件

一般情况下，需根据现有资料，选择下述部分或全部内容，概要说明项目所在区域的地质条件，即地层概况、地质构造、物理与化学风化情况等。

评价矿山以及其他与地质条件关系密切的建设项目的环境影响时，对与建设项目有直接关系的地质构造，如断层、断裂、坍塌、地面沉陷等，要进行较为详细的叙述。一些特别有危害的地质现象，如地震，也应加以说明，必要时，应该附图辅助说明，若没有现成的地质资料，应该做一定的现场调查。

3. 地形地貌

一般情况下，需根据现有资料，简要说明下述部分或全部内容：建设项目所在地区海拔高度，地形特征（高低起伏状况），周围的地貌类型（山地、平原、沟谷、丘陵、海岸等）以及岩溶地貌、冰川地貌、风成地貌等情况。崩塌、滑坡、泥石流、冻土等有危害的地貌现象，若不直接或间接威胁到建设项目时，可概要说明其发展趋势。

若无可查资料，需做现场调查。

当地形地貌与建设项目密切相关时，除应比较详细地叙述上面全部或部分内容外，还应附建设项目所在区域的地形图，详细说明可能直接对建设项目有危害或项目建设可能诱发的地貌现象的现状及发展趋势，必要时还应进行一定的现场调查。

4. 气候与气象

一般情况下，需根据现有资料，简要说明下述部分或全部内容：建设项目所在地区的主

要气候特征，年平均风速和主导风向，年平均气温，极端气温与月平均气温（最冷月和最热月），年平均相对湿度，平均降水量、降水天数，降水量极值，日照，主要的天气特征（如梅雨、寒潮、雹和台风、飓风）等。

如需进行大气环境影响评价，除应详细叙述上面全部或部分内容外，还应按《环境影响评价技术导则　大气环境》（HJ 2.2—2018）中的规定，增加有关内容。

5. 地表水环境

一般情况下，应根据现有资料，概要说明下述部分或全部内容：地表水状况，即地表水资源的分布及利用情况，地表水各部分（江、河、湖、库等）之间及其与海湾、地下水的联系，地表水的水文特征和水质现状以及地表水的污染来源。

如果建设项目建在海边又无须进行海湾的单项影响评价时，应根据现有资料概要说明下述部分或全部内容：海湾环境状况，即海洋资源及利用情况、海湾的地理概况、海湾与建设项目所在区域地表水及地下水之间的联系、海湾的水文特征及水质现状与污染来源等。

如需进行地表水（包括海湾）环境影响评价，除应详细叙述上面的部分或全部内容外，还需按《环境影响评价技术导则　地表水环境》（HJ 2.3—2018）中的规定，增加有关内容。

6. 地下水环境

一般情况下，需根据现有资料，简述下列部分或全部内容：地下水的开采利用情况、地下水埋藏深度、地下水与地面的联系、水质状况与污染来源。

如需进行地下水环境影响评价，除要比较详细地叙述上面内容外，还需按《环境影响评价技术导则　地下水环境》（HJ 610—2016）中的规定，选择以下内容做进一步调查：水质的物理、化学特性，污染源情况，水的储量与运动状态，水质的演变与趋势，水源地及其保护区的划分，水文地质方面的蓄水层特性，承压水状况等。当资料不全时，应进行现场调查和采样分析。

7. 土壤环境与水土流失

一般情况下，只需根据现有资料，简要说明下述部分或全部内容：建设项目周围地区的主要土壤类型及其分布、土地利用现状及其分布、土地利用规划及其分布、土壤的肥力情况、土壤污染的主要来源及其环境质量现状、建设项目所在区域的水土流失现状及原因等。

如需进行土壤环境影响评价，除要比较详细地叙述上面全部或部分内容外，还需按《环境影响评价技术导则　土壤环境》（HJ 964—2018）中的规定，选择以下内容做进一步调查：土壤的物理、化学性质，土壤结构，土壤一次污染、二次污染状况，水土流失的原因、特点、面积、元素及流失量等，同时要附土壤分布图。

8. 动植物与生态

若建设项目不进行生态影响评价，但项目规模较大时，应根据现有资料，简要说明下述部分或全部内容：建设项目所在区域的植被情况（覆盖度、生长情况），有无国家/地方重点保护的、稀有的、受危害的或作为资源的野生动植物，当地的主要生态系统类型（森林、草原、沼泽、荒漠等）及现状。

若需要进行生态影响评价，除应详细地叙述上面全部或部分内容外，还需按《环境影响评价技术导则　生态影响》（HJ 19—2011）中的规定，选择以下内容做进一步调查：本地区主要的动植物清单，特别是需要保护的珍稀动植物种类与分布，生态系统的生产力，稳定性状况；生态系统与周围环境的关系以及影响生态系统的主要环境因素调查等。

三、社会环境调查的基本内容与技术要求

（一）社会经济

主要根据现有资料，结合必要的现场调查，简要叙述建设项目所在区域的社会经济状况和发展趋势。

1. 人口

包括居民区的分布情况及分布特点、人口数量和人口密度等。

2. 工业与能源

包括建设项目所在区域的现有厂矿企业的分布状况、工业结构、工业总产值及能源的供给与消耗方式等。

3. 农业与土地利用

包括可耕地面积、粮食作物与经济作物构成及产量、农业总产值以及土地利用现状；建设项目环境影响评价应附土地利用图。

4. 交通运输

包括建设项目所在区域的公路、铁路或水路方面的交通运输概况及其与建设项目之间的关系。

（二）文物与景观

文物指遗存在社会上或埋藏在地下的历史文化遗物，一般包括具有纪念意义和历史价值的建筑物、遗址、纪念物或具有历史、艺术、科学价值的古文化遗址、古墓葬、古建筑、石窟寺、石刻等。

景观一般指具有一定价值必须保护的特定的地理区域或现象，如自然保护区、风景名胜区、疗养区、温泉以及重要的政治文化设施等。

如不进行这方面的影响评价，则只需根据现有资料，概要说明下述部分或全部内容：建设项目所在区域具有哪些重要文物与景观；文物或景观相对于建设项目的位置和距离，其基本情况以及国家或当地政府的保护政策和规定。

如建设项目需进行文物或景观的影响评价，除应较详细地叙述上面部分或全部内容外，还应根据现有资料，结合必要的现场调查，进一步叙述文物或景观对人类活动敏感部分的主要内容，这些内容有：它们易受哪些物理、化学或生物因素的影响，目前有无已损害的迹象及其原因，主要的污染或其他影响的来源，景观外貌特点，自然保护区或风景名胜区中珍贵的动、植物种类以及文物或景观的价值等。

（三）人群健康状况

当建设项目传输某种污染物，或拟排放的污染物毒性较大时，应进行一定的人群健康调

查。调查时，应根据环境中现有污染物及建设项目将排放的污染物的特性选定指标。

四、环境保护目标调查内容

调查评价范围内建设项目可能影响到的环境保护目标、环境功能区划和主要环境敏感区，详细了解环境保护目标的地理位置、服务功能、四至范围、保护对象和保护要求等。对存在各类环境风险的建设项目，应根据有毒有害物质排放途径确定调查范围，如大气环境、地表水环境、地下水环境、土壤环境、声环境及生态环境等，明确可能受影响的环境保护目标，给出环境保护目标区位相对位置图，明确对象、属性、相对方位及距离等数据。

第三节　环境影响识别和评价因子筛选

一、环境影响识别的一般要求

（一）环境影响的概念

对于建设项目环境影响评价而言，环境影响就是指拟建项目与环境之间的相互作用，即：

$$[拟建项目] + [环境] \rightarrow \{变化的环境\}$$

根据拟建项目的特征和建设项目所在区域的环境状况预测环境变化是环境影响评价的基本任务。

将拟建项目分解成各层"活动"，将环境分解成各个环境要素，则拟建项目和环境的相互作用关系为：

$$[拟建项目] = (活动)_1, (活动)_2, \cdots\cdots, (活动)_m$$
$$[环境] = (要素)_1, (要素)_2, \cdots\cdots, (要素)_n$$
$$(活动)_i (要素)_j \rightarrow (影响)_{ji}$$

$(影响)_{ji}$ 即表示第 i 项"活动"对 j 项要素的影响。

对于预测到的不利环境影响，通常需要采取一系列环境保护措施（包括防止、减轻、消除或补偿措施）来减缓不利的环境影响。在采取了环境保护措施后，环境影响表述为：

$$(活动)_i (要素)_j \rightarrow (影响)_{ji} \rightarrow (预测和评价) \rightarrow 环境保护措施 \rightarrow (剩余影响)_{ji}$$

（二）环境影响识别的基本内容

环境影响识别就是通过系统地检查拟建项目的各项"活动"与各环境要素之间的关系，识别可能的环境影响，包括环境影响因子、影响对象（环境因子）、影响程度和影响方式。

按照拟建项目的"活动"对环境要素的作用属性，环境影响可以划分为有利影响和不利影响、直接影响和间接影响、短期影响和长期影响、可逆影响和不可逆影响等。

环境影响的程度和显著性与拟建项目的"活动"特征、强度以及相关环境要素的承载能力有关。

有些环境影响可能是显著的或非常显著的，在对项目做出决策之前，需要进一步了解其影响程度，所需要或可采取的环境保护措施以及防护后的效果等；有些环境影响可能是不重要的，或者说对项目的决策、项目的管理没有什么影响。环境影响识别的任务就是要区分、筛选出显著的、可能影响项目决策和管理的、需要进一步评价的主要环境影响。

在环境影响识别中，自然环境要素可划分为地形、地貌、地质、水文、气候、地表水、地下水、大气、土壤、森林、草场、陆生生物、水生生物等；社会环境要素可以划分为城市（镇）、土地利用、人口、居民区、交通、文物古迹、风景名胜、自然保护区、人体健康以及重要的基础设施等。各环境要素可由表征该要素特性的各相关环境因子具体描述，构成一个有结构、分层次的环境因子序列。

构建的环境因子序列应能描述评价对象的主要环境影响、表达环境质量状态，并便于度量和监测。

在环境影响识别中，可以使用一些定性的、具有"程度"判断的词语来表达环境影响的程度，如"重大"影响、"轻度"影响、"微小"影响等。这种表达没有统一的标准，通常与评价人员的文化、环境价值取向和当地环境状况等有关，但是这种表达对给"影响"排序、确定其相对重要性或显著性是非常有用的。

在环境影响程度的识别中，通常按5个等级来定性地划分影响程度。

1. 极端不利

外界压力引起某个环境因子无法替代、恢复与重建的损失，此种损失是永久的、不可逆的。如使某濒危的生物种群或有限的不可再生资源遭受灭绝威胁，对人群健康有致命的危害以及对独一无二的历史古迹造成不可弥补的损失等。

2. 非常不利

外界压力引起某个环境因子严重而长期的损害或损失，其代替、恢复和重建非常困难和昂贵，并需很长的时间。如造成稀少的生物种群濒危或有限的、不易得到的可再生资源严重损失，对大多数人的健康造成严重危害或者造成相当多的人群经济贫困等。

3. 中度不利

外界压力引起某个环境因子的损害或破坏，其替代或恢复是可能的，但相当困难且可能要付出较高的代价，并需比较长的时间。如对正在减少的生物种群或有限供应的资源造成相当大的损失，使当地优势生物种群的生存条件产生重大变化或数量严重减少等。

4. 轻度不利

外界压力引起某个环境因子的轻微损害或暂时性破坏，其再生、恢复与重建可以实现，但需要一定的时间。

5. 微弱不利

外界压力引起某个环境因子暂时性破坏或受到干扰，各项影响是人类能够忍受的，环境的破坏或干扰能较快地自动恢复或再生，或者其替代与重建比较容易实现。

不同类型的建设项目对环境产生影响的方式是不同的，对于以污染影响为主的建设项目，有明确的污染物产生，利用其造成的影响可追踪识别其影响方式；对于以生态影响为主的建设项目，可能没有明确的污染物产生，需要仔细分析建设"活动"与各环境要素、环境因子之间的关系来识别影响过程。

（三）环境影响识别的一般技术考虑

建设项目的环境影响识别在技术上一般应考虑以下方面的问题：

（1）项目的特性。包括建设项目的类型和规模等。

（2）项目所在区域的环境特性及环境保护要求。如自然环境、社会环境、环境保护功能区划、环境保护规划等。

（3）识别主要的环境敏感区和环境保护目标。

（4）从自然环境和社会环境两方面识别环境影响。

（5）突出对重要的或社会关注的环境要素的识别。应识别出可能导致的主要环境影响（影响对象），主要环境影响因子（项目中造成主要环境影响者），说明环境影响属性（性质），判断影响程度、影响范围和可能的时间跨度。

二、环境影响识别方法

（一）清单法

将可能受建设项目影响的环境因子和可能产生的影响性质，通过核查，在一张表上一一列出的识别方法，称为清单法，又称"核查表法""列表清单法"或"一览表法"。该法虽是较早发展起来的，但现在还在普遍使用，并有多种形式。

1. 简单型清单

仅是一个可能受影响的环境因子表，不做其他说明，可做定性的环境影响识别分析，但不能作为决策依据。

2. 描述型清单

较简单型清单增加了环境因子如何度量的准则。目前有两种类型的描述型清单。

（1）环境资源分类清单，即对受影响的环境因素（环境资源）先做简单的划分，以突出有价值的环境因子。通过环境影响识别，将具有显著性影响的环境因子作为后续评价的主要内容。该类清单已按工业类、能源类、水利工程类、交通类、农业工程类、森林资源类、市政工程类等编制了主要环境影响识别表，在世界银行《环境评价资源手册》等文件中均可查获。这些编制成册的环境影响识别表可供具体建设项目环境影响识别时参考。

（2）传统的问卷式清单，即在清单中仔细地列出有关"项目—环境影响"要询问的问题，针对项目的各项"活动"和环境影响进行询问。答案可以是"有"或"没有"。如果回答为有影响，则在表中的注解栏说明环境影响的程度、发生环境影响的条件以及环境影响的方式，而不是简单地回答某项活动将产生某种影响。

3. 分级型清单

在描述型清单基础上又增加了对环境影响程度进行分级。

环境影响识别常用的是描述型清单，其中，更为流行的是环境资源分类清单。

（二）矩阵法

矩阵法由清单法发展而来，不仅具有影响识别功能，还有影响综合分析评价功能。它将清单中所列内容系统地加以排列，把拟建项目的各项"活动"和受影响的环境要素组成一个矩阵，建立起直接的因果关系，以定性或半定量的方式说明拟建项目的环境影响。

矩阵法主要有相关矩阵法和迭代矩阵法两种。一般采用相关矩阵法。即通过系统地列出拟建项目各阶段的各项"活动"，以及可能受影响的环境要素，构造矩阵确定各项"活动"和环境要素及环境因子的相互作用关系。如果认为某项"活动"可能对某一环境要素产生影响，则在矩阵中相应交叉的格点将环境影响标注出来。

可以将各项"活动"对环境要素的影响程度，划分为若干个等级，如3个等级或5个等级。为了反映各个环境要素在环境中的重要性的不同，通常还采用加权的方法，对不同的环境要素赋予不同的权重，还可以通过各种符号来表示环境影响的各种属性。

（三）其他识别方法

具有环境影响识别功能的方法还有图形叠置法（包括手工图形叠置法和 GIS 支持下的图形叠置法）和影响网络法。

1. 图形叠置法

图形叠置法在环境影响评价中的应用包括通过应用一系列的环境、资源图件叠置来识别、预测环境影响，标示环境要素、不同区域的相对重要性以及表征建设项目对不同区域和不同环境要素的影响。

图形叠置法用于涉及地理空间较大的建设项目，如"线型"影响项目（公路、铁道、管道等）和区域开发项目。

2. 影响网络法

采用因果关系分析网络来解释和描述拟建项目的各项"活动"和环境要素之间的关系。除了具有相关矩阵法的功能外，还可识别间接影响和累积影响。

三、环境影响评价因子的筛选方法

根据建设项目的特点、环境影响的特征，结合区域环境功能要求、环境保护目标、评价标准和环境制约因素，筛选确定评价因子。

（一）大气环境影响评价因子的筛选方法

按照《环境影响评价技术导则　总纲》（HJ 2.1—2016）的要求，在大气环境影响评价中，应根据拟建项目的特点和当地大气污染状况，筛选评价因子。首先，应选择建设项目等标排放量 P_i 较大的污染物作为主要污染因子；其次，还应考虑在评价范围内已经造成严重污染的污染物；最后，列入国家主要污染物总量控制指标的污染物，亦应作为评价因子。

等标排放量 P_i 的计算公式见式 3.6。

$$P_i = \frac{Q_i}{C_{0i}} \times 10^{12} \qquad (3.6)$$

式中　Q_i——第 i 类污染物单位时间的排放量，t/h；

C_{0i}——第 i 类污染物环境空气质量浓度标准，μg/m³。

C_{0i} 按《环境空气质量标准》（GB 3095—2012）中二级 1 h 平均值计算，如已有地方环境空气质量标准，应选用地方标准中的浓度限值。对于该标准中未包含的项目，可参照《建设项目环境影响评价技术导则　大气环境》（HJ 2.1—2018）中相应的浓度限值。对于上述文件中只规定了日平均容许浓度限值的大气污染物，一般可取日平均容许浓度限值的 3 倍，但对于致癌物质、毒性可积累或毒性较大的物质，如苯、汞、铅等，可直接取其日平均容许浓度限值。

大气环境影响评价因子主要为项目排放的基本污染物和其他污染物。当建设项目排放的 SO_2 和 NO_x 年排放量大于或等于 500 t/a 时，评价因子应增加二次 $PM_{2.5}$。

（二）水环境影响评价因子的筛选方法

1．基本要求

（1）水污染影响型建设项目评价因子的筛选应符合以下要求：

①按照污染源源强核算技术指南，开展建设项目污染源与水污染因子识别，结合建设项目所在水环境控制单元或区域水环境质量现状，筛选出水环境现状调查评价与影响预测评价的因子。

②行业污染物排放标准中涉及的水污染物应作为评价因子。

③在车间或车间处理设施排放口排放的第一类污染物应作为评价因子。

④水温应作为评价因子。

⑤面源污染所含的主要污染物应作为评价因子。

⑥建设项目排放，且为建设项目所在控制单元的水质超标因子或潜在污染因子（指近三年来水质浓度值呈上升趋势的水质因子），应作为评价因子。

（2）水文要素影响型建设项目评价因子应根据建设项目对地表水体水文要素影响的特征确定。河流、湖泊及水库主要评价水面面积、水量、水温、径流过程、水位、水深、流速、水面宽、冲淤变化等因子，湖泊和水库需要重点关注湖底水域面积或蓄水量及水力停留时间等因子。感潮河段、入海河口及近岸海域主要评价流量、流向、潮区界、潮流界、纳潮量、水位、流速、水面宽、水深、冲淤变化等因子。

（3）建设项目可能导致受纳水体富营养化的评价因子还应包括与富营养化有关的因子，

如总磷、总氮、叶绿素 a、高锰酸盐指数和透明度等，其中，叶绿素 a 为必须评价的因子。

2. 水质参数

水环境影响评价因子是从所调查的水质参数中选取的。需要调查的水质参数有两类：一类是常规水质参数，它能反映水域水质的一般状况；另一类是特征水质参数，它能代表拟建项目将来的排水水质。在某些情况下，还需要调查一些补充项目。

（1）常规水质参数：以《地表水环境质量标准》（GB 3838—2002）中所列的 pH 值、溶解氧、高锰酸盐指数、化学需氧量、五日生化需氧量、总氮或氨氮、酚、氰化物、砷、汞、铬（六价）、总磷及水温为基础，根据水域类别、评价等级及污染源状况适当增减。

（2）特殊水质参数：根据建设项目特点、水域类别、评价等级以及建设项目所属行业的特征水质参数进行选择。

（3）其他方面的参数：被调查水域的环境质量要求较高（如自然保护区、饮用水水源地、珍贵水生生物保护区、经济鱼类养殖区等），且评级等级为一级、二级的，应考虑调查水生生物和底质。其调查项目可根据具体工作要求确定，或从下列项目中选择部分内容。

① 水生生物方面主要调查浮游动植物、藻类、底栖无脊椎动物的种类和数量，水生生物群落结构等。

② 底质方面主要调查与建设项目排水水质有关的易积累的污染物。

根据对拟建项目废水排放的特点和水质现状调查的结果，选择其中主要的污染物、对地表水环境危害较大以及国家和地方要求控制的污染物作为评价因子。

思考与练习

1. 简述工程分析的作用。
2. 简述工程分析的方法。
3. 简述污染影响型建设项目工程分析的工作内容。
4. 简述生态影响型建设项目工程分析的工作内容。
5. 简述污染源源强核算程序。
6. 简述污染源源强核算的方法。
7. 简述自然环境调查的基本内容。
8. 简述社会环境调查的基本内容。
9. 环境影响识别的方法有哪些？
10. 简述大气环境影响评价因子的筛选方法。
11. 简述水环境影响评价因子的筛选方法。

第四章　大气环境影响评价

第一节　基础知识

一、大气污染

由于自然现象或人类活动向大气中排放的颗粒物和废气过多，使大气中出现新的化学物质或某种成分的含量超过了自然状态下的平均含量，影响人和动植物的正常生长和发育，给人类带来冲击和危害，即大气污染。

大气污染的产生实际上是大气系统的内在结构发生了变化并通过外部状态表征出来，进而引起对人类及生物界生存和繁衍的干扰。

二、大气污染源

大气污染源是指导致大气污染的各种污染物或污染因子的发生源，例如向大气排放污染物或释放有害因子的工厂、场所或设备。

按《环境影响评价技术导则　大气环境》（HJ 2.2—2018）中推荐模式对参数输入的格式要求，污染源从排放形式上可分为点源（含火炬源）、面源、线源、体源、网格源等；从排放时间上可分为连续源、间断源、偶发源等；从运动形式上可分为固定源和移动源，其中移动源包括道路移动源和非道路移动源。此外，还有一些特殊排放形式，比如烟塔合一源和机场源。

（1）点源是通过某种装置集中排放的固定点状源，如烟囱、集气筒等。

（2）面源是在一定区域范围内，以低矮密集的方式自地面或近地面的高度排放污染物的源，如无组织排放、储存堆、渣场等排放源。

（3）线源是污染物呈线状排放或由移动源构成线状排放的源，如城市道路的机动车排放源等。

（4）体源是由源本身或附近建筑物的空气动力学作用使污染物呈一定体积向大气排放的源，如焦炉炉体、屋顶天窗等。

（5）火炬源是直接由明火排放的源，如炼油厂火炬。

（6）烟塔合一源是指锅炉产生的烟气经除尘、脱硫、脱硝后引至自然通风冷却塔排放的源。

（7）机场源是指民用机场大气污染物排放源。

（8）网格源一般指排放城市和区域尺度的大气污染物，需进行网格化的污染源，如光化学转化的二次污染物的排放源。

三、大气污染物

大气污染物按形态分为颗粒态污染物和气态污染物；按生成机理分为一次污染物和二次污染物。其中由人类或自然活动直接产生，由污染源直接排入环境的污染物称为一次污染物；排入环境中的一次污染物在物理、化学和生物作用下发生变化或与环境中的其他物质发生反应所形成的新污染物称为二次污染物。

按照《环境空气质量标准》（GB 3095—2012）规定将大气污染物分为基本污染物和其他污染物。基本污染物是指二氧化硫（SO_2）、二氧化氮（NO_2）、一氧化碳（CO）、臭氧（O_3）、可吸入颗粒物（PM_{10}）、细颗粒物（$PM_{2.5}$）等；其他污染物是指项目排放的污染物中除基本污染物以外的其他污染物，如总悬浮颗粒物（TSP）、氮氧化物（NO_x）、铅（Pb）和苯并[a]芘（BaP），以及项目排放的特有污染物。

四、大气污染扩散

进入大气中的污染物，受微粒的布朗运动、分子扩散运动、大气水平运动（风）、大气湍流运动等不同尺度的扰动运动以及重力作用而被混合、稀释、输送和沉降，称为大气污染扩散。

风和湍流是影响大气污染扩散最直接、最本质的因素。风对大气污染扩散有两方面作用：一是整体的输送作用，二是污染物的稀释作用。风向决定污染物迁移的方向，风速决定污染物迁移的速度。污染物总是由上风向输送到下风向；风速越大，对污染物的稀释作用就越大，扩散越远。一般来说，大气中污染物浓度与风速成反比。

大气除了整体水平运动外，还存在着各种不同尺度的次生运动或旋涡运动，这种极不规则的大气运动就是大气湍流。大气湍流与大气的热力因子（大气垂直稳定度）以及近地面风速和下垫面特征等因素有关。前者形成的湍流称为热力湍流，后者所形成的湍流称为机械湍流，大气湍流就是这两种湍流综合作用的结果。大气湍流在近地层大气中表现最为突出，风速时强时弱，风向不停摆动，就是存在大气湍流的具体表现。大气湍流运动造成湍流场中各部分之间强烈混合，当污染物由污染源排入大气时，高浓度的污染物由于湍流混合，不断被清洁空气掺入，同时又无规则地分散到其他方向去，使污染物不断地被迁移稀释。因此，凡有利于增大风速、增强湍流的气象条件，都有利于大气污染扩散。

此外，大气污染扩散还受大气稳定度以及地理条件的影响。

第二节　大气环境影响评价概述

一、工作任务

通过调查、预测等手段，分析、预测和评估项目在建设期、运行期和服务期满后（可根据项目情况选择）所排放的大气污染物对环境空气质量影响的程度、范围和频率，为项目的选址选线、排放方案、大气污染治理设施与预防措施制定、排放量核算，以及其他有关的工程设计、项目实施环境监测等提供科学依据或指导性意见。

二、工作程序

大气环境影响评价分为三个阶段，具体工作程序见图 4.1。

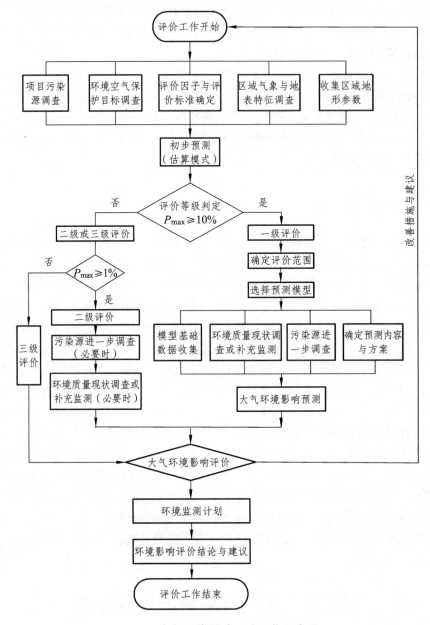

图 4.1　大气环境影响评价工作程序图

第一阶段。主要工作包括研究有关文件，项目污染源调查，环境空气保护目标调查，评价因子筛选与评价标准确定，区域气象与地表特征调查，收集区域地形参数，确定评价等级和评价范围等。

第二阶段。主要工作依据评价等级要求开展，包括与项目评价相关的污染源调查与核实，选择适合的预测模型，环境质量现状调查或补充监测，收集建立模型所需气象、地表参数等基础数据，确定预测内容与预测方案，开展大气环境影响与评价工作等。

第三阶段。主要工作包括制定环境监测计划，明确大气环境影响评价结论与建议，完成环境影响评价文件的编写等。

三、评价等级及评价范围

1. 评价标准的确定

确定各评价因子所适用的环境质量标准及相应的污染物排放标准。其中环境质量标准选用《环境空气质量标准》（GB 3095—2012）中相应功能区的环境空气质量浓度限值，如已有地方环境空气质量标准，应选用地方标准中的浓度限值。

对于国家和地方环境空气质量标准中未包含的污染物，可参照表4.1中的浓度限值。

表 4.1　其他污染物空气质量浓度参考限值

编　号	污染物名称	标准值/（μg/m³）		
		1 h 平均	8 h 平均	日平均
1	氨	200		
2	苯	110		
3	苯胺	100		30
4	苯乙烯	10		
5	吡啶	80		
6	丙酮	800		
7	丙烯腈	50		
8	丙烯醛	100		
9	二甲苯	200		
10	二硫化碳	40		
11	环氧氯丙烷	200		
12	甲苯	200		
13	甲醇	3 000		1 000
14	甲醛	50		
15	硫化氢	10		
16	硫酸	300		100
17	氯	100		30
18	氯丁二烯	100		
19	氯化氢	50		15
20	锰及其化合物（以 MnO₂ 计）			10
21	五氧化二磷	150		50
22	硝基苯	10		
23	乙醛	10		
24	总挥发性有机物（TVOC）		600	

对于上述文件中都未包含的污染物，可参照选用其他国家、国际组织发布的环境质量浓度限制或基准值，但应做出说明，经生态环境主管部门同意后执行。

2. 评价等级判定

选择建设项目污染源正常排放的主要污染物及排放参数，采用《环境影响评价技术导则 大气环境》（HJ 2.2—2018）附录 A 推荐模型中的估算模型分别计算建设项目污染源的最大环境影响，然后按照评价等级分级判据进行分级。

根据建设项目污染源初步调查结果，分别计算建设项目排放主要污染物的最大地面空气质量浓度占标率 P_i（第 i 个污染物，简称"最大浓度占标率"），以及第 i 个污染物的地面空气质量浓度达到标准值的 10%时所对应的最远距离 $D_{10\%}$。其中 P_i 定义见公式（4.1）。

$$P_i = \frac{C_i}{C_{0i}} \times 100\% \qquad (4.1)$$

式中　P_i——第 i 个污染物的最大地面空气质量浓度占标率，%；

　　　C_i——采用估算模型计算出的第 i 个污染物的最大 1 h 地面空气质量浓度，$\mu g/m^3$；

　　　C_{0i}——第 i 个污染物的环境空气质量浓度标准，$\mu g/m^3$。

一般选用《环境空气质量标准》（GB 3095—2012）中 1 h 平均质量浓度的二级浓度限值，如项目位于一类环境空气功能区，应相应地选择一级浓度限值；对该标准中未包含的污染物，可参照表 4.1 中的浓度限值。对仅有 8 h 平均质量浓度限值、日平均质量浓度限值或年平均质量浓度限值的，可分别按 2 倍、3 倍、6 倍折算为 1 h 平均质量浓度限值。

对于编制环境影响报告书的项目在采用估算模型计算评价等级时，应输入地形参数。

评价等级按表 4.2 的分级判据进行划分。如污染物数大于 1，取 P_i 值中最大者 P_{max}。

表 4.2　评价等级判别表

评价等级	分级判据
一级评价	$P_{max} \geq 10\%$
二级评价	$1\% \leq P_{max} < 10\%$
三级评价	$P_{max} < 1\%$

评价等级的判定还应遵守以下规定：

（1）同一建设项目有多个污染源（两个及以上，下同）时，则按各污染源分别确定评价等级，选取评价等级最高者作为项目的评价等级。

（2）对电力、钢铁、水泥、石化、化工、平板玻璃、有色等高耗能行业的多污染源或以使用高污染燃料为主的多污染源，且需编制环境影响报告书的建设项目，评价等级提高一级。

（3）对等级公路、铁路项目，分别按建设项目沿线主要集中式排放源（如服务区、车站等）排放的污染物计算其评价等级。

（4）对新建包含 1 km 及以上隧道工程的城市快速路、主干路等城市道路项目，按建设项目隧道主要通风竖井及隧道出口排放的污染物计算其评级等级。

（5）对新建、迁建及飞行区扩建的枢纽及干线机场项目，应考虑机场飞机起降及相关辅助设施排放源对周边城市的环境影响，评价等级取一级。

（6）确定评价等级的同时，应说明估算模型的计算参数和判定依据。估算模型参数表和主要污染源估算模型计算结果表分别见表 4.3、4.4。

表 4.3　估算模型参数表

参　　数		取　　值
城市/农村选项	城市/农村	
	人口数（城市选项时）	
最高环境温度/℃		
最低环境温度/℃		
土地利用类型		
区域湿度条件		
是否考虑地形	考虑地形	□是□否
	地形数据分辨率/m	
是否考虑岸线熏烟	考虑岸线熏烟	□是□否
	岸线距离/km	
	岸线方向/°	

表 4.4　主要污染源估算模型计算结果表

下风向距离/m	污染源 1		污染源 2		污染源…	
	预测质量浓度/（μg/m³）	占标率/%	预测质量浓度/（μg/m³）	占标率/%	预测质量浓度/（μg/m³）	占标率/%
50						
75						
⋮						
下风向最大质量浓度及占标率/%						
$D_{10\%}$最远距离/m						

3. 评价范围的确定

（1）一级评价项目。根据建设项目排放污染物的最远影响距离（$D_{10\%}$）确定大气环境影响评价范围。即以项目厂址为中心区域，自厂界外延 $D_{10\%}$的矩形区域作为大气环境影响评价范围。当 $D_{10\%}$超过 25 km 时，评价范围取边长为 50 km 的矩形区域；当 $D_{10\%}$小于 2.5 km 时，评价范围取边长为 5 km 的矩形。

（2）二级评价项目。大气环境影响评价范围取边长为 5 km 的矩形。

（3）三级评价项目。不需设置大气环境影响评价范围。

对于新建、迁建及飞行区扩建的枢纽及干线机场项目，评价范围还应考虑受影响的周边城市，最大评价范围取边长为 50 km 的矩形。

4. 评价基准年筛选

依据评价所需环境空气质量现状、气象资料等数据的可获得性、数据质量、代表性等因素，选择近3年中数据相对完整的1个日历年作为评价基准年。

5. 环境空气保护目标调查

调查项目大气环境评价范围内主要环境空气保护目标。在带有地理信息的底图中标注，并列表给出环境空气保护目标内主要保护对象的名称、保护内容、所在大气环境功能区划以及与项目厂址的相对距离、方位、坐标以及高差等信息。

第三节　环境空气质量现状调查与评价

一、调查内容和目的

1. 一级评价项目

（1）调查项目所在区域环境质量达标情况，作为项目所在区域是否为达标区的判断依据。

（2）调查评价范围内有环境质量标准的评价因子的环境质量监测数据或进行补充监测，用于评价项目所在区域污染物环境质量现状，以及计算环境空气保护目标和网格点的环境质量现状浓度。

2. 二级评价项目

（1）调查项目所在区域环境质量达标情况。

（2）调查评价范围内有环境质量标准的评价因子的环境质量监测数据或进行补充监测，用于评价项目所在区域污染物环境质量现状。

3. 三级评价项目

只调查项目所在区域环境质量达标情况。

二、数据来源

1. 基本污染物环境质量现状数据

（1）项目所在区域达标判定，优先采用国家或地方生态环境主管部门公开发布的评价基准年生态环境状况公报或环境质量报告中的数据或结论。

（2）采用评价范围内国家或地方环境空气质量监测网中评价基准年连续1年的监测数据，或采用生态环境主管部门公开发布的环境空气质量现状数据。

（3）评价范围内没有环境空气质量监测网数据或公开发布的环境空气质量现状数据的，可选择符合《环境空气质量监测点位布设技术规范（试行）》（HJ 664—2013）规定，并且与评价范围地理位置邻近，地形、气候条件相近的环境空气质量城市点或区域点的监测数据。

（4）对于位于环境空气质量一类区的环境空气保护目标或网格点，各污染物环境空气质量现状浓度可取符合《环境空气质量监测点位布设技术规范（试行）》（HJ 664—2013）规定，并且与评价范围地理位置邻近，地形、气候条件相近的环境空气质量区域点或背景点的监测数据。

2. 其他污染物环境质量现状数据

（1）优先采用评价范围内国家或地方环境空气质量监测网中评价基准年连续 1 年的监测数据。

（2）评价范围内没有环境空气质量监测网数据或公开发布的环境空气质量现状数据的，可收集评价范围内近 3 年与建设项目排放的其他污染物有关的历史监测资料。

在没有以上相关监测数据或监测数据不能满足评价内容与方法的要求时，应进行补充监测。

三、补充监测

1. 监测时段

根据监测因子的污染特征，选择污染较重的季节进行现状监测。补充监测应至少取得 7 天有效数据。

对于部分无法进行连续监测的其他污染物，可监测其一次空气质量浓度，监测时次应满足所用评价标准的取值时间要求。

2. 监测布点

以近 20 年统计的当地主导风向为轴向，在厂址及主导风向下风向 5 km 范围内设置 1~2 个监测点。如需在一类区进行补充监测，监测点应设置在不受人为活动影响的区域。

3. 监测方法

应选择符合监测因子对应环境质量标准或参考标准所推荐的监测方法，并在评价报告中注明。

4. 监测采样

环境空气监测中的采样点、采样环境、采样高度及采样频率，按《环境空气质量监测点位布设技术规范（试行）》（HJ 664—2013）及相关评价标准规定的环境监测技术规范执行。

四、评价内容与方法

1. 项目所在区域达标判断

（1）城市环境空气质量达标情况评价指标为 SO_2、NO_2、PM_{10}、$PM_{2.5}$、CO 和 O_3，六项污染物全部达标即为城市环境空气质量达标。

（2）根据国家或地方生态环境主管部门公开发布的城市环境空气质量达标情况，判断项目所在区域是否属于达标区。如项目评价范围涉及多个行政区（县级或以上，下同），需分别评价各行政区的达标情况，若存在不达标行政区，则判定项目所在评价区域为不达标区。

（3）对于国家或地方生态环境主管部门未发布城市环境空气质量达标情况的，可按照《环境空气质量评价技术规范（试行）》（HJ 663—2013）中各评价项目的年评价指标进行判定。年评价指标中的年均浓度和相应百分位数 24 h 平均或 8 h 平均质量浓度满足《环境空气质量标准》（GB 3095—2012）中浓度限值要求的即为达标。

2. 各污染物的环境质量现状评价

（1）长期监测数据的现状评价内容，按《环境空气质量评价技术规范（试行）》（HJ 663—2013）中的统计方法对各污染物的年评价指标进行环境质量现状评价。对于超标的污染物，计算其超标倍数和超标率。

（2）补充监测数据的现状评价内容，分别对各监测点位不同污染物的短期浓度进行环境质量现状评价。对于超标的污染物，计算其超标倍数和超标率。

3. 环境空气保护目标及网格点环境质量现状浓度

对采用多个长期监测点位数据进行现状评价的，取各污染物相同时刻各监测点位的浓度平均值，作为评价范围内环境空气保护目标及网格点环境质量现状浓度。计算方法见式（4.2）。

$$C_{现状\,(x,y,t)} = \frac{1}{n}\sum_{j=1}^{n} C_{现状\,(j,t)} \tag{4.2}$$

式中　$C_{现状\,(x,y,t)}$——环境空气保护目标及网格点（x, y）在 t 时刻环境质量现状浓度，$\mu g/m^3$；

$C_{现状\,(j,t)}$——第 j 个监测点位在 t 时刻环境质量现状浓度（包括短期浓度和长期浓度），$\mu g/m^3$；

n——长期监测点位数。

对采用补充监测数据进行现状评价的，取各污染物不同评价时段监测浓度的最大值，作为评价范围内环境空气保护目标及网格点环境质量现状浓度。对于有多个监测点位数据的，先计算相同时刻各监测点位平均值，再取各监测时段平均值中的最大值。计算方法见式（4.3）。

$$C_{现状\,(x,y)} = \mathrm{Max}\left[\frac{1}{n}\sum_{j=1}^{n} C_{监测\,(j,t)}\right] \tag{4.3}$$

式中　$C_{现状\,(x,y)}$——环境空气保护目标及网格点（x, y）环境质量现状浓度，$\mu g/m^3$；

$C_{监测\,(j,t)}$——第 j 个监测点位在 t 时刻环境质量现状浓度（包括 1 h 平均、8 h 平均或日平均质量浓度），$\mu g/m^3$；

n——现状补充监测点位数。

五、污染源调查

（一）调查内容

1. 一级评价项目

调查本项目不同排放方案有组织及无组织排放源，对于改扩建项目还应调查本项目现有污染源。本项目污染源调查包括正常排放和非正常排放，其中非正常排放调查内容包括非正常工况、频次、持续时间和排放量。

调查本项目所有拟被替代的污染源（如有），包括被替代污染源名称、位置、排放污染物及排放量、拟被替代时间等。

调查评价范围内与评价项目排放污染物有关的其他在建项目、已批复环境影响评价文件的拟建项目等污染源。

对于编制报告书的工业建设项目，分析调查受本建设项目物料及产品运输影响新增的交通运输移动源，包括运输方式、新增交通流量、排放污染物及排放量。

2. 二级评价项目

参照一级评价项目要求调查本项目现有及新增污染源和拟被替代的污染源。

3. 三级评价项目

只调查本项目新增污染源和拟被替代的污染源。

对于城市快速路、主干路等城市道路的新建项目，需调查道路交通流量及污染物排放量。

对于采用网格模型预测二次污染物的，需结合空气质量模型及评价要求，开展区域现状污染源排放清单调查。

污染源调查要求按点源、面源、体源、线源、火炬源、烟塔合一源、城市道路源和机场源等不同污染源排放方式，分别给出污染源参数。

对于网格源，按照源清单要求给出污染源参数，并说明数据来源。当污染物排放为周期性变化时，还需给出周期性变化排放系数。

（二）数据来源与要求

（1）新建项目的污染源调查，依据《环境影响评价技术导则　总纲》（HJ 2.1—2016）、《排污许可证申请与核发技术规范　总则》（HJ 942—2018）、行业排污许可证申请与核发技术规范及污染源源强核算技术指南，并结合工程分析从严确定污染物排放量。

（2）评价范围内，在建和拟建项目的污染源调查，可使用已批准的环境影响评价文件中的资料；改、扩建项目现状工程的污染源和评价范围内拟被替代的污染源调查，可根据数据的可获得性，依次优先使用项目监督性监测数据、在线监测数据、年度排污许可执行报告、自主验收报告、排污许可证数据、环境影响评价数据或补充污染源监测数据等。污染源监测数据应采用满负荷工况下的监测数据或者换算至满负荷工况下的排放数据。

（3）网格模型模拟所需的区域现状污染源排放清单调查按照国家发布的清单编制相关技术规范执行。污染源排放清单数据应采用近 3 年内国家或地方生态环境主管部门发布的包含人为源和天然源在内所有区域污染源清单数据。在国家或地方生态环境主管部门未发布污染源清单之前，可参照污染源清单编制指南自行建立区域污染源清单，并对污染源清单的准确性进行验证分析。

第四节　大气环境影响预测与评价

一、一般性要求

1. 一级评价项目

应采用进一步预测模型开展大气环境影响预测与评价。

2. 二级评价项目

不进行进一步预测与评价，只对污染物排放量进行核算。

3. 三级评价项目

不进行进一步预测与评价。

二、预测因子

预测因子应根据评价因子而定，选取有环境空气质量标准的评价因子作为预测因子。

三、预测范围

（1）预测范围应覆盖评价范围，并覆盖各污染物短期浓度贡献值占标率大于 10% 的区域。

（2）对于经判定需预测二次污染物的项目，预测范围应覆盖 $PM_{2.5}$ 年平均质量浓度贡献值占标率大于 1% 的区域。

（3）对于评价范围内包含环境空气功能区一类区的，预测范围应覆盖项目对一类区最大环境影响。

（4）预测范围一般以项目厂址为中心，东西向为 X 坐标轴，南北向为 Y 坐标轴。

四、预测周期

（1）选取评价基准年作为预测周期，预测时段取连续 1 年。

（2）选用网格模型模拟二次污染物的环境影响时，预测时段应至少选取评价基准年 1、4、7、10 月。

五、预测模型

1. 预测模型选择原则

一级评价项目应结合项目环境影响预测范围、污染源排放形式、污染物性质、预测因子及推荐模型的适用范围等选择环境空气质量模型。

推荐的环境空气质量模型包括估算模型 AERSCREEN，进一步预测模型 AERMOD、ADMS、AUSTAL2000、EDMS/AEDT、CALPUFF 和 CMAQ 等光化学网格模型以及生态环境部模型管理部门推荐的其他环境空气质量模型。各推荐模型适用范围见表 4.5。

当推荐模型适用性不能满足要求时，可选择适用的替代模型。替代模型一般需经模型领域专家评审推荐，并经生态环境主管部门同意后方可使用。

表 4.5　推荐模型适用范围

模型名称	适用污染源	适用排放形式	推荐预测范围	模拟污染物			其他特性
				一次污染物	二次 $PM_{2.5}$	O_3	
AERMOD	点源、面源、线源、体源	连续源、间断源	局地尺度（≤50 km）	模型模拟法	系数法	不支持	/
ADMS							
AUSTAL2000	烟塔合一源						
EDMS/AEDT	机场源						
CALPUFF	点源、面源、线源、体源		城市尺度（50 km 到几百 km）	模型模拟法	模型模拟法	不支持	局地尺度特殊风场，包括长期静、小风和岸边熏烟
区域光化学网格模型	网格源		区域尺度（几百 km）	模型模拟法	模型模拟法	模型模拟法	模拟复杂化学反应

2. 预测模型选取的其他规定

（1）当项目评价基准年内存在风速≤0.5 m/s 的持续时间超过 72 h 或近 20 年统计的全年静风（风速≤0.2 m/s）频率超过 35%时，应采用 CALPUFF 模型进行进一步模拟。

（2）当建设项目处于大型水体（海或湖）岸边 3 km 范围内时，应首先采用估算模型判定是否会发生熏烟现象。如果存在岸边熏烟，并且估算的最大 1 h 平均质量浓度超过环境质量标准，应采用 CALPUFF 模型进行进一步模拟。

3. 推荐模型使用要求

（1）采用推荐模型时，应按要求提供污染源参数、气象数据、地形数据和地表参数等基础数据。

（2）环境影响预测模型所需气象数据、地形数据和地表参数等基础数据应优先使用国家发布的标准化数据。采用其他数据时，应说明数据来源、有效性及数据预处理方案。

六、预测方法

采用推荐模型预测建设项目对预测范围不同时段的大气环境影响。当建设项目的 SO_2 和 NO_x 年排放量达到规定的量时，可按表 4.6 推荐的方法预测二次污染物。

表 4.6　建设项目二次污染物预测方法

污染物排放量/（t/a）	预测因子	二次污染物预测方法
$SO_2+NOx \geqslant 500$	$PM_{2.5}$	AERMOD/ ADMS（系数法） 或 CALPUFF（模型模拟法）

采用 AERMOD、ADMS 等模型模拟 $PM_{2.5}$ 时，需将模型模拟的 $PM_{2.5}$ 一次污染物的质量浓度，同步叠加按 SO_2、NO_2 等前体物转化比率估算的二次 $PM_{2.5}$ 质量浓度，得到 $PM_{2.5}$ 的贡献浓度。前体物转化比率可引用相关科研成果和文献，并注意地域的适用性。对于无法取得 SO_2、NO_2 等前体物转化比率的，可取 φ_{SO_2} 为 0.58、φ_{NO_2} 为 0.44，按式（4.4）计算二次 $PM_{2.5}$ 的贡献浓度。

$$C_{二次PM_{2.5}} = \varphi_{SO_2} \times C_{SO_2} + \varphi_{NO_2} \times C_{NO_2} \tag{4.4}$$

式中　$C_{二次PM_{2.5}}$——二次 $PM_{2.5}$ 质量浓度，$\mu g/m^3$；

φ_{SO_2}、φ_{NO_2}——SO_2、NO_2 浓度换算为 $PM_{2.5}$ 浓度的系数；

C_{SO_2}、C_{NO_2}——SO_2、NO_2 的预测质量浓度，$\mu g/m^3$。

采用 CALPUFF 或网格模型预测 $PM_{2.5}$ 时，模拟输出的贡献浓度应包括一次 $PM_{2.5}$ 和二次 $PM_{2.5}$ 质量浓度的叠加结果。

对已采纳规划环境影响评价要求的规划所包含的建设项目，当工程建设内容及污染物排放总量均未发生重大变更时，建设项目环境影响预测可引用规划环境影响评价的模拟结果。

七、预测与评价内容

1. 达标区的评价项目

（1）项目正常排放条件下，预测环境空气保护目标和网格点主要污染物的短期浓度和长期浓度贡献值，评价其最大浓度占标率。

（2）项目正常排放条件下，预测评价叠加环境空气质量现状浓度后，环境空气保护目标和网格点主要污染物的保证率日平均质量浓度和年平均质量浓度的达标情况；对于项目排放的主要污染物仅有短期浓度限值的，评价其短期浓度叠加后的达标情况。如果是改扩建项目，还应同步减去"以新带老"污染源的环境影响。如果有区域削减项目，应同步减去削减源的环境影响。如果评价范围内还有其他排放同类污染物的在建、拟建项目，还应叠加在建、拟建项目的环境影响。

（3）项目在非正常排放条件下，预测环境空气保护目标和网格点主要污染物的 1 h 最大浓度贡献值及占标率。

2. 不达标区的评价项目

（1）项目正常排放条件下，预测环境空气保护目标和网格点主要污染物的短期浓度和长期浓度贡献值，评价其最大浓度占标率。

（2）项目正常排放条件下，预测评价叠加大气环境质量限期达标规划（简称"达标规划"）的目标浓度后，环境空气保护目标和网格点主要污染物保证率日平均质量浓度和年平均质量浓度的达标情况；对于项目排放的主要污染物仅有短期浓度限值的，评价其短期浓度叠加后的达标情况。如果是改扩建项目，还应同步减去"以新带老"污染源的环境影响。如果有区域达标规划之外的削减项目，应同步减去削减源的环境影响。如果评价范围内还有其他排放同类污染物的在建、拟建项目，还应叠加在建、拟建项目的环境影响。

（3）对于无法获得达标规划目标浓度场或区域污染源清单的评价项目，需要评价区域环境质量的整体变化情况。

（4）项目在非正常排放条件下，预测环境空气保护目标和网格点主要污染物的1 h最大浓度贡献值，评价其最大浓度占标率。

3. 污染控制措施

（1）对于达标区的建设项目，按达标区叠加分析要求预测评价不同方案对环境空气保护目标和网格点的环境影响及达标情况，比较分析不同污染治理设施、预防措施或排放方案的有效性。

（2）对于不达标区的建设项目，按不达标区叠加分析要求预测不同方案对环境空气保护目标和网格点的环境影响，评价达标情况或区域环境质量的整体变化情况，比较分析不同污染治理设施、预防措施或排放方案的有效性。

4. 大气环境防护距离

（1）对于项目厂界浓度满足大气污染物厂界浓度限值，但厂界外大气污染物短期贡献浓度超过环境质量浓度限值的，可以自厂界向外设置一定范围的大气环境防护区域，以确保大气环境防护区域外的污染物贡献浓度满足环境质量标准的要求。

（2）对于项目厂界浓度超过大气污染物厂界浓度限值的，应要求削减排放源强或调整工程布局，待满足厂界浓度限值后，再核算大气环境防护距离。

（3）大气环境防护距离内不应有长期居住的人群。

5. 不同评价对象或排放方案对应预测内容和评价要求

不同评价对象或排放方案对应预测内容和评价要求见表4.7。

表4.7　预测内容和评价要求

评价对象	污染源	污染源排放方式	预测内容	评价内容
达标区评价项目	新增污染源	正常排放	短期浓度 长期浓度	最大浓度占标率
	新增污染源 − "以新带老"污染源（如有） − 区域削减污染源 ＋ 其他在建、拟建污染源（如有）	正常排放	短期浓度 长期浓度	叠加环境质量现状浓度后的保证率；日平均质量浓度和年平均质量浓度的占标率，或短期浓度的达标情况
	新增污染源	非正常排放	1 h平均质量浓度	最大浓度占标率

评价对象	污染源	污染源排放方式	预测内容	评价内容
不达标区评价项目	新增污染源	正常排放	短期浓度 长期浓度	最大浓度占标率
	新增污染源 − "以新带老"污染源（如有） − 区域削减污染源 + 其他在建、拟建污染源（如有）	正常排放	短期浓度 长期浓度	叠加环境质量现状浓度后的保证率；日平均质量浓度和年平均质量浓度的占标率，或短期浓度的达标情况；评价年平均质量浓度变化率
	新增污染源	非正常排放	1 h平均质量浓度	最大浓度占标率
大气环境防护距离	新增污染源 − "以新带老"污染源（如有） + 项目全厂现有污染源	正常排放	短期浓度	大气环境保护距离

八、评价方法

（一）环境影响叠加

1. 达标区环境影响叠加

预测评价项目建成后各污染物对预测范围的环境影响，应用本项目的贡献浓度，叠加（减去）区域削减污染源以及其他在建、拟建项目污染源环境影响，并叠加环境质量现状浓度。计算方法见公式（4.5）。

$$C_{\text{叠加}(x,y,t)} = C_{\text{本项目}(x,y,t)} - C_{\text{区域削减}(x,y,t)} + C_{\text{拟、在建}(x,y,t)} + C_{\text{现状}(x,y,t)} \qquad (4.5)$$

式中　$C_{\text{叠加}(x,y,t)}$ ——在 t 时刻，预测点 (x,y) 叠加各污染源及现状浓度后的环境质量浓度，$\mu g/m^3$；

　　　$C_{\text{本项目}(x,y,t)}$ ——在 t 时刻，本项目对预测点 (x,y) 的贡献浓度，$\mu g/m^3$；

　　　$C_{\text{区域削减}(x,y,t)}$ ——在 t 时刻，区域削减污染源对预测点 (x,y) 的贡献浓度，$\mu g/m^3$；

　　　$C_{\text{拟、在建}(x,y,t)}$ ——在 t 时刻，其他在建、拟建项目污染源对预测点 (x,y) 的贡献浓度，$\mu g/m^3$；

　　　$C_{\text{现状}(x,y,t)}$ ——在 t 时刻，预测点 (x,y) 的环境质量现状浓度，$\mu g/m^3$。各预测点环境质量现状浓度按照环境空气质量现状调查方法计算。

对于改、扩建项目，预测的贡献浓度除新增污染源环境影响外，还应减去"以新带老"污染源的环境影响，计算方法见公式（4.6）。

$$C_{\text{本项目}(x,y,t)} = C_{\text{新增}(x,y,t)} - C_{\text{以新带老}(x,y,t)} \qquad (4.6)$$

式中　$C_{\text{新增}(x,y,t)}$——在 t 时刻，本项目新增污染源对预测点（x，y）的贡献浓度，μg/m³；

$C_{\text{以新带老}(x,y,t)}$——在 t 时刻，"以新带老"污染源对预测点（x，y）的贡献浓度，μg/m³。

2. 不达标区环境影响叠加

对于不达标区的环境影响评价，应在各预测点上叠加达标规划年的目标浓度，分析达标规划年的保证率日平均质量浓度和年平均质量浓度的达标情况。叠加方法可以用达标规划方案中的污染源清单参与影响预测，也可以直接用达标规划模拟的浓度场进行叠加计算。计算方法见公式（4.7）。

$$C_{\text{叠加}(x,y,t)} = C_{\text{本项目}(x,y,t)} - C_{\text{区域削减}(x,y,t)} + C_{\text{拟、在建}(x,y,t)} + C_{\text{规划}(x,y,t)} \qquad (4.7)$$

式中　$C_{\text{规划}(x,y,t)}$——在 t 时刻，预测点（x，y）的达标规划年目标浓度，μg/m³。

（二）保证率日平均质量浓度

对于保证率日平均质量浓度，首先按照环境影响叠加方法计算叠加后预测点上的日平均质量浓度，然后对该预测点所有日平均质量浓度从小到大进行排序，根据各污染物日平均质量浓度的保证率（p），计算排在 p 百分位数的第 m 个序数，序数 m 对应的日平均质量浓度即为保证率日平均浓度 C_m。其中序数 m 计算方法见公式（4.8）。

$$m = 1 + (n-1) \times p \qquad (4.8)$$

式中　p——该污染物日平均质量浓度的保证率，按《环境空气质量评价技术规范（试行）》（HJ 663—2013）规定的对应污染物年平均中 24 h 平均百分位数取值，%；

n——1 个日历年内当个预测点上的日平均质量浓度的所有数据个数，个；

m——百分位数 p 对应的序数（第 m 个），向上取整数。

（三）浓度超标范围

以评价基准年为计算周期，统计各网格点的短期浓度或长期浓度的最大值，所有最大浓度超过环境质量标准的网格，即为该污染物浓度超标范围。超标网格的面积之和即为该污染物的浓度超标面积。

（四）区域环境质量变化评价

当无法获得不达标区规划达标年的区域污染源清单或预测浓度场时，也可评价区域环境质量的整体变化情况。按公式（4.9）计算实施区域削减方案后预测范围的年平均质量浓度变化率 k。当 $k \leqslant -20\%$ 时，可判定项目建设后区域环境质量得到整体改善。

$$k = \left[\overline{C}_{\text{本项目}(a)} - \overline{C}_{\text{区域削减}(a)} \right] / \overline{C}_{\text{区域削减}(a)} \times 100\% \qquad (4.9)$$

式中　k——预测范围年平均质量浓度变化率，%；

$\overline{C}_{\text{本项目}(a)}$——本项目对所有网格点的年平均质量浓度贡献值的算术平均值，μg/m³；

$\bar{C}_{区域削减（a）}$——区域削减污染源对所有网格点的年平均质量浓度贡献值的算术平均值，$\mu g/m^3$。

（五）大气环境防护距离确定

采用进一步预测模型模拟评价基准年内，本项目所有污染源（改、扩建项目应包括全厂现有污染源）对厂界外主要污染物的短期贡献浓度分布。厂界外预测网格分辨率不应超过 50 m。在底图上标注从厂界起所有超过环境质量短期浓度标准值的网格区域，以自厂界起至超标区域的最远垂直距离作为大气环境防护距离。

（六）污染控制措施有效性分析与方案比选

达标区建设项目选择大气污染治理设施、预防措施或多方案比选时，应综合考虑成本和治理效果，选择最佳可行技术方案，保证大气污染物能够达标排放，并将环境影响限制在可以接受的范围内。

不达标区建设项目选择大气污染治理设施、预防措施或多方案比选时，应优先考虑治理效果，结合达标规划和替代源削减方案的实施情况，在只考虑环境因素的前提下选择最优技术方案，保证大气污染物达到最低排放强度和排放浓度，并将环境影响限制在可以接受的范围内。

污染治理设施及预防措施有效性分析与方案比选内容、结果与格式要求见表 4.8。

表 4.8　污染治理设施与预防措施方案比选结果表

序号	比选方案名称	主要污染治理设施与预防措施	污染源排放方式	排放强度/（kg/a）	叠加后浓度			
					保证率日平均质量浓度/（μg/m³）	占标率/%	年平均质量浓度/（μg/m³）	占标率/%

（七）污染物排放量核算

污染物排放量核算包括本项目的新增污染源及改、扩建污染源（如有）。

根据最终确定的污染治理设施、预防措施及排污方案，确定本项目所有新增及改、扩建污染源大气排污节点、排放污染物、污染治理设施与预防措施以及大气排放口基本情况。

本项目各排放口排放大气污染物的核算排放浓度、排放速率及污染物年排放量，应为通过环境影响评价，并且环境影响评价结论为可接受时对应的各项排放参数。

本项目大气污染物年排放量核算按照预测与评价内容的要求分达标区和不达标区对污染源进行环境影响评价，根据环境影响评价结果，核算各排放口排放浓度、排放速率及污染物年排放量。

本项目大气污染物年排放量包括项目各有组织排放源和无组织排放源在正常排放条件下的预测排放量之和。污染物年排放量按公式（4.10）计算。

$$E_{年排放} = \sum_{i=1}^{n}\left(M_{i有组织} \times H_{i有组织}\right)/1\,000$$
$$+ \sum_{j=1}^{m}\left(M_{j无组织} \times H_{j无组织}\right)/1\,000 \tag{4.10}$$

式中　$E_{年排放}$——项目年排放量，t/a；

$M_{i有组织}$——第 i 个有组织排放源排放速率，kg/h；

$H_{i有组织}$——第 i 个有组织排放源全年有效排放小时数，h/a；

$M_{j无组织}$——第 j 个无组织排放源排放速率，kg/h；

$H_{j无组织}$——第 j 个无组织排放源全年有效排放小时数，h/a。

本项目各排放口非正常排放量核算，应结合非正常排放预测结果，优先提出相应的污染控制与减缓措施。当出现 1 h 平均质量浓度贡献值超过环境质量标准时，应提出减少污染排放直至停止生产的相应措施。明确列出发生非正常排放的污染源、非正常排放原因、排放污染物、非正常排放浓度与排放速率、单次持续时间、年发生频次及应对措施等。

九、评价结果表达

1. 基本信息底图

包含项目所在区域相关地理信息的底图，至少应包括评价范围内的环境功能区划、环境空气保护目标、项目位置、监测点位，以及图例、比例尺、基准年风频玫瑰图等要素。

2. 项目基本信息图

在基本信息底图上标示项目边界、总平面布置、大气排放口位置等信息。

3. 达标评价结果表

列表给出各环境空气保护目标及网格最大浓度点主要污染物现状浓度、贡献浓度、叠加现状浓度后保证率日平均质量浓度和年平均质量浓度、占标率、是否达标等评价结果。

4. 网格浓度分布图

包括叠加现状浓度后主要污染物保证率日平均质量浓度分布图和年平均质量浓度分布图。网格浓度分布图的图例间距一般按相应标准值的 5%~100%进行设置。如果某种污染物环境空气质量超标，还需在评价报告及浓度分布图上标示超标范围与超标面积，以及与环境空气保护目标的相对位置关系等。

5. 大气环境防护区域图

在项目基本信息图上沿出现超标的厂界外延到大气环境防护距离所包括的范围，作为本项目的大气环境防护区域。大气环境防护区域应包含自厂界起连续的超标范围。

6. 污染治理设施、预防措施及方案比选结果表

列表对比不同污染控制措施及排放方案对环境的影响，评价不同方案的优劣。

7. 污染物排放量核算表

包括有组织及无组织排放量、大气污染物年排放量、非正常排放量等。

第五节　环境监测计划

一、一般性要求

1. 一级评价项目

按照《排污单位自行监测技术指南　总则》(HJ 819—2017)的要求,提出项目在生产运行阶段的污染源监测计划和环境质量监测计划。

2. 二级评价项目

按照《排污单位自行监测技术指南　总则》(HJ 819—2017)的要求,提出项目在生产运行阶段的污染源监测计划。

3. 三级评价项目

可参照《排污单位自行监测技术指南　总则》(HJ 819—2017)的要求,并适当简化环境质量监测计划。

二、污染源监测计划

按照《排污单位自行监测技术指南　总则》(HJ 819—2017)、《排污许可证申请与核发技术规范　总则》(HJ 942—2018)、各行业排污单位自行监测技术指南及排污许可证申请与核发技术规范执行。

污染源监测计划应明确监测点位、监测指标、监测频次和执行排放标准。

三、环境质量监测计划

筛选按照估算要求计算的项目排放污染物 $P_i \geq 1\%$ 的其他污染物作为环境质量监测因子。

一般在项目厂界或大气环境防护距离(如有)外侧设置 1~2 个环境质量监测点。

各监测因子的环境质量每年至少监测一次,监测时段参照补充监测要求执行。

新建 10 km 以上的城市快速路、主干路等城市道路项目,应在单路沿线设置至少 1 个路边交通自动连续监测点,监测项目包括道路交通源排放的基本污染物。

环境质量监测采样方法、监测分析方法、监测质量保证与质量控制等应符合所执行的环境质量标准、《排污单位自行监测技术指南　总则》(HJ 819—2017)和《排污许可证申请与核发技术规范　总则》(HJ 942—2018)的相关要求。

环境空气质量监测计划包括监测点位、监测指标、监测频次和执行环境质量标准等。

四、信息报告和信息公开

按照《排污单位自行监测技术指南 总则》（HJ 819—2017）的相关规定执行。

第六节 大气环境影响评价结论与建议

一、大气环境影响评价结论

在环境影响报告中预测部分的最后，应结合不同预测方案的预测结果，从新增污染源正常排放下污染物短期浓度贡献值的最大浓度占标率、年均浓度贡献值的最大浓度占标率、项目环境影响符合环境功能区划或满足区域环境质量改善目标等方面综合进行评价，并明确给出大气环境影响可以接受的结论。

1. 达标区域

达标区域的建设项目环境影响评价，当同时满足以下条件时，则认为环境影响可以接受。

（1）新增污染源正常排放下污染物短期浓度贡献值的最大浓度占标率≤100%。

（2）新增污染源正常排放下污染物年均浓度贡献值的最大浓度占标率≤30%（其中一类区≤10%）。

（3）项目环境影响符合环境功能区划。叠加现状浓度、区域削减污染源以及在建、拟建项目的环境影响后，主要污染物的保证率日平均质量浓度和年平均质量浓度均符合环境质量标准；对于项目排放的主要污染物仅有短期浓度限值的，叠加后的短期浓度符合环境质量标准。

2. 不达标区域

不达标区域的建设项目环境影响评价，当同时满足以下条件时，则认为环境影响可以接受。

（1）达标规划未包含的新增污染源建设项目，需另有替代源的削减方案。

（2）新增污染源正常排放下污染物短期浓度贡献值的最大浓度占标率≤100%。

（3）新增污染源正常排放下污染物年均浓度贡献值的最大浓度占标率≤30%（其中一类区≤10%）。

（4）项目环境影响符合环境功能区划或满足区域环境质量改善目标。现状浓度超标的污染物评价，叠加达标年目标浓度、区域削减污染源以及在建、拟建项目的环境影响后，污染物的保证率日平均质量浓度和年平均质量浓度均符合环境质量标准或满足达标规划确定的区域环境质量改善目标，或按区域环境质量变化评价计算的预测范围内年平均质量浓度变化率 $k \leqslant -20\%$；对于现状达标的污染物评价，叠加后污染物浓度符合环境质量标准；对于项目排放的主要污染物仅有短期浓度限值的，叠加后的短期浓度符合环境质量标准。

二、污染控制措施可行性及方案比选结果

（1）大气污染治理设施与预防措施必须保证污染源排放以及控制措施均符合排放标准的有关规定，满足经济、技术可行性。

（2）从项目选址选线、污染源的排放强度与排放方式、污染控制措施技术与经济可行性等方面，结合区域环境质量现状及区域削减方案、项目正常排放及非正常排放下大气环境影响预测结果，综合评价治理设施、预防措施及排放方案的优劣，并对存在的问题（如果有）提出解决方案。经对解决方案进行进一步预测和评价比选后，给出大气污染控制措施可行性建议及最终的推荐方案。

三、大气环境防护距离

（1）根据大气环境防护距离计算结果，并结合厂区平面布置图，确定项目大气环境防护区域。若大气环境防护区域内存在长期居住的人群，应给出相应优化调整项目选址、布局或搬迁的建议。

（2）项目大气环境防护区域之外，大气环境影响评价结论应符合环境影响可接受时的要求。

四、污染物排放量核算结果

（1）环境影响评价结论是环境影响可接受的，根据环境影响评价审批内容和排污许可证申请与核发所需表格要求，明确给出污染物排放量核算结果表。

（2）评价项目完成后污染物排放总量控制指标能否满足环境管理要求，并明确总量控制指标的来源和替代源的削减方案。

五、大气环境影响评价自查表

大气环境影响评价完成后，应对大气环境影响评价的主要内容与结论进行自查。建设项目大气环境影响评价自查表内容与格式见表4.9。

表4.9　建设项目大气环境影响评价自查表

工作内容		自查项目		
评价等级与范围	评价等级	一级□	二级□	三级□
	评价范围	边长=50 km□	边长 5~50 km□	边长=5 km□
评价因子	SO_2+NO_x排放量	≥2000 t/a□	500~2000 t/a□	<500 t/a□
	评价因子	基本污染物（　　）	包括二次 $PM_{2.5}$□	
		其他污染物（　　）	不包括二次 $PM_{2.5}$□	
评价标准	评价标准	国家标准□ 　地方标准□	表 4.1□	其他标准□

工作内容		自查项目						
现状评价	环境功能区	一类区□		二类区□			一类区和二类区□	
	评价基准年	（　　）年						
	环境空气质量现状调查数据来源	长期例行监测数据□		主管部门发布的数据□			现状补充监测□	
	现状评价	达标区□			不达标区□			
污染源调查	调查内容	本项目正常排放源□ 本项目非正常排放源□ 现有污染源□		拟替代的污染源□	其他在建、拟建项目污染源□		区域污染源□	
大气环境影响预测与评价	预测模型	AERMOD□	ADMS□	AUSTAL 2000□	EDMS/AEDT□	CALPUFF□	网络模型□	其他□
	预测范围	边长≥50 km□		边长5~50 km□			边长=5 km□	
	预测因子	预测因子（　　）			包括二次$PM_{2.5}$□ 不包括二次$PM_{2.5}$□			
	正常排放短期浓度贡献值	$C_{本项目}$最大占标率≤100%□			$C_{本项目}$最大占标率>100%□			
	正常排放年均浓度贡献值	一类区		$C_{本项目}$最大占标率≤10%□		$C_{本项目}$最大占标率>10%□		
		二类区		$C_{本项目}$最大占标率≤30%□		$C_{本项目}$最大占标率>30%□		
	非正常排放1 h浓度贡献值	非正常持续时长（　）h		$C_{非正常}$占标率>100%□		$C_{非正常}$占标率>100%□		
	保证率日平均浓度和年平均浓度叠加值	$C_{叠加}$达标□			$C_{叠加}$不达标□			
	区域环境质量的整体变化情况	$k≤-20\%$□			$k>-20\%$□			
环境监测计划	污染源监测	监测因子：（　　）		有组织废气监测□ 无组织废气监测□			无监测□	
	环境质量监测	监测因子：（　　）		监测点位数（　　）			无监测□	
评价结论	环境影响	可以接受□			不可以接受□			
	大气环境防护距离	距（　　）厂界最远（　　）m						
	污染源年排放量	SO_2：（　）t/a	NO_x：（　）t/a	颗粒物：（　）t/a		VOCs：（　）t/a		

注："□"为勾选项，填"√"；"（　）"为内容填写项

思考与练习

1. 简述大气污染物的分类。
2. 大气环境影响、大气污染扩散的定义。
3. 简述大气环境影响评价标准的确定方法。
4. 简述大气环境影响评价等级的判定依据。
5. 简述环境空气质量现状评价的内容和方法。
6. 简述污染源调查的内容和数据来源。
7. 大气环境影响预测模型有哪些？各自的适用范围是什么？
8. 大气环境影响叠加需要考虑哪些方面的影响？叠加的方法是什么？
9. 简述保证率日平均质量浓度的定义。
10. 判定大气环境影响可以接受的依据是什么？
11. 基于一份建设项目环境影响评价文件，填写大气环境影响评价自查表。

第五章　地表水环境影响评价

第一节　基础知识

一、水体

水体的组成不仅包括水，也包括其中的悬浮物质、胶体物质、溶解物质、底泥和水生生物，所以水体是一个完整的生态系统或自然综合体。水体有河流、湖泊、沼泽、水库、地下水、冰川、海洋等，地球表面上的各种水体共同构成了水环境。

按水体所处位置可将其分为地表水、地下水和海洋三类，三种水体中的水可以互相转化。地表水指存在于陆地表面的河流（江河、运河及渠道）、湖泊、水库等地表水体以及入海口和近岸海域。

二、水体污染

人类活动排放的污染物进入水体，其含量超过了水体的自然本底含量和自净能力，引起水体的物理、化学性质或生物群落组成发生变化，从而影响了水体使用功能的现象，即为水体污染。

三、水体污染物

在进行地表水环境影响预测时，经常将水体污染物分为四种类型：持久性污染物、非持久性污染物、酸碱污染物和废热。

（1）持久性污染物：是指在水环境中很难通过物理、化学和生物作用而分解、沉淀或挥发的污染物。通常包括在水环境中难降解、毒性大、容易长期积累的有毒物质，如重金属、无机盐和许多高分子有机化合物等。如果水体的 $BOD_5/COD<0.3$，通常认为其可生化性差，其中所含的污染物可视为持久性污染物。

（2）非持久性污染物：是指在水环境中某些因素的作用下，由于发生化学或生物反应而不断衰减的污染物，如耗氧有机物。通常表征水质状况的 COD、BOD_5 等指标均视为非持久性污染物。

（3）酸碱污染物：是指各种废酸、废碱等，通常以 pH 值表征。

（4）废热：主要指排放的热废水，由水温表征。

四、水污染源

造成水体污染的物质与能量输入源称为水污染源。按排放形式，可将水污染源分为点污染源和非点污染源。

（1）点污染源：指城市和乡镇生活污水或工业企业废水通过管道和沟渠收集后排入水体，通常由固定的排污口排放。

（2）非点污染源：指污水或废水分散或均匀地通过岸线进入水体或携带污染物的自然降水经过沟渠进入水体。非点源污染是相对点源污染而言的，是指溶解的或固定的污染物从非特定的地点，在降水（或融雪）冲刷作用下，通过径流过程而汇入受纳水体（包括河流、湖泊、水库和海湾等）并引起水体的污染，污染物浓度通常较点源低，但污染负荷却非常大。

五、污染物在水体中的迁移转化

水体可以在其环境容量范围内，经过物理、化学和生物作用，使受纳的污染物浓度不断降低，逐渐恢复原有的水质，这种过程称为水体自净。物理作用包括可沉性固体逐渐下沉，悬浮物、胶体和溶解性污染物稀释混合，污染物浓度逐渐降低。其中稀释作用是一项重要的物理净化过程。化学作用是指污染物由于氧化还原、酸碱反应、分解化合和吸附凝聚等作用，存在的形态发生变化，并且浓度降低。生物作用则是由于各种生物（藻类、微生物等）的活动，特别是微生物对水中有机物的氧化分解作用而使污染物降解。

水体自净通常是物理、化学和生物作用相互影响并交织进行。总体来看，水体自净可以看作是污染物在水体中迁移和转化的结果。

1. 迁移

迁移是指污染物在水流和其他作用下转移，迁移只是改变污染物在水体中的位置，并不改变其在水体中的质量。污染物的迁移通量可由公式（5.1）计算。

$$f = uC \tag{5.1}$$

式中　f——污染物的迁移通量，kg/（$m^2 \cdot s$）；

　　　u——水体介质的运动速度，m/s；

　　　C——污染物在水体介质中的浓度，kg/m^3。

（1）推流迁移是指污染物在水流作用下产生的转移作用，即单位时间内通过单位面积的物质的质量。

（2）分散稀释是指污染物在环境介质中通过分散作用得到稀释。分散的机理有分子扩散、湍流扩散和弥散。

① 分子扩散是由分子的随机运动引起的质点分散现象。分子扩散过程具有各向同性，服从菲克（Fick）第一定律，即分子扩散的质量通量与扩散物质的浓度梯度成正比。

② 湍流扩散又称为紊流扩散，是指污染物质点之间及污染物质点与水介质之间由于各自不规则的运动而发生的相互碰撞、混合，是在湍流流场中质点的各种状态（流速、压力、浓度等）的瞬时值相对于某时段平均值的随机脉动而导致的分散现象。

③ 弥散作用是由于流体的横断面上各点的实际流速分布不均匀所产生的剪切而导致分散的现象。弥散作用可以定义为：由空间各点湍流流速（或其他状态）的时平均值与流速时平均值的空间平均值的系统差别所产生的分散现象。弥散作用所导致的扩散通量也可以用菲克第一定律来描述。

湖泊中的弥散作用很小，而在流速较大的水体（如河流和河口）中弥散作用很强。

2. 转化

转化是指水污染物通过物理、化学和生物作用改变形态或转变成另一种物质的过程。

（1）物理转化是指污染物通过蒸发、凝聚、渗透和吸附等一种或多种物理变化而发生的转化。

（2）化学转化是指污染物通过各种化学反应而发生的转化，如氧化还原反应、水解反应、配位反应、沉淀反应、光化学反应等。

（3）生物转化是指污染物进入生物机体后，在有关酶系统催化下的代谢作用，又称生物降解。水中生物降解能力最强的是微生物，其次是植物和动物。水体中的微生物（尤其是细菌）种类繁多、数量巨大、代谢途径多样、代谢速度惊人。在溶解氧充分的情况下，微生物将一部分有机污染物当作食物消耗掉，将另一部分有机污染物氧化分解成无害的简单无机物，从而实现对有机污染物的降解。生物降解的快慢与有机污染物的数量和性质有关；另外，水体温度、溶解氧的含量、水流状态、风力、天气等条件均对生物降解有影响。

六、水体耗氧过程与复氧过程

水体的耗氧和复氧过程是指在水中有机物在不断降解的同时，水中的溶解氧不断被消耗，水体氧平衡被破坏，空气中的氧气不断溶解进入水体，从而形成动态平衡的过程。

1. 耗氧过程

水体中耗氧过程包括有机污染物降解耗氧、水生植物呼吸耗氧、水体底泥耗氧等。有机污染物降解一般分为两个阶段：第一阶段为碳氧化阶段，主要是不含氮有机物的氧化，同时也包含部分含氮有机物的氨化及氨化后生成的含氮有机物的继续氧化，这一阶段一般要持续 7~8 d，氧化的最终产物为 H_2O 和 CO_2，该阶段的 BOD 被称为碳化耗氧量（BOD_1）；第二阶段为氨氮硝化阶段，此阶段的 BOD 被称为硝化耗氧量（BOD_2）。这两个阶段不是完全独立的，对于污染较轻的水体，两个阶段往往同时进行，而污染较重的水体一般是先进行碳氧化阶段，再进行氨氮硝化阶段。

2. 复氧过程

水体中复氧过程包括大气复氧和水生植物的光合作用复氧。

（1）大气复氧：大气中氧气进入水体的速率与水体的氧亏量成正比。氧亏量表示为：

$$D = DO_f - DO \tag{5.2}$$

式中　DO_f——水温 T 下水体的饱和溶解氧浓度；

　　　DO——水体中的溶解氧浓度。

$$\mathrm{d}D / \mathrm{d}t = -K_2 D \tag{5.3}$$

式中 K_2——大气复氧速率系数，d^{-1}。

饱和溶解氧浓度是温度、盐度和大气压力的函数，在 101 kPa 压力下，淡水中的饱和溶解氧浓度可以用公式（5.4）计算。

$$\mathrm{DO_f} = 468 / (31.6 + T) \tag{5.4}$$

式中 $\mathrm{DO_f}$——饱和溶解氧浓度，mg/L；

T——水温，℃。

在河口，饱和溶解氧的浓度还会受到水体含盐量的影响，这时可以用海尔（Hyer）经验式（5.5）计算。

$$\mathrm{DO_f} = 14.624\,4 - 0.367\,134T + 0.004\,497\,2T^2 -$$
$$0.096\,6S + 0.002\,05ST + 0.000\,273\,9S^2 \tag{5.5}$$

式中 S——水中含盐量，%；

T——水温，℃。

（2）光合作用复氧：水生植物的光合作用是水体复氧的另一个重要来源。假定光合作用的速率随着光照强弱的变化而变化，则中午光照最强时，产氧速率最快，夜晚没有光照时，产氧速率为零。

3. 河流 BOD-DO 耦合模型（S-P 模型）

河水中溶解氧浓度是决定水质洁净程度的重要参数之一。排入河流的 BOD 在衰减过程中将不断消耗 DO，与此同时空气中的氧气又不断溶解到河水中。

S-P 模型是研究一维河流 DO 与 BOD 关系最早的、最简单的耦合模型，迄今仍得到广泛的应用，其基本假设为：河流中耗氧和复氧都是一级反应，反应速率是定常的，河流中的耗氧是由 BOD 衰减引起的，而河流中的 DO 来源则是大气复氧。S-P 模型可以写为：

$$\frac{\mathrm{dBOD}}{\mathrm{d}t} = -K_1 \mathrm{BOD} \tag{5.6}$$

$$\frac{\mathrm{d}D}{\mathrm{d}t} = K_1 \mathrm{BOD} - K_2 D \tag{5.7}$$

式中 BOD——河水中 BOD 值，mg/L；

D——河水中的氧亏量，mg/L；

K_1——耗氧系数，d^{-1}；

K_2——复氧系数，d^{-1}；

t——河流的径流时间，d。

令 $t = x / (86\,400u)$，u 为河流断面平均流速，m/s；x 为断面间河流长度，m。

在 $x = 0$、$\mathrm{BOD} = \mathrm{BOD_0}$、$\mathrm{DO} = \mathrm{DO_0}$ 的初始条件下，根据积分公式（5.6）和公式（5.7），得到：

$$\mathrm{BOD}_x = \mathrm{BOD_0} \cdot \exp(-K_1 \frac{x}{86\,400u}) \tag{5.8}$$

$$D_x = \frac{K_1 \text{BOD}_0}{K_2 - K_1}[\exp(-K_1\frac{x}{86\,400u}) - \exp(-K_2\frac{x}{86\,400u})] +$$

$$D_0 \exp(-K_2\frac{x}{86\,400u}) \qquad\qquad (5.9)$$

$$\text{BOD}_0 = \frac{\text{BOD}_h \cdot Q_h + \text{BOD}_p \cdot Q_p}{Q_h + Q_p} \qquad\qquad (5.10)$$

$$D_0 = \frac{D_h Q_h + D_p Q_p}{Q_h + Q_p} \qquad\qquad (5.11)$$

式中 BOD_x、D_x——河水中距排污口 x 米处断面的 BOD 浓度与氧亏量，mg/L；

BOD_p——污水的 BOD 浓度，mg/L；

Q_p——污水排放量，m³/s；

BOD_h——上游河水的 BOD 浓度，mg/L；

Q_h——上游河水的流量，m³/s；

D_0——初始断面的氧亏量，mg/L；

D_h——上游河水的氧亏量，mg/L；

D_p——污水中的氧亏量，mg/L。

若只考虑河流中有机污染物耗氧和大气复氧时，则沿河水流动方向的溶解氧分布为悬索形曲线，如图 5.1 所示。

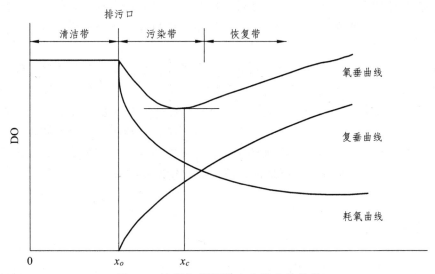

图 5.1 溶解氧沿河流方向的变化曲线

氧垂曲线的最低点 C 称为临界氧亏点，临界氧亏点处的氧亏量称为最大氧亏量。在临界氧亏点左侧，耗氧大于复氧，水中的溶解氧逐渐减少；污染物浓度因生物净化作用而逐渐减少，达到临界氧亏点，耗氧和复氧平衡；在临界氧亏点右侧，耗氧量因污染物浓度减少而减少，复氧量相对增加，水中溶解氧增多，水质逐渐恢复。如排入的耗氧污染物过多，将水中的溶解氧耗尽，则有机物受到厌氧微生物的还原作用生成甲烷气体，同时水中存在的硫酸根离子将因硫酸还原菌的作用而生成硫化氢，引起水体发臭，水质严重恶化。

第二节　地表水环境影响评价概述

一、基本任务

在调查和分析评价范围地表水环境质量现状与水环境保护目标的基础上，预测和评价建设项目对地表水环境质量、水环境功能区、水功能区、水环境保护目标及水环境控制单元的影响范围与影响程度，提出相应的环境保护措施和环境管理与监测计划，明确给出地表水环境影响是否可接受的结论。具体分为以下几个部分：

（1）初步工程分析。明确工程性质，全面了解建设项目的背景、进度和规模，调查其生产工艺和可能造成环境影响的因素，明确工程及环境影响性质。

（2）划分评价等级。根据环境影响评价技术导则，结合建设项目特点和所在区域水环境特征，确定地表水环境影响评价等级。

（3）建设项目工程分析。了解拟建项目与地表水环境有关的各种情况，弄清其所产生的污染物排放量、污染指标和可能造成地表水污染的范围和程度，调查拟建项目的生产工艺，分析项目在建设期、营运期对地表水环境的影响，确定污染负荷。

（4）地表水环境现状调查和评价。通过水质与水文调查、现有污染源调查，弄清水环境现状，确定水环境问题的性质和类型，明确水环境保护目标，运用水质评价方法对水环境现状进行评价。

（5）地表水环境影响预测与评价。根据现状调查及工程分析的有关数据，确定水质参数和计算条件，选择合适的水质模型，建立水质输入响应关系，设计各种计算情景，预测建设项目对地表水环境的影响。根据预测结果，对建设项目环境影响进行综合分析与评价。

（6）提出控制方案和环境保护措施。根据项目环境影响预测与评价的结果，比较优化建设方案，评定与估计建设项目对地表水环境影响的程度和范围，分析受影响水体的环境质量和达标率，提出为实现环境质量拟采取的环境保护的建议和措施。

二、基本要求

（1）建设项目的地表水环境影响主要包括水污染影响与水文要素影响。根据其主要影响，建设项目的地表水环境影响评价划分为水污染影响型、水文要素影响型以及两者兼有的复合影响型。

（2）地表水环境影响评价应该按照评价等级开展相应的评价工作。建设项目评价等级分为三级。复合影响型建设项目的评价工作，应按类别分别确定评价等级并开展评价工作。

（3）建设项目排放水污染物应符合国家或地方水污染物排放（控制）标准要求，同时应满足受纳水体环境质量管理要求，并与排污许可管理制度相关要求衔接。水文要素影响型建设项目，还应满足生态流量的相关要求。

三、工作程序

地表水环境影响评价，一般分为三个阶段，具体的工作程序见图 5.2。

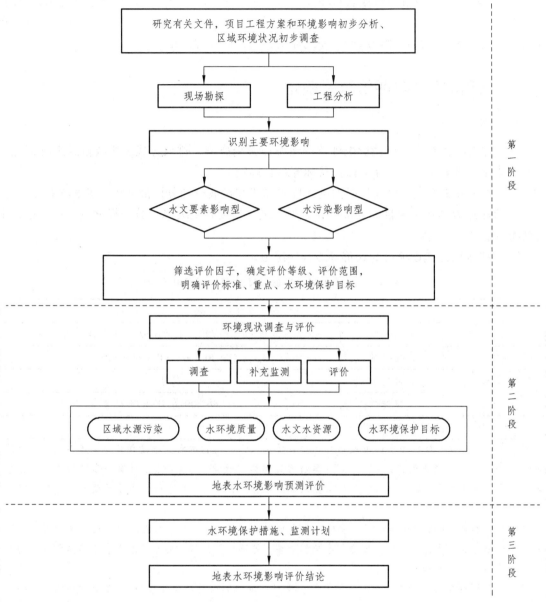

图 5.2　地表水环境影响评价的工作程序图

第一阶段，研究有关文件，进行工程方案和环境影响的初步分析，开展区域环境状况的初步调查，明确水环境功能区或水功能区管理要求，识别主要环境影响，确定评价类别。根据不同评价类别进一步筛选评价因子，确定评价等级和评价范围，明确评价标准、评价重点和水环境保护目标。

第二阶段，根据评价类别、评价等级及评价范围等，开展与地表水环境影响评价相关的污染源、水环境质量现状、水文水资源与水环境保护目标调查与评价，必要时开展补充监测；

选择适合的预测模型，开展地表水环境影响预测评价，分析与评价建设项目对地表水环境质量、水文要素及水环境保护目标的影响范围与程度，在此基础上核算建设项目的污染源排放量和生态流量等。

第三阶段，根据建设项目地表水环境影响预测与评价的结果，制定地表水环境保护措施，开展地表水环境保护措施的有效性评价，编制地表水环境监测计划，给出建设项目污染物排放清单和地表水环境影响评价结论，完成环境影响评价文件的编写。

四、评价等级与评价范围确定

1. 评价等级确定

（1）建设项目地表水环境影响评价等级按照影响类型、排放方式、排放量或影响情况、受纳水体环境质量现状、水环境保护目标等综合确定。

（2）水污染影响型建设项目根据废水排放方式和排放量划分评价等级，见表 5.1。

① 直接排放的建设项目的评价等级分为一级、二级和三级 A。分别根据废水排放量、水污染物污染当量数确定。

② 间接排放的建设项目的评价等级为三级 B。

表 5.1   水污染影响型建设项目评价等级判定表

评价等级	判定依据	
	排放方式	废水排放量 $Q/$（m^3/d）；水污染物当量数 $W/$（量纲一）
一级	直接排放	$Q \geqslant 20\ 000$ 或 $W \geqslant 600\ 000$
二级	直接排放	其他
三级 A	直接排放	$Q < 200$ 且 $W < 6\ 000$
三级 B	间接排放	/

注 1：水污染物当量数等于该污染物的年排放量除以该污染物的污染当量值（见表 5.2~5.5），计算排放污染物的污染物当量数，应区分第一类水污染物和其他类水污染物，统计第一类污染物当量数总和，然后与其他类污染物按照污染物当量数从大到小排序，取最大当量数作为建设项目评价等级确定的依据。

注 2：废水排放量按行业排放标准中规定的废水种类统计，没有相关行业排放标准要求的通过工程分析合理确定，应统计含热量大的冷却水的排放量，可不统计间接冷却水、循环水及其他含污染物极少的清净下水的排放量。

注 3：厂区存在堆积物（露天堆放的原料、燃料、废渣等以及垃圾堆放场）、降尘污染的，应将初期雨污水纳入废水排放量，相应的主要污染物纳入水污染当量计算。

注 4：建设项目直接排放第一类污染物的，其评价等级为一级；建设项目直接排放的污染物为受纳水体超标因子的，评价等级不低于二级。

注 5：直接排放受纳水体影响范围涉及饮用水水源保护区、饮用水取水口、重点保护与珍稀水生生物的栖息地、重要水生生物的自然产卵场等保护目标时，评价等级不低于二级。

注 6：建设项目向河流、湖库排放温排水引起受纳水体水温变化超过水环境质量标准要求，且评价范围内有水温敏感目标时，评价等级为一级。

注7：建设项目利用海水作为调节温度介质，水量≥500万 m³/d，评价等级为一级；排水量小于500万 m³/d，评价等级为二级。

注8：仅涉及清净下水排放的，如其排放水质满足受纳水体水环境质量标准要求的，评价等级为三级A。

注9：依托现有排放口，且对外环境未新增排放污染物的直接排放建设项目，评价等级参照间接排放，定为三级B。

注10：建设项目生产工艺中有废水产生，但作为回水利用，不排放到外环境的，按三级B评价。

表5.2　第一类水污染物污染当量值表

污染物	污染当量值/kg
1. 总汞	0.000 5
2. 总镉	0.005
3. 总铬	0.04
4. 六价铬	0.02
5. 总砷	0.02
6. 总铅	0.025
7. 总镍	0.025
8. 苯并[a]芘	0.000 000 3
9. 总铍	0.01
10. 总银	0.02

表5.3　第二类水污染物污染当量值表

污染物	污染当量值/kg
11. 悬浮物（SS）	4
12. 生化需氧量（BOD_5）	0.5
13. 化学需氧量（COD_{Cr}）	1
14. 总有机碳（TOC）	0.49
15. 石油类	0.1
16. 动植物油	0.16
17. 挥发酚	0.08
18. 总氰化物	0.05
19. 硫化物	0.125
20. 氨氮	0.8
21. 氟化物	0.5
22. 甲醛	0.125
23. 苯胺类	0.2
24. 硝基苯类	0.2
25. 阴离子表面活性剂（LAS）	0.2

污染物	污染当量值（kg）
26. 总铜	0.1
27. 总锌	0.2
28. 总锰	0.2
29. 彩色显影剂（CD-2）	0.2
30. 总磷	0.25
31. 单质磷（以 P 计）	0.05
32. 有机磷农药（以 P 计）	0.05
33. 乐果	0.05
34. 甲基对硫磷	0.05
35. 马拉硫磷	0.05
36. 对硫磷	0.05
37. 五氯酚及五氯酚钠（以五氯酚计）	0.25
38. 三氯甲烷	0.04
39. 可吸附有机卤化物（AOX）（以 Cl 计）	0.25
40. 四氯化碳	0.04
41. 三氯乙烯	0.04
42. 四氯乙烯	0.04
43. 苯	0.02
44. 甲苯	0.02
45. 乙苯	0.02
46. 邻-二甲苯	0.02
47. 对-二甲苯	0.02
48. 间-二甲苯	0.02
49. 氯苯	0.02
50. 邻-二氯苯	0.02
51. 对-二氯苯	0.02
52. 对-硝基氯苯	0.02
53. 2，4-二硝基氯苯	0.02
54. 苯酚	0.02
55. 间-甲酚	0.02
56. 2，4-二氯酚	0.02
57. 2，4，6-三氯酚	0.02
58. 邻苯二甲酸二丁酯	0.02
59. 邻苯二甲酸二辛酯	0.02
60. 丙烯腈	0.125
61. 总硒	0.02

表 5.4　pH、色度、大肠菌群数、余氯量水污染物污染当量值表

污染物		污染当量值	备　注
1．pH	1.　0~1，13~14	0.06 t 污水	pH 5~6 是大于等于 5，小于 6； pH 9~10 是大于 9，小于等于 10， 其余类推。
	2.　1~2，12~13	0.125 t 污水	
	3.　2~3，11~12	0.25 t 污水	
	4.　3~4，10~11	0.5 t 污水	
	5.　4~5，9~10	1 t 污水	
	6.　5~6	5 t 污水	
2．色度		5 t 水·倍	
3．大肠菌群数（超标）		3.3 t 污水	
4．余氯量（用氯消毒的医院废水）		3.3 t 污水	

禽畜养殖业、小型企业和第三产业水污染物污染当量值适用于无法进行实际监测或者物料衡算的禽畜养殖业、小型企业和第三产业等小型排污者的水污染物污染当量数计算，见表5.5。

表 5.5　禽畜养殖业、小型企业和第三产业水污染物污染当量值表

类　型		污染当量值
禽畜养殖场	1．牛	0.1 头
	2．猪	1 头
	3．鸡、鸭等家禽	30 羽
4．小型企业		1.8 t 污水
5．餐饮娱乐服务业		0.5 t 污水
6．医院	消毒	0.14 床
		2.8 t 污水
	不消毒	0.07 床
		1.4 t 污水

水文要素影响型建设项目评价等级划分根据水温、径流与受影响地表水域等三类水文要素的影响程度进行判定，见表5.6。

表 5.6　水文要素影响型建设项目评价等级判定表

评价等级	水　温	径　流		受影响地表水域		
	年径流量与总库容之比 α/%	兴利库容与年径流量百分比 β/%	取水量占多年平均径流量百分比 γ/%	工程垂直投影面积及外扩范围 A_1/km²；工程扰动水底面积 A_2/km²；过水断面宽度占用比例或占用水域面积比例 R/%		工程垂直投影面积及外扩范围 A_1/km²；工程扰动水底面积 A_2/km²
				河流	湖库	入海河口、近岸海域
一级	$\alpha \leq 10$；或稳定分层	$\beta \geq 20$；或完全年调节与多年调节	$\gamma \geq 30$	$A_1 \geq 0.3$；或 $A_2 \geq 1.5$；或 $R \geq 10$	$A_1 \geq 0.3$；或 $A_2 \geq 1.5$；或 $R \geq 20$	$A_1 \geq 0.5$；或 $A_2 \geq 3$

二级	$20>\alpha>10$； 或不稳定分层	$20>\beta>2$；或 季调节与不 完全年调节	$30>\gamma>10$	$0.3>A_1>0.05$； 或 $1.5>A_2>0.2$； 或 $10>R>5$	$0.3>A_1>0.05$； 或 $1.5>A_2>0.2$； 或 $20>R>5$	$0.5>A_1>0.15$； 或 $3>A_2>0.5$
三级	$\alpha\geq20$； 或混合型	$\beta\leq2$；或无 调节	$\gamma\leq10$	$A_1\leq0.05$； 或 $A_2\leq0.2$； 或 $R\leq5$	$A_1\leq0.05$； 或 $A_2\leq0.2$； 或 $R\leq5$	$A_1\leq0.15$； 或 $A_2\leq0.5$

注 1：影响范围涉及饮用水水源保护区、重点保护与珍稀水生生物的栖息地、重要水生生物的自然产卵场、自然保护区等保护目标，评价等级应不低于二级。

注 2：跨流域调水、引水式电站、可能受到河流感潮河段影响，评价等级不低于二级。

注 3：造成入海河口（湾口）宽度束窄（束窄尺度达到原宽度的 5% 以上），评价等级应不低于二级。

注 4：对不透水的单方向建筑尺度较长的水工建筑物（如防波堤、导流堤等），其与潮流或水流主流向切线垂直方向投影长度大于 2 km 时，评价等级应不低于二级。

注 5：允许在一类海域建设的项目，评价等级为一级。

注 6：同时存在多个水文要素影响的建设项目，分别判定各水文要素影响评价等级，并取其中最高等级作为水文要素影响型建设项目评价等级。

2. 评价范围确定

建设项目地表水环境影响评价范围指建设项目整体实施后可能对地表水环境造成的影响范围。

（1）水污染影响型建设项目评价范围，根据评价等级、工程特点、影响方式及程度、地表水环境质量管理要求等确定。

一级、二级及三级 A，其评价范围应符合以下要求：

① 应根据主要污染物迁移转化状况，至少需覆盖建设项目污染影响所及水域。

② 受纳水体为河流时，应满足覆盖对照断面、控制断面与削减断面等关心断面的要求。

③ 受纳水体为湖泊、水库时，一级评价，评价范围宜不小于以入湖（库）排放口为中心、半径为 5 km 的扇形区域；二级评价，评价范围宜不小于以入湖（库）排放口为中心、半径为 3 km 的扇形区域；三级 A 评价，评价范围宜不小于以入湖（库）排放口为中心、半径为 1 km 的扇形区域。

④ 受纳水体为入海河口和近岸海域时，评价范围按照《海洋工程环境影响评价技术导则》（GB/T 19485—2014）执行。

⑤ 影响范围涉及水环境保护目标的，评价范围至少应扩大到水环境保护目标内受到影响的水域。

⑥ 同一建设项目有两个及两个以上废水排放口，或排入不同地表水体时，按各排放口及所排入地表水体分别确定评价范围；有叠加影响的，叠加影响水域应作为重点评价范围。

三级 B，其评价范围应符合以下要求：

① 应满足其依托污水处理设施环境可行性分析的要求。

② 涉及地表水环境风险的，应覆盖环境风险影响范围所及的水环境保护目标水域。

（2）水文要素影响型建设项目评价范围，根据评价等级、水文要素影响类别、影响及恢复程度确定，评价范围应符合以下要求：

① 水温要素影响评价范围为建设项目形成水温分层水域，以及下游未恢复到天然（或建设项目建设前）水温的水域。

②径流要素影响评价范围为水体天然性状发生变化的水域，以及下游增减水影响水域。

③地表水域影响评价范围为相对建设项目建设前日均或潮均流速及水深、或高（累积频率5%）低（累积频率90%）水位（潮位）变化幅度超过±5%的水域。

④建设项目影响范围涉及水环境保护目标的，评价范围至少应扩大到水环境保护目标内受影响的水域。

⑤存在多类水文要素影响的建设项目，应分别确定各水文要素影响评价范围，取各水文要素评价范围的外包线作为水文要素的评价范围。

（3）评价范围应以平面图的方式表示，并明确起止位置等控制点坐标。

3．评价时期确定

（1）建设项目地表水环境影响评价时期根据受影响地表水体类型、评价等级等确定，见表5.7。

（2）三级B评价，可不考虑评价时期。

表5.7　评价时期确定表

受影响地表水体类型	评价等级		
	一级	二级	水污染影响型（三级A）/水文要素影响型（三级）
河流、湖库	丰水期、平水期、枯水期；至少丰水期和枯水期	丰水期和枯水期；至少枯水期	至少枯水期
入海河口（感潮河段）	河流：丰水期、平水期和枯水期；河口：春季、夏季和秋季；至少丰水期和枯水期，春季、秋季	河流：丰水期和枯水期；河口：春季和秋季；至少枯水期或1个季节	至少枯水期或1个季节
近岸海域	春季、夏季和秋季；至少春季、秋季2个季节	春季或秋季；至少1个季节	至少1次调查
注1：感潮河段、入海河口、近岸海域在丰、枯水期（或春、夏、秋、冬四季）均应选择大潮期或小潮期中一个潮期开展评价（无特殊要求时，可不考虑一个潮期内高潮期、低潮期的差别）。选择原则为：依据调查监测海域的环境特征，以影响范围较大或影响程度较重为目标，定性判别和选择大潮期或小潮期作为调查潮期。			
注2：冰封期较长且作为生活饮用水与食品加工用水的水源或有渔业用水需求的水域，应将冰封期纳入评价时期。			
注3：具有季节性排水特点的建设项目，根据建设项目排水期对应的水期或季节确定评价时期。			
注4：水文要素影响型建设项目对评价范围内的水生生物生长、繁殖与洄游有明显影响的时期，需将对应的时期作为评价时期。			
注5：复合影响型建设项目分别确定评价时期，按照覆盖所有评价时期的原则综合确定。			

4．水环境保护目标确定

（1）依据环境影响因素识别结果，调查评价范围内水环境保护目标，确定主要水环境保护目标。

（2）应在地图中标注各水环境保护目标的地理位置、四至范围，并列表给出水环境保护目标内主要保护对象和保护要求，以及与建设项目占地区域的相对距离、坐标、高差，与排放口的相对距离、坐标等信息，同时说明与建设项目的水力联系。

5. 环境影响评价标准确定

建设项目地表水环境影响评价标准，应根据评价范围内水环境质量管理要求和相关污染物排放标准的规定，确定各评价因子适用的水环境质量标准与相应的污染物排放标准。

（1）根据《海水水质标准》（GB 3097—1997）、《地表水环境质量标准》（GB 3838—2002）、《农田灌溉水质标准》（GB 5084—2005）、《渔业水质标准》（GB 11607—89）、《海洋生物质量》（GB 18421—2001）、《海洋沉积物质量标准》（GB 18668—2002）及相应的地方标准，结合受纳水体水环境功能区或水功能区、近岸海域环境功能区、水环境保护目标、生态流量等水环境质量管理要求，确定地表水环境质量评价标准。

（2）根据现行国家和地方排放标准的相关规定，结合项目所属行业、地理位置，确定建设项目污染物排放的评价标准。对于间接排放的建设项目，若建设项目与污水处理厂在满足排放标准允许范围内，签订了纳管协议和排放浓度限值，并报相关生态环境主管部门备案，可将此浓度限值作为污染物排放评价的依据。

（3）未划定水环境功能区或水功能区、近岸海域环境功能区的水域，或未明确水环境质量标准的评价因子，由地方人民政府生态环境主管部门确认应执行的环境质量要求；在国家及地方污染物排放标准中未包括的评价因子，由地方人民政府生态环境主管部门确认应执行的污染物排放要求。

第三节 地表水环境现状调查与评价

一、总体要求

（1）环境现状调查与评价应按照《建设项目环境影响评价技术导则 总纲》（HJ 2.1—2016）的要求，遵循问题导向与管理目标导向统筹、流域（区域）与评价水域兼顾、水质水量协调、常规监测数据利用与补充监测互补、水环境现状与变化分析结合的原则。

（2）应满足建立污染源与受纳水体水质响应关系的需求，符合地表水环境影响预测的要求。

二、调查范围

（1）地表水环境的现状调查范围应覆盖评价范围，应以平面图方式表示，并明确起止断面的位置及涉及范围。

（2）对于水污染影响型建设项目，除覆盖评价范围外，受纳水体为河流时，在不受回水影响的河流段，排放口上游调查范围不宜小于 500 m，受回水影响河段的上游调查范围原则上与下游调查的河段长度相等；受纳水体为湖库时，以排放口为圆心，调查半径在评价范围基础上外延 20%~50%。

（3）对于水文要素影响型建设项目，受影响水体为河流、湖库时，除覆盖评价范围外，一级、二级评价时，还应包括库区及支流回水影响区、坝下至下一个梯级或河口、受水区、退水影响区。

（4）对于水污染影响型建设项目，建设项目排放的污染物中包括氮、磷或有毒有害污染物且受纳水体为湖泊、水库时，一级评价的调查范围应包括整个湖泊、水库。二级、三级 A 评价时，调查范围应包括排放口所在的水环境功能区、水功能区或湖（库）湾区。

（5）受纳或受影响水体为入海河口及近岸海域时，调查范围依据《海洋工程环境影响评价技术导则》（GB/T 19485—2014）要求执行。

三、调查因子与时期

地表水环境现状调查因子根据评价范围水环境质量管理要求、建设项目水污染物排放特点与水环境影响预测评价要求等综合分析确定。调查因子应不少于评价因子。

调查时期和评价时期一致。

四、调查内容与方法

（一）调查内容

地表水环境现状调查内容包括建设项目及区域水污染源调查、受纳或受影响水体水环境质量现状调查、区域水资源与开发利用状况、水文情势与相关水文特征值调查以及水环境保护目标、水环境功能区或水功能区、近岸海域环境功能区及其相关的水环境质量管理要求等调查。涉及涉水工程的，还应调查涉水工程运行规则和调度情况。

1. 建设项目污染源调查

根据建设项目工程分析、污染源源强核算技术指南，结合排污许可技术规范等相关要求，分析确定建设项目所有排放口的污染物源强，明确排放口的相对位置并附图件、地理位置（经纬度）、排放规律等。改、扩建项目还应调查现有企业所有废水排放口。

2. 区域水污染源调查

（1）点污染源调查内容，主要包括：

① 基本信息。主要包括污染源名称、排污许可证编号等。

② 排放特点。主要包括排放形式，分散排放或集中排放，连续排放或间歇排放；排放口的平面位置（附污染源平面位置图）及排放方向；排放口在断面上的位置。

③ 排污数据。主要包括污水排放量、排放浓度、主要污染物等数据。

④ 用排水状况。主要调查取水量、用水量、循环水量、重复利用率、排水总量等。

⑤ 污水处理状况。主要调查各排污单位生产工艺流程中的产污环节、污水处理工艺、处理效率、处理水量、中水回用量、再生水量、污水处理设施的运转情况等。

根据评价等级及评价工作需要，选择上述全部或部分内容进行调查。

（2）面污染源调查内容，按照农村生活污染源、农田污染源、分散式畜禽养殖污染源、城镇地面径流污染源、堆积物污染源、大气沉降源等分类，采用源强系数法、面源模型法等方法，估算面源源强、流失量与入河量等。主要包括：

①农村生活污染源。调查人口数量、人均用水量指标、供水方式、污水排放方式、去向和排污负荷量等。

②农田污染源。调查农药和化肥的施用种类、施用量、流失量及入河系数、去向及受纳水体等情况（包括水土流失、农药和化肥流失强度、流失面积、土壤养分含量等调查分析）。

③畜禽养殖污染源。调查畜禽养殖的种类、数量、养殖方式、粪便污水收集与处置情况、主要污染物浓度、污水排放方式和排污负荷量、去向及受纳水体等。

④堆积物污染源。调查矿山、冶金、火电、建材、化工等单位的原料、燃料、废料、固体废物（包括生活垃圾）的堆放位置、堆放面积、堆放形式及防护情况、污水收集与处置情况、主要污染物和特征污染物浓度、污水排放方式和排污负荷量、去向及受纳水体等。

⑤大气沉降源。调查区域大气沉降（湿沉降、干沉降）的类型、污染物种类、污染物沉降负荷量等。

（3）内源污染。底泥物理指标包括力学性质、质地、含水率、粒径等；化学指标包括水域超标因子与本建设项目排放污染物相关的因子。

3. 水文情势调查

水文情势调查见表5.8。

表5.8　水文情势调查内容

水体类型	水污染影响型	水文要素影响型
河流	水文年及水期划分、不利水文条件及特征水文参数、水动力学参数等	水文系列及其特征参数；水文年及水期的划分；河流物理形态参数；河流水沙参数、丰枯水期水流及水位变化特征等
湖库	湖库物理形态参数；水库调节性能与运行调度方式；水文年及水期划分；不利水文条件特征及水文参数；出入湖（库）水量过程；湖流动力学参数；水温分层结构等	
入海河口（感潮河段）	潮汐特征、感潮河段的范围、潮区界与潮流界的划分；潮位及潮流；不利水文条件组合及特征水文参数；水流分层特征等	
近岸海域	水温、盐度、泥沙、潮位、流向、流速、水深等，潮汐性质及类型，潮流、余流性质及类型，海岸线、海床、滩涂、海岸蚀淤变化趋势等	

4. 水资源开发利用状况调查

（1）水资源现状：调查水资源总量、水资源可利用量、水资源时空分布特征、人类活动对水资源量的影响等。主要涉水工程概况调查，包括数量、等级、位置、规模，主要开发任务、开发方式、运行调度及其对水文情势、水环境的影响。应涵盖大型、中型、小型等各类涉水工程，绘制涉水工程分布示意图。

（2）水资源利用状况：调查城市、工业、农业、渔业、水产养殖业、水域景观等各类用水现状与规划（包括用水时间、取水地点、取用水量等），各类用水的供需关系（包括水权等）、水质要求和渔业、水产养殖业等所需的水面面积。

（二）调查方法

调查方法主要采用资料收集、现场监测、无人机或卫星遥感遥测等方法。

五、调查要求

1. 建设项目污染源调查

应在工程分析的基础上，确定水污染物的排放量及进入受纳水体的污染负荷量。

2. 区域水污染源调查

（1）应详细调查与建设项目排放污染物同类的，或有关联关系的已建项目、在建项目、拟建项目（已批复环境影响评价文件，下同）等污染源。

① 一级评价，以收集利用已建项目的排污许可证登记数据、环境影响评价及环境保护验收数据及既有的实测数据为主，并辅以现场调查及现场监测。

② 二级评价，主要收集利用已建项目的排污许可证登记数据、环境影响评价及环境保护验收数据及既有实测数据，必要时补充现场监测。

③ 水污染影响型三级 A 评价与水文要素影响型三级评价，主要收集利用与建设项目排放口的空间位置和所排污染物的性质关系密切的污染源资料，可不进行现场调查及现场监测。

④ 水污染影响型三级 B 评价，可不开展区域污染源调查，主要调查依托污水处理设施的日处理能力、处理工艺、设计进水水质、处理后的废水稳定达标排放情况，同时应调查依托污水处理设施执行的排放标准是否涵盖建设项目排放的有毒有害的特征水污染物。

（2）一级、二级评价，建设项目直接导致受纳水体内源污染变化，或存在与建设项目排放污染物同类的且内源污染影响受纳水体水环境质量，应开展内源污染调查，必要时应开展底泥污染补充监测。

（3）具有已审批入河排放口的主要污染物种类及其排放浓度和总量数据，以及国家或地方发布的入河排放口数据的，可不对入河排放口汇水区域的污染源开展调查。

（4）面污染源调查主要采用收集利用既有数据资料的调查方法，可不进行实测。

（5）建设项目的污染物排放指标需要等量替代或减量替代时，还应对替代项目开展污染源调查。

3. 水环境质量现状调查

（1）应根据不同评价等级对应的评价时期要求开展水环境质量现状调查。

（2）应优先采用国务院生态环境主管部门统一发布的水环境状况信息。

（3）当现有资料不能满足要求时，应按照不同等级对应的评价时期要求开展现状监测。

（4）水污染影响型建设项目一级、二级评价时，应调查受纳水体近 3 年的水环境质量数据，分析其变化趋势。

4. 水环境保护目标调查

应主要采用国家及地方人民政府颁布的各相关名录中的统计资料，获取调查范围内的水环境保护目标。

5. 水资源与开发利用状况调查

水文要素影响型建设项目一级、二级评价时，应开展建设项目所在流域、区域的水资源与开发利用状况调查。

6. 水文情势调查

（1）应尽量收集临近水文站既有水文年鉴资料和其他相关的有效水文观测资料。当上述资料不足时，应进行现场水文调查与水文测量，水文调查与水文测量宜与水质调查同步。

（2）水文调查与水文测量宜在枯水期进行。必要时，可根据水环境影响预测需要、生态环境保护要求，在其他时期（丰水期、平水期、冰封期等）进行。

（3）水文测量的内容应满足拟采用的水环境影响预测模型对水文参数的要求。在采用水环境影响预测模型时，应根据所选用的预测模型需输入的水文特征值及环境水力学参数决定水文测量内容；在采用物理模型法模拟水环境影响时，水文测量应提供模型制作及模型试验所需的水文特征值及环境水力学参数。

（4）水污染影响型建设项目开展与水质调查同步进行的水文测量，原则上可只在一个时期（水期）内进行。在水文测量的时间、频次和断面与水质调查不完全相同时，应保证满足水环境影响预测所需的水文特征值及环境水力学参数的要求。

六、补充监测

1. 补充监测要求

（1）应对收集资料进行复核整理，分析资料的可靠性、一致性和代表性，针对资料的不足，制定必要的补充监测方案，确定补充监测时期、内容和范围。

（2）需要开展多个断面或点位补充监测的，应在大致相同的时段内开展同步监测。需要同时开展水质与水文补充监测的，应按照水质水量协调统一的要求开展同步监测，测量的时间、频次和断面应保证满足水环境影响预测的要求。

（3）应选择符合监测项目对应环境质量标准或参考标准所推荐的监测方法，并在监测报告中注明。水质采样与水质分析应遵循相关的环境监测技术规范。水文调查与水文测量的方法可参照《河流流量测验规范》（GB 50179—2015）、《海洋调查规范》（GB 12763—2007）、《海洋观测规范》（GB/T 14914—2018）的相关规定执行。河流及湖库底泥调查参照《地表水和污水监测技术规范》（HJ/T 91—2002）执行，入海河口、近岸海域沉积物调查参照《海洋监测规范》（GB 17378—2007）、《近岸海域环境监测规范》（HJ 442—2008）执行。

2. 监测内容

（1）应在常规监测断面的基础上，重点针对对照断面、控制断面以及环境保护目标所在水域的监测断面开展水质补充监测。

（2）建设项目需要确定生态流量时，应结合主要生态保护对象敏感用水时段进行调查分析，针对性开展必要的生态流量和径流过程的监测等。

（3）当调查的水下地形数据不能满足水环境影响预测要求时，应开展水下地形补充测绘。

3. 监测布点与采样频次

（1）河流监测点位设置要求如下：

① 水质监测应布设对照断面和控制断面。水污染影响型建设项目在拟建排放口上游应布置对照断面（宜在 500 m 以内），根据受纳水域水环境质量控制管理要求设定控制断面，控制断面可结合水环境功能区或水功能区、水环境控制单元区划分情况，直接采用国家及地方确定的水质控制断面。评价范围内不同水质类别区、水环境功能区或水功能区、水环境敏感区及需要进行水质预测的水域，应布设水质监测断面。评价范围以外的调查或预测范围，可以根据预测工作需要增设相应的水质监测断面。

② 水质取样断面上取样垂线和取样垂线上取样点的布设按照《地表水和污水监测技术规范》（HJ/T 91—2002）的规定执行。

③ 采样频次。每个水期可监测一次，每次同步连续调查取样 3~4 d，每个水质取样点每天至少取一组水样，在水质变化较大时，每间隔一定时间取样一次。水温观测频次，应每间隔 6 h 观测一次水温，统计计算日平均水温。

（2）湖库监测点位设置与采样频次要求如下：

① 水质取样垂线的布设。对于水污染影响型建设项目，水质取样垂线的设置可采用以排放口为中心，沿放射线布设或网格布设的方法，按照下列原则及方法设置：

一级评价在评价范围内布设的水质取样垂线数不宜少于 20 条；

二级评价在评价范围内布设的水质取样垂线数不宜少于 16 条。

评价范围内不同水质类别区、水环境功能区或水功能区、水环境敏感区、排放口和需要进行水质预测的水域，应布设取样垂线。

② 对于水文要素影响型建设项目，在取水口、主要入湖（库）断面、坝前、湖（库）中心水域、不同水质类别区、水环境敏感区和需要进行水质预测的水域，应布设取样垂线。对于复合影响型建设项目，应兼顾进行取样垂线的布设。

③ 水质取样垂线上取样点的布设按照《地表水和污水监测技术规范》（HJ/T 91—2002）的规定执行。

④ 采样频次。每个水期可监测一次，每次同步连续取样 2~4 d，每个水质取样点每天至少取一组水样，但在水质变化较大时，每间隔一定时间取样一次。溶解氧和水温监测频次，每间隔 6 h 取样监测一次，在调查取样期内适当监测藻类。

（3）入海河口、近岸海域监测点位设置与采样频次要求如下：

① 水质取样断面和取样垂线的设置。一级评价可布设 5~7 个取样断面；二级评价可布设 3~5 个取样断面。

② 水质取样点的布设。根据垂向水质分布特点，参照《海洋调查规范》（GB 12763—2007）和《近岸海域环境监测规范》（HJ 442—2008）执行。排放口位于感潮河段内的，其上游设置的水质取样断面，应根据实际情况参照河流决定，其下游断面的布设与近岸海域相同。

③ 采样频次。原则上一个水期在一个潮周期内采集水样，明确所采样品所处潮时，必要时对潮周日内的高潮和低潮采样。当上、下层水质变幅较大时，应分层取样。入海河口上游水质取样频次参照感潮河段相关要求执行，下游水质取样频次参照近岸海域相关要求执行。对于近岸海域，一个水期宜在半个太阴月内的大潮期或小潮期分别采样，明确所采样品所处潮时，对所有选取的水质监测因子，在同一潮次取样。

（4）底泥污染调查与评价的监测点位布设应能够反映底泥污染物空间分布特征的要求，根据底泥分布区域、分布深度、扰动区域、扰动深度、扰动时间等设置。

七、环境现状评价内容与要求

根据建设项目水环境影响特点与水环境质量管理要求，选择以下全部或部分内容开展评价：

（1）水环境功能区或水功能区、近岸海域环境功能区水质达标状况。评价建设项目评价范围内水环境功能区或水功能区、近岸海域环境功能区各评价时期的水质状况与变化特征，给出水环境功能区或水功能区、近岸海域环境功能区达标评价结论，明确水环境功能区或水功能区、近岸海域环境功能区水质超标因子、超标程度，分析超标原因。

（2）水环境控制单元或断面水质达标状况。评价建设项目所在控制单元或断面各评价时期的水质现状与时空变化特征，评价控制单元或断面的水质达标状况，明确控制单元或断面的水质超标因子、超标程度，分析超标原因。

（3）水环境保护目标质量状况。评价涉及水环境保护目标水域各评价时期的水质状况与变化特征，明确水质超标因子、超标程度，分析超标原因。

（4）对照断面、控制断面等代表性断面的水质状况。评价对照断面水质状况，分析对照断面水质水量变化特征，给出水环境影响预测的设计水文条件；评价控制断面水质现状、达标状况，分析控制断面来水水质水量状况，识别上游来水不利组合状况，分析不利条件下的水质达标问题。评价其他监测断面的水质状况，根据断面所在水域的水环境保护目标水质要求，评价水质达标状况与超标因子。

（5）底泥污染评价。评价底泥污染项目及污染程度，识别超标因子，结合底泥处置排放去向，评价退水水质与超标情况。

（6）水资源与开发利用程度及其水文情势评价。根据建设项目水文要素影响特点，评价所在流域（区域）水资源与开发利用程度、生态流量满足程度、水域岸线空间占用状况等。

（7）水环境质量回顾评价。结合历史监测数据与国家及地方生态环境主管部门公开发布的环境状况信息，评价建设项目所在水环境控制单元或断面、水环境功能区或水功能区、近岸海域环境功能区的水质变化趋势，评价主要超标因子变化状况，分析建设项目所在区域或水域的水质问题，从水污染、水文要素等方面，综合分析水环境质量现状问题的原因，明确与建设项目排污影响的关系。

（8）流域（区域）水资源（包括水能资源）与开发利用总体状况、生态流量管理要求与现状满足程度、建设项目占用水域空间的水流状况与河湖演变状况。

（9）依托污水处理设施稳定达标排放评价。评价建设项目依托的污水处理设施稳定达标状况，分析建设项目依托污水处理设施环境可行性。

八、评价方法

水环境功能区或水功能区、近岸海域环境功能区及水环境控制单元或断面水质达标状况评价方法，参考国家或地方政府相关部门制定的水环境质量评价技术规范、水体达标方案编制指南、水功能区水质达标评价技术规范等。

1. 监测断面或点位水环境质量现状评价方法

采用水质指数法评价，评价方法如下：

（1）一般性水质因子（随着浓度增加而水质变差的水质因子）的指数计算公式如下：

$$S_{i,j} = C_{i,j}/C_{si} \tag{5.12}$$

式中　$S_{i,j}$——评价因子 i 在 j 点的水质指数，大于 1 表明该水质因子超标；

　　　　$C_{i,j}$——评价因子 i 在 j 点的实测统计代表值，mg/L；

　　　　C_{si}——评价因子 i 的水质评价标准限值，mg/L。

（2）溶解氧（DO）的标准指数计算公式如下：

$$S_{\mathrm{DO},j} = \mathrm{DO}_s/\mathrm{DO}_j \quad (\mathrm{DO}_j \leqslant \mathrm{DO}_f) \tag{5.13}$$

$$S_{\mathrm{DO},j} = \frac{|\mathrm{DO}_f - \mathrm{DO}_j|}{\mathrm{DO}_f - \mathrm{DO}_s} \quad (\mathrm{DO}_j > \mathrm{DO}_f) \tag{5.14}$$

式中　$S_{\mathrm{DO},j}$——溶解氧的标准指数，大于 1 表明该水质因子超标；

　　　　DO_j——溶解氧在 j 点的实测统计代表值，mg/L；

　　　　DO_s——溶解氧的水质评价标准限值，mg/L；

　　　　DO_f——饱和溶解氧浓度，mg/L，对于河流，$DO_f = 468/(31.6+T)$；对于盐度比较高的湖泊、水库及入海河口、近岸海域，$DO_f = (491 - 2.65S)/(33.5+T)$；

　　　　S——实用盐度符号，量纲为 1；

　　　　T——水温，℃。

（3）pH 的指数计算公式如下：

$$S_{\mathrm{pH},j} = \frac{7.0 - \mathrm{pH}_j}{7.0 - \mathrm{pH}_{sd}} \quad (\mathrm{pH}_j \leqslant 7.0) \tag{5.15}$$

$$S_{\mathrm{pH},j} = \frac{\mathrm{pH}_j - 7.0}{\mathrm{pH}_{su} - 7.0} \quad (\mathrm{pH}_j > 7.0) \tag{5.16}$$

式中　$S_{\mathrm{pH},j}$——pH 的指数，大于 1 表明该水质因子超标；

　　　　pH_j——pH 实测统计代表值；

　　　　pH_{sd}——评价标准中 pH 的下限值；

　　　　pH_{su}——评价标准中 pH 的上限值。

2. 底泥污染状况评价方法

采用单项污染指数法进行评价，评价方法如下。

（1）底泥污染指数计算公式如下：

$$P_{i,j} = C_{i,j}/C_{si} \tag{5.17}$$

式中　$P_{i,j}$——污染因子 i 在 j 点的单项污染指数，大于 1 表明该污染因子超标；

　　　　$C_{i,j}$——污染因子 i 在 j 点的实测值，mg/L；

　　　　C_{si}——污染因子 i 的评价标准值或参考值，mg/L。

（2）底泥污染评价标准值或参考值可以根据土壤环境质量标准或所在水域的背景值确定。

第四节　地表水环境影响预测

一、总体要求

（1）地表水环境影响预测应遵循《建设项目环境影响评价技术导则　总纲》（HJ 2.1—2016）中规定的原则。

（2）一级、二级、水污染影响型三级 A 与水文要素影响型三级评价应定量预测建设项目水环境影响，水污染影响型三级 B 评价可不进行水环境影响预测。

（3）影响预测应考虑评价范围内已建、在建和拟建项目中，与建设项目排放同类（种）污染物对相同水文要素产生的叠加影响。

（4）建设项目分期规划实施的，应估算规划水平年进入评价范围的污染负荷，预测分析规划水平年评价范围内地表水环境质量变化趋势。

二、预测因子、预测范围与预测点位

1. 预测因子

预测因子应根据评价因子确定，重点选择与建设项目水环境影响关系密切的因子。

2. 预测范围

地表水影响预测的范围应覆盖评价范围，并根据受影响地表水水体水文要素与水质特点合理拓展。

（1）预测范围内的河段可分为上游河段、混合过程段和充分混合段。

① 上游河段是指排放口上游的河段。

② 充分混合段指污染物浓度在河流某个断面上均匀分布的河段，当断面上任意一点的浓度与断面平均浓度之差小于平均浓度的 5%时，可认为达到均匀分布。

③ 混合过程段是指从排放口开始到其下游的充分混合段之间的河段。混合过程段长度可由公式（5.18）估算。

$$L_m = 0.11 + 0.7 \left[0.5 - \frac{a}{B} - 1.1 \left(0.5 - \frac{a}{B} \right)^2 \right]^{1/2} \frac{uB^2}{E_y} \qquad (5.18)$$

式中　L_m——混合过程段长度，m；

B——水面宽度，m；

a——排放口到岸边的距离，m；

u——断面流速，m/s；

E_y——污染物横向扩散系数，m²/s。

应特别注意的是混合过程段不执行地表水环境质量标准，或者说可以超过水质标准，但在应加以保护的重要功能区范围内不允许混合过程段的存在。

（2）在排放口下游指定一个限定区域，使污染物进行初始稀释，在此区域内可以超过水质标准，这个区域称为超标水域。超标水域含有容许的意义，因此，它具有位置、大小、形状三个要素。

①位置：重要的功能区（敏感水域）均应提出加以保护，其范围内不允许超标水域存在。

②大小：排污口所在水域形成的超标水域，不应该影响鱼类洄游通道和邻近功能区水质。一般来说，湖泊海湾内可存在总面积小于等于 $1{\sim}3\ km^2$ 的超标水域，河口、大江、大河的超标水域不能超过 $1{\sim}2\ km^2$。

③形状：超标水域的形状简单，这种形状应当容易设置在水中，以避免冲击重要功能区。在湖泊中，具有一定半径的圆形区域，一般是允许的。在河流中，一般允许长窄的区域，整体河段的封闭性区域将不被允许。

3. 预测点位

预测点布设的数量及位置应根据受纳水体和建设项目的特点、评价等级以及当地的环境保护要求确定。预测点通常选择布设在以下位置：

（1）已确定的环境敏感点。

（2）环境现状监测点，以利于进行项目建设对地表水环境影响的对照。

（3）水文条件和水质突变处的上、下游，水源地，重要水工建筑物及水文站附近。

（4）在河流混合过程段选择的几个具有代表性的断面。

（5）排污口下游可能出现超标的点位附近。

三、预测时期与情景

1. 预测时期

水环境影响预测的时期应满足不同评价等级的评价时期要求（见表 5.7）。水污染影响型建设项目，水体自净能力最不利以及水质状况相对较差的不利时期、水环境现状补充监测时期应作为重点预测时期；水文要素影响型建设项目，以水质状况相对较差或对评价范围内水生生物影响最大的不利时期为重点预测时期。

2. 预测情景

（1）根据建设项目特点分别选择建设期、生产运行期和服务期满后三个阶段进行预测。

（2）生产运行期应预测正常排放、非正常排放两种工况对水环境的影响，如建设项目具有充足的调节容量，可只预测正常排放工况下对水环境的影响。

（3）应对建设项目污染控制和减缓措施方案进行水环境影响模拟预测。

（4）对受纳水体环境质量不达标区域，应考虑区（流）域环境质量改善目标要求情景下的模拟预测。

四、预测因子筛选

预测因子应根据建设项目的工程分析和环境现状、评价等级、当地的环境保护要求进行筛选和确定，其数目既要说明问题又不能过多，一般应少于环境现状调查的水质参数数目。建设过程、生产运行（包括正常和不正常排放两种情况）、服务期满后各阶段均应根据各自的具体情况确定其预测因子，彼此不一定相同。

在环境现状调查因子中选择预测因子。对河流，可按公式（5.19）计算，将水质参数的排序指标按大小排序。

$$ISE = \frac{C_p Q_p}{(C_s - C_h)Q_h} \tag{5.19}$$

式中　ISE——污染物排序指标；

　　　C_p——污染物排放浓度，mg/L；

　　　Q_p——废水排放量，m³/s；

　　　C_s——污染物排放标准，mg/L；

　　　C_h——河流上游污染物浓度，mg/L；

　　　Q_h——河流流量，m³/s。

ISE 越大说明建设项目对河流中该项水质参数的影响越大。

五、预测内容

1. 确定预测分析内容

预测分析内容应根据影响类型、预测因子、预测情景、预测范围地表水体类别、所选用的预测模型及评价要求确定。

2. 水污染影响型建设项目

主要包括：

（1）各关心断面（控制断面、取水口、污染源排放核算断面等）水质预测因子的浓度及变化。

（2）到达水环境保护目标处的污染物浓度。

（3）各污染物最大影响范围。

（4）湖泊、水库及半封闭海湾等，还需关注富营养化状况与水华、赤潮等。

（5）排放口混合区范围。

3. 水文要素影响型建设项目

（1）河流、湖泊及水库的水文情势预测分析主要包括水域形态、径流条件、水力条件以及冲淤变化等内容，具体包括水面面积、水量、水温、径流过程、水位、水深、流速、水面宽、冲淤变化等，湖泊和水库需要重点关注湖库水域面积或蓄水量及水力停留时间等因子。

（2）感潮河段、入海河口及近岸海域水动力条件预测分析主要包括流量、流向、潮区界、潮流界、纳潮量、水位、流速、水面宽、水深、冲淤变化等因子。

六、预测模型与模型选择

（一）预测模型

（1）地表水环境影响预测模型包括数学模型和物理模型。地表水环境影响预测宜选用数学模型。评价等级为一级且有特殊要求时选用物理模型，物理模型应遵循水工模型实验技术规程等要求。

（2）数学模型包括面源污染负荷估算模型、水动力模型、水质（包括水温及富营养化）模型等，可根据地表水环境影响预测的需要选择。

（二）模型选择

1. 面源污染负荷估算模型

根据污染源类型分别选择适用的污染源负荷估算或模拟方法，预测污染源排放量与入河量。面源污染负荷预测可根据评价要求与数据条件，采用源强系数法、水文分析法以及面源模型法等，有条件的地方可以综合采用多种方法进行比对分析确定，各方法适用条件如下：

（1）源强系数法。当评价区域有可采用的源强产生、流失及入河系数等面源污染负荷估算参数时，可采用源强系数法。

（2）水文分析法。当评价区域具备一定数量的同步水质水量监测资料时，可基于基流分割确定暴雨径流污染物浓度、基流污染物浓度，采用通量法估算面源的负荷量。

（3）面源模型法。面源模型选择应结合污染特点、模型适用条件、基础资料等综合确定。

2. 水动力模型及水质模型

按照时间分为稳态模型与非稳态模型，按照空间分为零维、一维（包括纵向一维及垂向一维，纵向一维包括河网模型）、二维（包括平面二维及立面二维）以及三维模型，按照是否需要采用数值离散方法分为解析解模型与数值解模型。水动力模型及水质模型的选取根据建设项目的污染源特性、受纳水体类型、水力学特征、水环境特点及评价等级等要求，选取适宜的预测模型。各地表水体适用的数学模型选择要求如下：

（1）河流数学模型。河流数学模型选择要求见表5.9。在模拟河流顺直、水流均匀且排污稳定时可以采用解析解。

表 5.9　河流数学模型适用条件

模型分类	模型空间分类						模型时间分类	
	零维模型	纵向一维模型	河网模型	平面二维	立面二维	三维模型	稳态	非稳态
适用条件	水域基本均匀混合	沿横断面均匀混合	多河道相互连通，使得水流运动和污染物交换互相影响的河网地区	垂向均匀混合	垂向分层特征明显	垂向及平面分布差异明显	水流恒定、排放稳定	水流不恒定，或排污不稳定

（2）湖库数学模型。湖库数学模型选择要求见表 5.10。在模拟湖库水域形态规则、水流均匀且排污稳定时可以采用解析解模型。

表 5.10　湖库数学模型适用条件

模型分类	模型空间分类						模型时间分类	
	零维模型	纵向一维模型	平面二维	垂向一维	立面二维	三维模型	稳态	非稳态
适用条件	水流交换作用较充分、污染物分布基本均匀	污染物在断面上均匀混合的河道型水库	浅水湖库，垂向分层不明显	深水湖库，水平分布差异不明显，存在垂向分层	深水湖库，横向分布差异不明显，存在垂向分层	垂向及平面分布差异明显	流场恒定、源强稳定	流场不恒定、源强不稳定

（3）感潮河段、入海河口数学模型。污染物在断面上均匀混合的感潮河段、入海河口，可采用纵向一维非恒定数学模型，感潮河网区宜采用一维河网数学模型。浅水感潮河段和入海河口宜采用平面二维非恒定数学模型。如感潮河段、入海河口的下边界难以确定，宜采用一、二维连接数学模型。

（4）近岸海域数学模型。近岸海域宜采用平面二维非恒定模型。如果评价海域的水流和水质分布在垂向上存在较大的差异（如排放口附近水域），宜采用三维数学模型。

七、模型概化

当选用解析解方法进行水环境影响预测时，可对预测水域进行合理的概化。

1. 河流水域概化要求

（1）预测河段及代表性断面的宽深比≥20 时，可视为矩形河段。
（2）河段弯曲系数>1.3 时，可视为弯曲河段，其余可概化为平直河段。
（3）对于河流水文特征值、水质急剧变化的河段，应分段概化，并分别进行水环境影响预测；河网应分段概化，分别进行水环境影响预测。

2. 湖库水域概化

根据湖库的入流条件、水力停留时间、水质及水温分布等情况，分别概化为稳定分层型、混合型和不稳定分层型。

3. 受人工控制的河流

受人工控制的河流，根据涉水工程（如水利水电工程）的运行调度方案及蓄水、泄流情况，分别视其为水库或河流进行水环境影响预测。

4. 入海河口、近岸海域概化要求

（1）可将潮区界作为感潮河段的边界。
（2）采用解析解方法进行水环境影响预测时，可按潮周平均、高潮平均和低潮平均三种情况，概化为稳态进行预测。

（3）预测近岸海域可溶性物质水质分布时，可只考虑潮汐作用；预测密度小于海水的不可溶物质时应考虑潮汐、波浪及风的作用。

（4）注入近岸海域的小型河流可视为点源，可忽略其对近岸海域流场的影响。

八、基础数据要求

水文、气象、水下地形等基础数据原则上应与工程设计保持一致，采用其他数据时，应说明数据来源、有效性及数据预处理情况。获取的基础数据应能够支持模型参数率定、模型验证的基本需求。

（1）水文数据。水文数据应采用水文站点实测数据或根据站点实测数据进行推算，数据精度应与模拟预测结果精度要求匹配。河流、湖库建设项目水文数据时间精度应根据建设项目调控影响的时空特征，分析典型时段的水文情势与过程变化影响，涉及日调度影响的，时间精度宜不小于小时平均。感潮河段、入海河口及近岸海域建设项目应考虑盐度对污染物运移扩散的影响，一级评价时间精度不得低于1 h。

（2）气象数据。气象数据应根据模拟范围内或附近的常规气象监测站点数据进行合理确定。气象数据应采用多年平均气象资料或典型年实测气象资料数据。气象数据指标应包括气温、相对湿度、日照时数、降雨量、云量、风向、风速等。

（3）水下地形数据。采用数值解模型时，原则上应采用最新的现有或补充测绘成果，水下地形数据精度原则上应与工程设计保持一致。建设项目实施后可能导致河道地形改变的，如疏浚及堤防建设以及水底泥沙淤积造成的库底、河底高程发生的变化，应考虑地形变化的影响。

（4）涉水工程资料。包括预测范围内已建、在建及拟建涉水工程，其取水量或工程调度情况、运行规则应与国家或地方发布的统计数据、环境影响评价及环境保护验收数据保持一致。

对评价范围内调查收集的水文资料（流速、流量、水位、蓄水量等）、水质资料、排放口资料（污水排放量与水质浓度）、支流资料（支流水量与水质浓度）、取水口资料（取水量、取水方式、水质数据）、污染源资料（排污量、排污去向与排放方式、污染物种类及排放浓度）等进行数据一致性分析。应明确模型采用基础数据的来源，保证基础数据的可靠性。

建设项目所在水环境控制单元如有国家生态环境部门发布的标准化土壤及土地利用数据、地形数据、环境水力学特征参数的，影响预测模拟时应优先使用标准化数据。

九、初始条件与边界条件

（一）初始条件

（1）初始条件（水文、水质、水温等）设定应满足所选用数学模型的基本要求，需合理确定初始条件，控制预测结果不受初始条件的影响。

（2）当初始条件对计算结果的影响在短时间内无法有效消除时，应延长模拟计算的初始时间，必要时应开展初始条件敏感性分析。

（二）边界条件

1. 设计水文条件确定要求

河流、湖库设计水文条件要求包括以下几方面：

① 河流不利枯水条件宜采用 90%保证率最枯月流量或近 10 年最枯月平均流量；流向不定的河网地区和潮汐河段，宜采用 90%保证率流速为零时的低水位相应水量作为不利枯水水量；湖库不利枯水条件应采用近 10 年最低月平均水位或 90%保证率最枯月平均水位相应的蓄水量，水库也可采用死库容相应的蓄水量。其他水期的设计水量则应根据水环境影响预测需求确定。

② 受人工调控的河段，可采用最小下泄流量或河道内生态流量作为设计流量。

③ 根据设计流量，采用水力学、水文学等方法确定水位、流速、河宽、水深等其他水力学数据。

2. 入海河口、近岸海域设计水文条件要求

（1）感潮河段、入海河口的上游水文边界条件参照河流、湖库设计水文条件的要求确定，下游水位边界的确定，应选择对应时段潮周期作为基本水文条件进行计算，可取用保证率为 10%、50%和 90%潮差，或上游计算流量条件下相应的实测潮位过程。

（2）近岸海域的潮位边界条件界定，应选择一个潮周期作为基本水文条件，选用历史实测潮位过程或人工构造潮型作为设计水文条件。

河流、湖库设计水文条件的计算可按《水利水电工程水文计算规范》（SL 278—2002）的规定执行。

3. 污染负荷的确定要求

（1）根据预测情景，确定各情景下建设项目排放的污染负荷量，应包括建设项目所有排放口（涉及一类污染物的车间或车间处理设施排放口、企业总排口、雨水排放口、温排水排放口等）的污染物源强。

（2）应覆盖预测范围内的所有与建设项目排放污染物相关的污染源或污染源负荷占预测范围总污染负荷的比例超过 95%。

（3）规划水平年污染源负荷预测要求如下：

① 点源及面源污染源负荷预测要求。应包括已建、在建及拟建项目的污染物排放，综合考虑区域经济社会发展及水污染防治规划、区（流）域环境质量改善目标要求，按照点源、面源分别确定预测范围内的污染源的排放量与入河量。采用面源模型预测规划水平年污染负荷时，面源模型的构建、率定、验证等要求参照参数确定与验证要求相关规定执行。

② 内源负荷预测要求。内源负荷估算可采用释放系数法，必要时可采用释放动力学模型方法。内源释放系数可采用静水、动水试验进行测定或者参考类似工程资料确定；水环境影响敏感且资料缺乏区域需开展静水试验、动水试验确定释放系数；类比时需结合施工工艺、沉积物类型、水动力等因素进行修正。

十、参数确定与验证要求

（1）水动力及水质模型参数包括水文及水力学参数、水质（包括水温及富营养化）参数等。其中水文及水力学参数包括流量、流速、坡度、糙率等；水质参数包括污染物综合衰减系数、扩散系数、耗氧系数、复氧系数、蒸发散热系数等。

（2）模型参数确定可采用类比、经验公式、实验室测定、物理模型试验、现场实测及模型率定等，可以采用多类方法比对确定模型参数。当采用数值解模型时，宜采用模型率定法核定模型参数。

（3）在模型参数确定的基础上，通过模型计算结果与实测数据进行比较分析，验证模型的适用性与误差及精度。

（4）选择模型率定法确定模型参数的，模型验证应采用与模型参数率定不同组实测资料数据进行。

（5）应对模型参数确定与模型验证的过程和结果进行分析说明，并以河宽、水深、流速、流量以及主要预测因子的模拟结果作为分析依据，当采用二维或三维模型时，应开展流场分析。模型验证应分析模拟结果与实测结果的拟合情况，阐明模型参数率定取值的合理性。

十一、预测点位设置及结果合理性分析要求

1. 预测点位设置要求

（1）应将常规监测点、补充监测点、水环境保护目标、水质水量突变处及控制断面等作为预测重点。

（2）当需要预测排放口所在水域形成的混合区范围时，应适当加密预测点位。

2. 模型结果合理性分析

（1）模型计算成果的内容、精度和深度应满足环境影响评价要求。

（2）采用数值解模型进行影响预测时，应说明模型时间步长、空间步长设定的合理性，在必要的情况下应对模拟结果开展质量或热量守恒分析。

（3）应对模型计算的关键影响区域和重要影响时段的流场、流速分布、水质（水温）等模拟结果进行分析，并给出相关图件。

（4）区域水环境影响较大的建设项目，宜采用不同模型进行比对分析。

第五节　地表水环境影响评价

一、评价内容

（1）一级、二级、水污染影响型三级 A 及水文要素影响型三级评价。主要评价内容包括：
① 水污染控制和水环境影响减缓措施有效性评价。
② 水环境影响评价。
（2）水污染影响型三级 B 评价。主要评价内容包括：

① 水污染控制和水环境影响减缓措施有效性评价。

② 依托污水处理设施的环境可行性评价。

二、评价要求

1. 水污染控制和水环境影响减缓措施有效性评价

（1）污染控制措施及各类排放口排放浓度限值等应满足国家和地方相关排放标准及符合有关标准规定的排水协议关于水污染物排放的条款要求。

（2）水动力影响、生态流量、水温影响减缓措施应满足水环境保护目标的要求。

（3）涉及面源污染的，应满足国家和地方有关面源污染控制治理要求。

（4）受纳水体环境质量达标区的建设项目选择废水处理措施或多方案比选时，应满足行业污染防治可行技术指南要求，确保废水稳定达标排放且环境影响可以接受。

（5）受纳水体环境质量不达标区的建设项目选择废水处理措施或多方案比选时，应满足区（流）域水环境质量限期达标规划和替代源的削减方案要求、区（流）域环境质量改善目标要求及行业污染防治可行技术指南中最佳可行技术要求，确保废水污染物达到最低排放强度和排放浓度，且环境影响可以接受。

2. 水环境影响评价

（1）排放口所在水域形成的混合区，应限制在达标控制（考核）断面以外水域，且不得与已有排放口形成的混合区叠加，混合区外水域应满足水环境功能区或水功能区的水质目标要求。

（2）水环境功能区或水功能区、近岸海域环境功能区水质达标。说明建设项目对评价范围内的水环境功能区或水功能区、近岸海域环境功能区的水质影响特征，分析水环境功能区或水功能区、近岸海域环境功能区水质变化状况，在考虑叠加影响的情况下，评价建设项目建成以后各预测时期水环境功能区或水功能区、近岸海域环境功能区达标状况。涉及富营养化问题的，还应评价水温、水文要素、营养盐等变化特征与趋势，分析判断富营养化演变趋势。

（3）满足水环境保护目标水域水环境质量要求。评价水环境保护目标水域各预测时期的水质（包括水温）变化特征、影响程度与达标状况。

（4）水环境控制单元或断面水质达标。说明建设项目污染排放或水文要素变化对所在控制单元各预测时期的水质影响特征，在考虑叠加影响的情况下，分析水环境控制单元或断面的水质变化状况，评价建设项目建成以后水环境控制单元或断面在各预测时期下的水质达标状况。

（5）满足重点水污染物排放总量控制指标要求，重点行业建设项目主要污染物排放满足等量或减量替代要求。

（6）满足区（流）域水环境质量改善目标要求。

（7）水文要素影响型建设项目同时应包括水文情势变化评价、主要水文特征值影响评价、生态流量符合性评价。

（8）对于新设或调整入河（湖库、近岸海域）排放口的建设项目，应包括排放口设置的环境合理性评价。

（9）满足生态保护红线、水环境质量底线、资源利用上线和环境准入清单管理要求。

3. 依托污水处理设施的环境可行性评价

主要从污水处理设施的日处理能力、处理工艺、设计进水水质、处理后的废水稳定达标排放情况及排放标准是否涵盖建设项目排放的有毒有害的特征水污染物等方面开展评价，满足依托的环境可行性要求。

三、污染源排放量核算

1. 一般要求

（1）污染源排放量是新（改、扩）建项目申请污染物排放许可的依据。

（2）对改、扩建项目，除应核算新增源的污染物排放量外，还应核算项目建成后全厂的污染物排放量，污染源排放量为污染物的年排放量。

（3）建设项目在批复的区域或水环境控制单元达标方案的许可排放量分配方案中有规定的，按规定执行。

（4）污染源排放量核算，应在满足水环境影响评价要求的前提下进行核算。

2. 间接排放建设项目

间接排放建设项目污染源排放量核算根据依托污水处理设施的控制要求核算确定。

3. 直接排放建设项目

直接排放建设项目污染源排放量核算，根据建设项目达标排放的地表水环境影响、污染源源强核算技术指南及排污许可申请与核发技术规范进行核算，并从严要求。直接排放建设项目污染源排放量核算应在满足间接排放建设项目污染源排放量核算根据依托污水处理设施的控制要求核算确定的基础上，遵循以下原则要求：

（1）污染源排放量的核算水体为有水环境功能要求的水体。

（2）建设项目排放的污染物属于现状水质不达标的，包括本项目在内的区（流）域污染源排放量应调减至满足区（流）域水环境质量改善目标要求。

（3）当受纳水体为河流时，不受回水影响的河段，建设项目污染源排放量核算断面位于排放口下游，与排放口的距离应小于 2 km；受回水影响河段，应在排放口的上下游设置建设项目污染源排放量核算断面，与排放口的距离应小于 1 km。建设项目污染源排放量核算断面应根据区间水环境保护目标位置、水环境功能区或水功能区及控制单元断面等情况调整。当排放口污染物进入受纳水体在断面混合不均匀时，应以污染源排放量核算断面污染物最大浓度作为评价依据。

（4）当受纳水体为湖库时，建设项目污染源排放量核算点位应布置在以排放口为中心、半径不超过 50 m 的扇形水域内，且扇形面积占湖库面积比例不超过 5%，核算点位应不少于 3

个。建设项目污染源排放量核算点应根据区间水环境保护目标位置、水环境功能区或水功能区及控制单元断面等情况调整。

（5）遵循地表水环境质量底线要求，主要污染物（化学需氧量、氨氮、总磷、总氮）需预留必要的安全余量。安全余量可按地表水环境质量标准、受纳水体环境敏感性等确定：若受纳水体为《地表水环境质量标准》（GB 3838—2002）Ⅲ类水域，以及涉及水环境保护目标的水域，安全余量按照不低于建设项目污染源排放量核算断面（点位）处环境质量标准的 10%确定（安全余量≥环境质量标准×10%）；若受纳水体水环境质量标准为《地表水环境质量标准》（GB 3838—2002）Ⅳ、Ⅴ类水域，安全余量按照不低于建设项目污染源排放量核算断面（点位）环境质量标准的 8%确定（安全余量≥环境质量标准×8%）；地方如有更严格的环境管理要求，按地方要求执行。

（6）当受纳水体为近岸海域时，参照《污水海洋处置工程污染控制标准》（GB 18486—2001）执行。

按照直接排放建设项目污染源排放量核算规定要求预测评价范围的水质状况，如预测的水质因子满足地表水环境质量管理及安全余量要求，污染源排放量即为水污染控制措施有效性评价确定的排污量。如果不满足地表水环境质量管理及安全余量要求，则进一步根据水质目标核算污染源排放量。

四、生态流量确定

1. 一般要求

（1）根据河流、湖库生态环境保护目标的流量（水位）及过程需求确定生态流量（水位）。河流应确定生态流量，湖库应确定生态水位。

（2）根据河流、湖库的形态、水文特征及生物重要生境分布，选取有代表性的控制断面综合分析、评价河流和湖库的生态环境状况、主要生态环境问题等。生态流量控制断面或点位选择应结合重要生境、重要环境保护对象等保护目标的分布、水文站网分布以及重要水利工程位置等统筹考虑。

（3）依据评价范围内各水环境保护目标的生态环境需水确定生态流量，生态环境需水的计算方法可参考有关标准规定执行。

2. 河流、湖库生态环境需水计算要求

（1）河流生态环境需水。包括水生生态需水、水环境需水、湿地需水、景观需水、河口压咸需水等。应根据河流生态环境保护目标要求，选择合适方法计算河流生态环境需水及其过程，符合以下要求：

① 水生生态需水计算中，应采用水力学法、生态水力学法、水文学法等方法计算水生生态流量。水生生态流量最少采用两种方法计算，基于不同计算方法成果进行对比分析，合理选择水生生态流量成果；鱼类繁殖期的水生生态需水宜采用生境分析法计算，确定繁殖期所需的水文过程，并取外包线作为计算成果，鱼类繁殖期所需水文过程应与天然水文过程相似。

水生生态需水应为水生生态流量与鱼类繁殖期所需水文过程的外包线。

②水环境需水应根据水环境功能区或水功能区确定控制断面水质目标，结合计算范围内的河段特征和控制断面与概化后污染源的位置关系。

③湿地需水应综合考虑湿地水文特征和生态保护目标需水特征，综合不同方法合理确定湿地需水。河岸植被需水量采用单位面积用水量法、潜水蒸发法、间接计算法、彭曼公式法等方法计算；河道内湿地补给水量采用水量平衡法计算。保护目标在繁育生长关键期对水文过程有特殊需求时，应计算湿地关键期需水量及过程。

④景观需水应综合考虑水文特征和景观保护目标要求，确定景观需水。

⑤河口压咸需水应根据调查成果，确定河口类型。

⑥其他需水应根据评价区域实际情况进行计算，主要包括冲沙需水、河道蒸发和渗漏需水等。对于多泥沙河流，需考虑河流冲沙需水计算。

（2）湖库生态环境需水计算要求如下：

①湖库生态环境需水包括维持湖库生态水位的生态环境需水及入（出）湖河流生态环境需水。湖库生态环境需水可采用最小值、年内不同时段值和全年值表示。

②湖库生态环境需水计算中，可采用不同频率最枯月平均值法或近10年最枯月平均水位法确定湖库生态环境需水最小值。年内不同时段值应根据湖库生态环境保护目标所对应的生态环境功能，分别计算各项生态环境功能敏感水期要求的需水量。维持湖库形态功能的水量，可采用湖库形态分析法计算。维持生物栖息地功能的需水量，可采用生物空间法计算。

③入（出）湖库河流的生态环境需水应根据河流生态环境需水计算确定，计算成果应与湖库生态水位计算成果相协调。

3. 河流、湖库生态流量综合分析与确定

（1）河流应根据水生生态需水、水环境需水、湿地需水、景观需水、河口压咸需水和其他需水等计算成果，考虑各项需水的外包关系和叠加关系，综合分析需水目标要求，确定生态流量。湖库应根据湖库生态环境需水确定最低生态水位及不同时段内的水位。

（2）应根据国家或地方政府批复的综合规划、水资源规划、水环境保护规划等成果中相关的生态流量控制等要求，综合分析生态流量成果的合理性。

第六节　环境保护措施与监测计划

一、一般要求

（1）在建设项目污染控制治理措施与废水排放满足排放标准与环境管理要求的基础上，针对建设项目实施可能造成地表水环境不利影响的阶段、范围和程度，提出预防、治理、控制和补偿等环保措施或替代方案等内容，并制定监测计划。

（2）水环境保护对策措施的论证应包括水环境保护措施的内容、规模及工艺、相应投资、实施计划，所采取措施的预期效果、达标可行性、经济技术可行性及可靠性分析等内容。

（3）对水文要素影响型建设项目，应提出减缓水文情势影响、保障生态需水的环保措施。

二、水环境保护措施

（1）对建设项目可能产生的水污染物，需通过优化生产工艺和强化水资源的循环利用，提出减少污水产生量与排放量的环保措施，并对污水处理方案进行技术经济及环保论证比选，明确污水处理设施的位置、规模、处理工艺、主要构筑物或设备、处理效率；采取的污水处理方案要实现达标排放，满足总量控制指标要求，并对排放口设置及排放方式进行环保论证。

（2）达标区建设项目选择废水处理措施或多方案比选时，应综合考虑成本和治理效果，选择可行技术方案。

（3）不达标区建设项目选择废水处理措施或多方案比选时，应优先考虑治理效果，结合区（流）域水环境质量改善目标、替代源的削减方案实施情况，确保废水污染物达到最低排放强度和排放浓度。

（4）对水文要素影响型建设项目，应考虑保护水域生境及水生态系统的水文条件以及生态环境用水的基本需求，提出优化运行调度方案或下泄流量及过程，并明确相应的泄放保障措施与监控方案。

（5）对于建设项目引起的水温变化可能对农业、渔业生产或鱼类繁殖与生长等产生不利影响，应提出水温影响减缓措施。对产生低温水影响的建设项目，对其取水与泄水建筑物的工程方案提出环保优化建议，可采取分层取水设施、合理利用水库洪水调度运行方式等。对产生温排水影响的建设项目，可采取优化冷却方式减少排放量，可通过余热利用措施降低热污染强度，合理选择温排水口的布置和型式，控制高温区范围等。

三、监测计划

（1）按建设项目建设期、生产运行期、服务期满后等不同阶段，针对不同工况、不同地表水环境影响的特点，根据《排污单位自行监测技术指南　总则》（HJ 819—2017）、《水污染物排放总量监测技术规范》（HJ/T 92—2002）以及相应的污染源源强核算技术指南和自行监测技术指南，提出水污染源的监测计划，包括监测点位、监测因子、监测频次、监测数据采集与处理、分析方法等。明确自行监测计划内容，提出应向社会公开的信息内容。

（2）提出地表水环境质量监测计划，包括监测断面或点位位置（经纬度）、监测因子、监测频次、监测数据的采集与处理、分析方法等。明确自行监测计划内容，提出应向社会公开的信息内容。

（3）监测因子需与评价因子相协调。地表水环境质量监测断面或点位的设置需与水环境现状监测、水环境影响预测的断面或点位相协调，并应强化其代表性、合理性。

（4）建设项目排污口应根据污染物排放特点、相关规定设置监测系统，排放口附近有重要水环境功能区或水功能区及特殊用水需求时，应对排放口下游控制断面进行定期监测。

（5）对下泄流量有泄放要求的建设项目，在闸坝下游应设置生态流量监测系统。

第七节 地表水环境影响评价结论

环境影响评价结论是评价的核心部分，要在全面计算分析的基础上客观反映建设项目的地表水环境影响，对项目可行性做出明确回答。

一、水环境影响评价结论

（1）根据水污染控制和水环境影响减缓措施有效性评价、地表水环境影响评价结论，明确给出地表水环境影响是否可接受的结论。

（2）达标区的建设项目环境影响评价，依据评价要求，同时满足水污染控制和水环境影响减缓措施有效性评价、水环境影响评价的情况下，认为地表水环境影响可以接受，否则认为地表水环境影响不可接受。

（3）不达标区的建设项目环境影响评价，依据评价要求，在考虑区（流）域环境质量改善目标要求、削减替代源的基础上，同时满足水污染控制和水环境影响减缓措施有效性评价、水环境影响评价的情况下，认为地表水环境影响可以接受，否则认为地表水环境影响不可接受。

二、污染源排放量与生态流量

（1）明确给出污染源排放量核算结果，填写建设项目污染物排放信息表。

（2）新建项目的污染物排放指标需要等量替代或减量替代时，还应明确给出替代项目的基本信息，主要包括项目名称、排污许可证编号、污染物排放量等。

（3）有生态流量控制要求的，根据水环境保护管理要求，明确给出生态流量控制节点及控制目标。

三、地表水环境影响评价自查

地表水环境影响评价完成后，应对地表水环境影响评价主要内容与结论进行自查。建设项目地表水环境影响评价自查内容与格式见表 5.11。应将影响预测中应用的输入、输出原始资料进行归档，随环境影响评价文件一并提交给审查部门。

表 5.11　地表水环境影响评价自查表

工作内容		自查项目		
影响识别	影响类型	水污染影响型□；水文要素影响型□		
	水环境保护目标	饮用水水源保护区□；饮用水取水口□；涉水的自然保护区□；重要湿地□；重点保护的珍稀水生生物的栖息地□；重要水生生物的自然产卵场及索饵场、越冬场和洄游通道、天然渔场等渔业水体□；涉水的风景名胜区□；其他□		
	影响途径	水污染影响型		水文要素影响型
		直接排放□；间接排放□；其他□		水温□；径流□；水域面积□
	影响因子	持久性污染物□；有毒有害污染物□；非持久性污染物□；pH□；热污染□；富营养化□；其他□		水温□；水位（水深）□；流速□；流量□；其他□
评价等级		水污染影响型		水文要素影响型
		一级□；二级□；三级 A□；三级 B□		一级□；二级□；三级□
现状调查	区域污染源	调查项目		数据来源
		已建□；在建□；拟建□；其他□	拟替代的污染源□	排污许可证□；环评□；环保验收□；既有实测□；现场监测□；入河排放口数据□；其他□
	受影响水体环境质量	调查时期		数据来源
		丰水期□；平水期□；枯水期□；冰封期□；春季□；夏季□；秋季□；冬季□		生态环境主管部门□；补充检测□；其他□
	区域水资源开发利用状况	未开发□；开发量 40%以下□；开发量 40%以上□		
	水文情势调查	调查时期		数据来源
		丰水期□；平水期□；枯水期□；冰封期□；春季□；夏季□；秋季□；冬季□		水行政主管部门□；补充检测□；其他□
	补充监测	监测时期	监测因子	监测断面或点位
		丰水期□；平水期□；枯水期□；冰封期□；春季□；夏季□；秋季□；冬季□	（　　　）	监测断面或点位（　　　）个
现状评价	评价范围	河流：长度（　　　）km；湖库、河口及近岸海域：面积（　　　）km^2		
	评价因子	（　　　　　　）		
	评价标准	河流、湖库、河口：Ⅰ类□；Ⅱ类□；Ⅲ类□；Ⅳ类□；Ⅴ类□ 近岸海域：第一类□；第二类□；第三类□；第四类□ 规划年评价标准（　　　）		
	评价时期	丰水期□；平水期□；枯水期□；冰封期□；春季□；夏季□；秋季□；冬季□		
	评价结论	水环境功能区或水功能区、近岸海域环境功能区水质达标情况：达标□；不达标□ 水环境控制单元或断面水质达标情况：达标□；不达标□ 水环境保护目标质量状况：达标□；不达标□		

工作内容		自查项目
现状评价	评价结论	对照断面、控制断面等代表性断面的水质状况：达标□；不达标□ 底泥污染评价□ 水资源与开发利用程度及其水文情势评价□ 水环境质量回顾评价□ 流域（区域）水资源（包括水能资源）与开发利用总体状况、生态流量管理要求与现状满足程度、建设项目占用水域空间的水流状况与河湖演变状况□
影响预测	预测范围	河流：长度（　　　）km；湖库、河口及近岸海域：面积（　　　）km²
	预测因子	（　　　　　）
	预测时期	丰水期□；平水期□；枯水期□；冰封期□ 春季□；夏季□；秋季□；冬季□ 设计水文条件□
	预测情景	建设期□；生产运行期□；服务期满后□ 正常工况□；非正常工况□ 污染控制和减缓措施方案□ 区（流）域环境质量改善目标要求情景□
	预测方法	数值解□；解析解□；其他□ 导则推荐模式□，其他□
影响评价	水污染控制和水环境影响减缓措施有效性评价	区（流）域环境质量改善目标□；替代削减源□
	水环境影响评价	排放口混合区外满足水环境管理要求□ 水环境功能区或水功能区、近岸海域环境功能区水质达标□ 满足水环境保护目标水域水环境质量要求□ 水环境控制单元或断面水质达标□ 满足重点水污染物排放总量控制指标要求，重点行业建设项目，主要污染物排放满足等量或减量替代要求□ 满足区（流）域水环境质量改善目标要求□ 水文要素影响型建设项目同时应包括水文情势变化评价、主要水文特征值影响评价、生态流量符合性评价□ 对于新设或调整入河（湖库、近岸海域）排放口的建设项目，应包括排放口设置的环境合理性评价□ 满足生态保护红线、水环境质量底线、资源利用上线和环境准入清单管理要求□

污染源排放量核算	污染物名称		排放量/（t/a）		排放浓度/（mg/L）
	（　　　）		（　　　）		（　　　）

替代源排放情况	污染源名称	排污许可证编号	污染物名称	排放量/（t/a）	排放浓度/（mg/L）
	（　　　）	（　　　）	（　　　）	（　　　）	（　　　）

生态流量确定	生态流量：一般水期（　　　）m³/s；鱼类繁殖期（　　　）m³/s；其他（　　　）m³/s 生态水位：一般水期（　　　）m；鱼类繁殖期（　　　）m；其他（　　　）m

工作内容		自查项目			
防治措施	环保措施	污水处理设施□；水文减缓设施□；生态流量保障设施□； 区域削减□；依托其他工程措施□；其他□			
	监测计划		环境质量		污染源
		监测方式	手动□；自动□；无监测□		手动□；自动□；无监测□
		监测点位	（　　　）		（　　　）
		监测因子	（　　　）		（　　　）
	污染物排放清单	□			
	评价结论	可以接受□；不可以接受□			
注："□"为勾选项，填"√"；"（　　　）"为内容填写项；"备注"为其他补充内容					

思考与练习

1. 简述水环境容量的概念。

2. 简述污染物在水体中的迁移转化方式。

3. 简述水体耗氧和复氧过程。

4. 简述地表水环境影响评价的工作程序。

5. 简述地表水环境影响评价等级确定的方法。

6. 水环境现状调查的内容有哪些？

7. 混合过程段长度的计算方法是什么？混合过程段有何特殊性？

8. 水环境影响预测因子的筛选方法是什么？

9. 水环境影响预测模型有哪些？如何选择具体适用的模型？

10. 水环境影响评价的具体要求有哪些？

11. 基于一份建设项目环境影响评价文件，填写地表水环境影响评价自查表。

第六章　地下水环境影响评价

第一节　基础知识

一、地下水

1. 定义

地下水是指以各种形式埋藏在地壳空隙中的水，包括包气带和饱水带中的水。从潜水层到地面的岩土空隙中，既含水也充满空气，故称为包气带。饱水带则是指地下水面以下，土层或岩层的空隙全部被水充满的部分。饱水带中的地下水是连续分布的，其所含的地下水是地下水的主体。

2. 分类

（1）按照地下水埋藏条件不同，地下水可分为：

① 包气带上层滞水。埋藏在离地表不深、包气带中局部隔水层之上的重力水。一般分布不广，呈季节性变化，雨季出现，旱季消失，其动态变化与气候、水文因素的变化密切相关。

② 潜水。埋藏在地表以下、第一个稳定隔水层以上，具有自由水面的重力水。潜水在自然界中分布很广，一般埋藏在第四纪松散沉积物的孔隙及坚硬基岩风化壳的裂隙和溶洞内。

③ 承压水。埋藏并充满两个稳定隔水层之间的含水层中的重力水。承压水不具有潜水那样的自由水面，它的运动方式不是在重力作用下的自由流动，而是在静水压力的作用下，由静水压力大的地方流向静水压力小的地方。

（2）按照含水介质的空隙类型，地下水可分为孔隙水、裂隙水和管道水。

（3）按照矿化度大小，地下水可分为淡水（总溶解性固体 TDS<1 g/L）、微咸水（1~3 g/L）、咸水（3~10 g/L）、盐水（10~50 g/L）和卤水（TDS>50 g/L）。

3. 地下水运动的基本形式

饱水带中的地下水运动，无论是潜水还是承压水，均表现为重力水在岩土层的孔隙中运动。从其流态的类型来说可分为层流运动和紊流运动。由于流动在岩土孔隙中进行，运动速度比较慢，所以在多数情况下均表现为层流运动；只有在裂隙或孔隙比较发育的局部地区，或者在抽水井及矿井附近，井水位降落很大的情况下，地下水流速度快，才可能表现为紊流状态。

4. 达西定律

均质砂粒的渗流试验发现渗透流量（Q）与过水断面面积（A）成正比，与水位差（h_1-h_2）

成正比，其数学表达式为：

$$Q = KA \frac{h_1 - h_2}{\Delta L} \qquad (6.1)$$

式中 Q——渗透流量，m^3/d；

       A——实验土柱的过水断面面积，m^2；

       K——比例常数，即渗透系数，m/d；

       ΔL——两个水位测量点（h_1 和 h_2）的土样长度，即渗透路径长，m。

上式表明，渗透流量 Q 与过水断面面积 A 成正比，与渗透路径长 ΔL 成反比，所以对一定的含水介质而言，其渗透系数 K 可认为是常数。

达西定律是描述重力水渗流现象的基本方程，见式（6.4）。渗透流量 Q、过水断面面积 A 与渗透流速 v 三者之间存在以下关系：

$$v = \frac{Q}{A} \qquad (6.2)$$

$$v = -K \frac{\Delta h}{\Delta L} \qquad (6.3)$$

当 $\Delta L \rightarrow 0$ 时，则：

$$v = -K \frac{dh}{dL} \qquad (6.4)$$

式中 v——地下水渗透流速，m/d。

式中负号表明水力坡度增量方向与水流方向相反。由此可见，水在渗流过程中其体积通量是与水势梯度成比例的，渗透系数 K 值即是其比例系数。

水力坡度的计算方法为：

$$i = -\frac{dh}{dL} \qquad (6.5)$$

可以看出：水力坡度 i 与渗透流速 v 成正比，故又把达西定律称为线性渗透定律。

必须注意，渗透流速 v 不是孔隙中单个水质点的实际流速，而是在流量相同而过水断面全部被水充满状况下的平均流速，而实际的断面中充填着无数的砂粒，水流仅从砂粒的孔隙断面中通过。设 u 为通过孔隙断面的水质点的实际平均流速，n_e 为砂的有效孔隙度，则：

$$u = \frac{v}{n_e} \qquad (6.6)$$

因此，地下水的实际平均流速 u 大于渗透流速 v。

5. 渗透系数

由达西定律可知：当水力坡度 $i=1$ 时，则 $v=K$，即渗透系数在数值上等于当水力坡度为 1 时的地下水渗透流速。由于水力坡度是无量纲的，因此 K 值和 v 具有相同的单位，一般用 m/d

或 cm/s。

渗透系数是表征含水介质透水性能的重要参数，K 值的大小一方面取决于介质的性质，如粒度成分、颗粒排列等，粒径越大，渗透系数 K 值也就越大；另一方面还与流体的物理性质（如流体的黏滞性）有关。实际工作中，由于不同地区地下水的黏性差别并不大，在研究地下水流动规律时，常常可以忽略地下水的黏滞性，即认为渗透系数只与含水层介质的性质有关，使得问题简单化。

松散岩石渗透系数的常见值可参考表 6.1。

表 6.1 不同类型岩石的渗透系数取值范围

材 料		渗透系数/（m/s）	材 料		渗透系数/（m/s）
沉积物	砾石	$3×10^{-4}~3×10^{-2}$	沉积岩	泥岩	$1×10^{-11}~1×10^{-8}$
	粗砂	$9×10^{-7}~6×10^{-3}$		盐	$1×10^{-12}~1×10^{-10}$
	中砂	$9×10^{-7}~5×10^{-4}$		硬石膏	$4×10^{-13}~2×10^{-8}$
	细砂	$2×10^{-7}~2×10^{-4}$		页岩	$1×10^{-13}~2×10^{-9}$
	粉砂、黄土	$1×10^{-9}~2×10^{-4}$	结晶岩	可透水的玄武岩	$4×10^{-7}~3×10^{-2}$
	冰碛物	$1×10^{-12}~2×10^{-6}$		裂隙火成岩和变质岩	$8×10^{-9}~3×10^{-4}$
	黏土	$1×10^{-11}~5×10^{-9}$		风化花岗岩	$3×10^{-6}~3×10^{-5}$
	未风化的海积黏土	$8×10^{-13}~2×10^{-9}$		风化辉长岩	$6×10^{-7}~3×10^{-6}$
沉积岩	礁灰岩	$1×10^{-6}~2×10^{-2}$		玄武岩	$2×10^{-11}~3×10^{-7}$
	灰岩、白云岩	$1×10^{-9}~6×10^{-6}$		无裂隙火成岩和变质岩	$3×10^{-14}~3×10^{-10}$
	砂岩	$3×10^{-10}~6×10^{-6}$			

达西定律适用于层流状态的水流，而且要求流速比较小（常用雷诺数 $Re<10$ 表示），当地下水流呈紊流状态，或即使是层流，但雷诺数较大，已超出达西定律适用范围时，渗透流速 v 与水力坡度 i 就不再是线性关系，而变成非线性关系。由于地下水运动大多数情况下符合达西定律条件，因此非线性运动公式不再予以讨论。

6. 包气带中水分运移

在理想条件下，即包气带由均质土构成，无蒸发与下渗，包气带水分分布稳定时，由地表向下至某一深度内的含水量为一定值，相当于残留含水量（w_c）。残留含水量包括结合水量、孔隙毛细水量与部分悬挂毛细水量，是克服重力保持土中的最大持水度。这部分水与其下的支持毛细水及潜水不发生水力联系。由此往下，进入支持毛细水带，含水量随着接近潜水面而增高。在潜水面之上有一个饱和含水带，称为毛细饱和带。支持毛细水带是在毛细力的作用下，水分从潜水面上升形成的，因此它与潜水面有密切的水力联系，随潜水面变动而变动。此带中的孔隙实际上是由大小不一的孔隙通道构成的网络，细小的孔隙通道毛细上升高度大，较宽大的孔隙通道毛细上升高度小，最宽大的孔隙通道也被支持毛细水充满，便形成毛细饱和带。

毛细饱和带与饱水带虽然都被水所饱和，但是前者是在表面张力的支持下水才达到饱和的，所以也称作张力饱和带。井打到毛细饱和带时，由于表面张力的作用，并没有水流入井内，必须打到潜水面以下井中才会出水。

包气带中毛细负压随着含水量的变小而负值变大。这是因为，随着含水量降低，毛细水退缩到孔隙更加细小处，弯液面的曲率增大，造成毛细负压的负值更大。因此，毛细负压是含水量的函数：

$$h_c = h_c(w) \tag{6.7}$$

饱水带中，任一特定的均质土层，渗透系数 K 是常数；但在包气带中，渗透系数 K 随含水量降低而迅速变小，K 也是含水量的函数：

$$K = K(w) \tag{6.8}$$

原因是含水量降低，实际过水断面随之减少，水流实际流动途径的弯曲程度增加，水流在更窄小的孔隙及孔隙通道中流动，阻力增加。

包气带水的非饱和流动可用达西定律描述。当水流做一维垂直下渗运动时，渗透流速可表示为：

$$v_z = K(w)\frac{\partial H}{\partial z} \tag{6.9}$$

降水入渗补给均质包气带，在地表形成一极薄水层（其厚度可忽略），当活塞式下渗水的前锋到达深度 z 处时，位置水头为 $-z$（取地面为基准，向上为正），前锋处弯液面造成的毛细压力水头为 $-h_c$，则任一时刻 t 的入渗速率，即垂向渗透流速为：

$$v_t = K\frac{h_c + z}{z} \tag{6.10}$$

$$v_t = K\left(\frac{h_c}{z} + 1\right) \tag{6.11}$$

初期 z 很小，水力梯度 $\frac{h_c}{z} + 1$ 趋于无穷大，故入渗速率 v 很大；随着 t 增大，z 变大，h_c/z 趋于零，则 $v = K$，即入渗速率趋于定值，数值上等于渗透系数 K。

综上所述，包气带水的运动，亦可用达西定律描述，但与饱水带的运动相比，有以下三点不同：

（1）饱水带只存在重力势，包气带同时存在重力势与毛细势。

（2）饱水带任一点的压力水头是个定值，包气带的压力水头则是含水量的函数。

（3）饱水带的渗透系数是个定值，包气带的渗透系数随含水量的降低而变小。

二、地下水污染

1. 概念

地下水污染主要指由于人类活动引起地下水化学成分、物理性质和生物学特性发生改变而使地下水质量下降的现象。

2. 地下水污染特点

地下水污染与地表水污染不同。污染物质进入地下含水层及在其中运移的速度都很缓慢，若不进行专门监测，往往在发现时，地下水污染已达到相当严重的程度。地下水由于循环交替缓慢，即使排除污染源，已经进入地下水的污染物质，将在含水层中长期滞留；随着地下水流动，污染范围还将不断扩大。因此，要使已经污染的含水层自然净化，往往需要几十、几百甚至几千年；如果采取打井抽汲污水等工程方法消除污染，则需付出相当大的代价。

3. 地下水污染途径

通过雨水淋滤，堆放在地面的垃圾与废渣中的有毒有害物质进入含水层。各类污水排入地表水，再渗入补给含水层。长期利用污水灌溉农田，可使大范围的地下水受污染，农药、化肥也可能对地下水造成污染。农业耕作活动可促进土壤有机物的氧化，如有机氮氧化为无机氮（主要是硝态氮），随渗流水进入地下水。止水不良的井孔，会将浅部的污水导向深层。气态污染物溶解于大气降水，可通过补给作用污染地下水。有些行业，如石油和天然气开采、钛白粉冶炼等，将生产废水注入地下，如处理不当，也会对地下水造成影响。

地下水污染方式可分为直接污染和间接污染两种。直接污染的特点是：污染物直接进入含水层，在污染过程中，污染物的性质不变。这是人类活动对地下水污染的主要方式。间接污染的特点是：地下水污染并非由于污染物直接进入含水层引起，而是由于污染物作用于其他物质，使这些物质中的某些成分进入地下水造成的。例如，污染引起的地下水硬度的增加、溶解氧的减少等。间接污染过程复杂，污染原因易被掩盖，要查清污染来源和途径较为困难。

地下水污染途径是多种多样的，大致可归为四类：

（1）间歇入渗型。大气降水或其他灌溉水使污染物随水通过非饱水带，周期性地渗入含水层，主要污染对象是潜水。固体废物在淋滤作用下，淋滤液下渗引起的地下水污染，也属此类。

（2）连续入渗型。污染物随水不断地渗入含水层，主要也是污染潜水。废水渠、废水池、废水渗井等和受污染的地表水体连续渗漏造成地下水污染，即属此类。

（3）越流型。污染物通过越流的方式从已受污染的含水层（或天然咸水层）转移到未受污染的含水层（或天然淡水层）。污染物通过整个层间、地层天窗、破损的井管污染潜水和承压水。地下水的开采改变了越流方向，使已受污染的潜水进入未受污染的承压水，即属此类。

（4）径流型。污染物通过地下径流进入含水层，污染潜水或承压水。污染物通过地下岩溶孔道进入含水层，即属此类。

污染物质能否进入含水层取决于区域水文地质条件。显然，承压含水层由于上部有隔水顶板，只要污染源不分布在补给区，就很难污染地下水。如果承压含水层的顶板为厚度不大的弱透水层，污染物即有可能通过顶板进入含水层。潜水含水层污染的危险性取决于包气带的岩性与厚度。包气带中的细小颗粒可以过滤或吸附某些污染物。土壤中的微生物则能将许多有机污染物分解为无害的产物（如 H_2O、CO_2 等）。因此，颗粒细小且厚度较大的包气带构成良好的天然净水器。粗颗粒的砾石过滤净化作用弱、裂隙岩层也缺乏过滤净化能力、岩溶含水层通道宽大，均很容易受到污染。

在分析污染物质的影响时，要仔细分析污染源与地下水流动系统的关系：污染源处于流动系统的什么部位?污染源处于哪一级流动系统?当污染源分布于流动系统的补给区时，随着时间延续，污染物质将沿流线从补给区向排泄区逐渐扩展，最终可波及整个流动系统，即使将污染源去除，在污染物质最终由排泄区排出之前，污染影响也将持续存在。污染源分布于排泄区，污染影响的范围比较局限，污染源一旦排除，地下水很快便可恢复。当人为地抽取或补充地下水形成新的势源或势汇时，流动系统将发生变化，原来的排泄区可能转化为补给区。因此，在分析时不仅要考虑天然条件，还要预测人类活动的影响。

污染源分布于不同等级的流动系统，污染影响也不相同。污染源分布在局部流动系统中时，由于局部流动系统深度不大、规模小、水的交替循环快，短期内污染影响可以波及整个流动系统；但在去除污染源后，自然净化也快，数月到数年即可消除污染影响。区域流动系统影响范围大，流程长而流速小，水的交替循环缓慢；在其范围内存在污染源时，污染物的迁移缓慢，但如果时间足够长，污染影响则可以波及相当广的范围；区域流动系统遭受污染后，即使将污染源去除以后，污染影响仍将持续相当长的时间，自然净化期可以长达数百年乃至数千年。

三、污染物在地下水中的迁移转化

污染物进入包气带和含水层中将发生机械过滤、溶解和沉淀、氧化和还原、吸附和解吸、生物降解、对流和弥散等一系列物理、化学和生物过程，这些作用既可以单独存在，也可以多种作用同时发生。正是这些复杂的作用，使得污染物在包气带和地下水系统中进行迁移转化。因此，研究污染物在包气带和地下水系统中的物理和化学作用，对确定地下水污染程度、预测污染物的影响、制订相应的污染防治措施具有重要意义。

1. 机械过滤

机械过滤是指污染物经过包气带和含水层介质过程中，一些颗粒较大的物质因不能通过介质孔隙，而被阻挡在介质中的现象。如一些悬浮的污染物经过砂层时，会被砂层过滤。机械过滤作用只能使污染物部分停留在介质中，而不能从根本上消除污染物。

2. 对流和弥散

污染物随地下水的运动称为对流运动。

水动力弥散则使污染物在介质中扩散，不断占据着越来越多的空间。产生水动力弥散的原因主要有：首先，浓度场的作用存在着质点的分子扩散；其次，在微观上，孔隙结构的非均质性和孔隙通道的弯曲性导致了污染物的弥散现象；最后，宏观上所有孔隙介质都存在着非均质性。

3. 吸附和解吸

吸附和解吸是污染物在地下水中与水相、气相、固相介质之间发生的物理化学过程，吸附为污染物由液相或气相进入固相的过程，解吸则相反。吸附和解吸影响着污染物在地下水、空气之间的迁移或富集，也影响着污染物的化学反应和有机物的微生物降解过程。

物质的吸附有两种机理：分配作用和表面吸附作用。介质对污染物的吸附实际上是其中的矿物组分与土壤中有机质共同作用的结果，且土壤有机质起着重要作用。

在给定的污染物质与固相介质情况下，污染物的吸附和解吸主要与污染物在水中的浓度和污染物被吸附在固体介质上的浓度有关。

4. 溶解与沉淀

溶解和沉淀是水—岩相互作用的一种，地下水在渗流过程中会将污染物或由其转化产生的可溶性物质溶解出来，当温度、pH 值、氧化还原电位等发生变化，水中的污染物浓度大于饱和度，一些已经溶解的污染物会沉淀析出。

溶解与沉淀实质上是强极性水分子和固体盐类表面离子产生的较强的相互作用。如果这种作用的强度超过了盐类离子间的内聚力，就会生成水合离子。这种水合离子逐层从盐类表面进入水溶液，扩散到整个溶液中去，并随着水分向下或向上运动而迁移。化合物的溶解和沉淀主要取决于其组成的离子半径、电价、极化性能、化学键的类型及其他物理化学性质；另一方面，它与环境条件，如温度、压力、水中其他离子浓度、水的 pH 值和 Eh 条件密切相关。例如 Cd^{2+}，在碱性条件下容易形成 $Cd(OH)_2$ 沉淀，在 CO_2 参与的开放体系中，容易形成 $CdCO_3$。

5. 氧化和还原

氧化与还原反应是指地下水中的元素或化合物电子发生转移，导致化合价态改变的过程。氧化与还原作用受 pH 值影响，并与地下水所处的氧化还原环境有关。例如，元素 Cr 在还原条件下，以 Cr^{6+} 的化合物形式存在，不易迁移；而在氧化环境下，以 Cr^{6+} 的化合物形式存在，则很容易迁移。在碱性条件下，Fe^{2+} 更容易转化为 Fe^{3+}，生成 $Fe(OH)_3$ 沉淀，其半反应式为：

$$Fe^{2+} + 3H_2O \longrightarrow Fe(OH)_3 \downarrow + 3H^+ + e \qquad (6.12)$$

第二节　地下水环境影响评价概述

一、基本任务

地下水环境影响评价的基本任务包括：进行地下水环境现状评价，预测和评价建设项目实施过程中对地下水环境可能造成的直接影响和间接危害（如地下水污染、地下水流场或地下水位变化），并针对这些影响和危害提出防治对策，防控地下水环境污染，保护地下水资源，为建设项目选址决策、工程设计和环境管理提供科学依据。

二、一般性原则

地下水环境影响评价应分析、预测和评估建设项目在建设期、运营期和服务期满后对地下水水质可能造成的直接影响，提出预防或减轻不良影响的对策和措施，制订地下水环境影响跟踪监测计划，为建设项目地下水环境保护提供科学依据。

根据建设项目对地下水环境影响的程度，结合《建设项目环境影响评价分类管理名录》（2016 年版），将建设项目分为四类，详见表 6.2。I 类、II 类、III 类建设项目应开展地下水环境影响评价，IV 类建设项目不开展地下水环境影响评价。

表 6.2　地下水环境影响评价行业分类表

行业类别	环评类别		地下水环境影响评价项目类别	
	报告书	报告表	报告书	报告表
A 水利				
1. 水库	库容 1 000 万立方米及以上；涉及环境敏感区的	其他	III 类	IV 类
2. 灌区工程	新建 5 万亩及以上；改造 30 万亩及以上	其他	再生水灌溉工程为 III 类，其余 IV 类	IV 类
3. 引水工程	跨流域调水；大中型河流引水；小型河流年总引水量占天然年径流量 1/4 及以上；涉及环境敏感区的	其他	III 类	IV 类
4. 防洪治涝工程	新建大中型	其他	III 类	IV 类
5. 河湖整治工程	涉及环境敏感区的	其他	III 类	IV 类
6. 地下水开采工程	日取水量 1 万立方米及以上；涉及环境敏感区的	其他	III 类	IV 类
B 农、林、牧、渔、海洋				
7. 农业垦殖	5 000 亩及以上；涉及环境敏感区的	其他	IV 类	IV 类
8. 农田改造项目	/	涉及环境敏感区的		IV 类
9. 农产品基地项目	/	涉及环境敏感区的		IV 类
10. 农业转基因项目、物种引进项目	全部	/	IV 类	
11. 经济林基地项目	原料林基地	其他	IV 类	IV 类
12. 森林采伐工程	/	全部		IV 类
13. 防沙治沙工程	/	全部		IV 类

行业类别	环评类别		地下水环境影响评价项目类别	
	报告书	报告表	报告书	报告表
14. 畜禽养殖场、养殖小区	年出栏生猪5 000头（其他畜禽种类折合猪的养殖规模）及以上；涉及环境敏感区的	/	III 类	
15. 淡水养殖工程	/	网箱、围网等投饵养殖；涉及环境敏感区的		IV 类
16. 海水养殖工程	/	用海面积300亩及以上；涉及环境敏感区的		IV 类
17. 海洋人工鱼礁工程	/	固体物质投放量5 000立方米及以上；涉及环境敏感区的		IV 类
18. 围填海工程及海上堤坝工程	围填海工程；长度0.5 km及以上的海上堤坝工程；涉及环境敏感区的	其他	IV 类	IV 类
19. 海上和海底物资储藏设施工程	全部	/	IV 类	
20. 跨海桥梁工程	全部	/	IV 类	
21. 海底隧道、管道、电（光）缆工程	全部	/	IV 类	
C 地质勘查				
22. 基础地质勘查	/	全部		IV 类
23. 水利、水电工程地质勘查	/	全部		IV 类
24. 矿产资源地质勘查（包括勘探活动）	/	全部		IV 类
D 煤炭				
25. 煤层气开采	年生产能力1亿立方米及以上；涉及环境敏感区的	其他	水力压裂工艺的II类，其余III类	IV 类
26. 煤炭开采	全部	/	煤矸石转运场II类，其余III类	
27. 洗选、配煤	/	全部		III 类

行业类别	环评类别		地下水环境影响评价项目类别	
	报告书	报告表	报告书	报告表
28. 煤炭储存、集运	/	全部		IV 类
29. 型煤、水煤浆生产	/	全部		III 类
E 电力				
30. 火力发电（包括热电）	除燃气发电工程外的	燃气发电	灰场 II 类，其余 III 类	IV 类
31. 水力发电	总装机 1 000 千瓦及以上；抽水蓄能电站；涉及环境敏感区的	其他	III 类	IV 类
32. 生物质发电	农林生物质直接燃烧或气化发电；生活垃圾、污泥焚烧发电	沼气发电、垃圾填埋气发电	III 类	IV 类
33. 综合利用发电	利用矸石、油页岩、石油焦等发电	单纯利用余热、余压、余气（含煤层气）发电	III 类	IV 类
34. 其他能源发电	海上潮汐电站、波浪电站、温差电站等；涉及环境敏感区的总装机容量 5 万千瓦及以上的风力发电	利用地热、太阳能热等发电；并网光伏发电；其他风力发电	IV 类	IV 类
35. 送（输）变电工程	500 千伏及以上；涉及环境敏感区的 330 千伏及以上	其他（不含 100 千伏以下）	IV 类	IV 类
36. 脱硫、脱硝、除尘等环保工程	/	全部		IV 类
F 石油、天然气				
37. 石油开采	全部	/	I 类	
38. 天然气、页岩气开采（含净化）	全部	/	II 类	
39. 油库（不含加油站的油库）	总容量 20 万立方米及以上；地下洞库	其他	I 类	地下储罐 I 类，其余 II 类
40. 气库（不含加气站的气库）	地下气库	其他	IV 类	IV 类
F 石油、天然气				
41. 石油、天然气、成品油管线（不含城市天然气管线）	200 km 及以上；涉及环境敏感区的	其他	油 II 类，气 III 类	油 II 类，气 IV 类

行业类别	环评类别		地下水环境影响评价项目类别	
	报告书	报告表	报告书	报告表
G 黑色金属				
42. 采选（含单独尾矿库）	全部	/	排土场、尾矿库I类，选矿厂II类，其余IV类	
43. 炼铁、球团、烧结	全部	/	焦化I类，其余IV类	
44. 炼钢	全部	/	IV类	
45. 铁合金制造；锰、铬冶炼	全部	/	锰、铬冶炼I类，铁合金制造III类	
46. 压延加工	年产50万吨及以上的冷轧	其他	II类	III类
H 有色金属				
47. 采选（含单独尾矿库）	全部	/	排土场、尾矿库I类，选矿厂II类，其余III类	
48. 冶炼（含再生有色金属冶炼）	全部	/	I类	
49. 合金制造	全部	/	III类	
50. 压延加工	/	全部		IV类
I 金属制品				
51. 表面处理及热处理加工	有电镀工艺的；使用有机涂层的；有钝化工艺的热镀锌	其他	III类	IV类
52. 金属铸件	年产10万吨及以上	其他	III类	IV类
53. 金属制品加工制造	有电镀或喷漆工艺的	其他	III类	IV类
J 非金属矿采选及制品制造				
54. 土砂石开采	年采10万立方米及以上；海砂开采工程；涉及环境敏感区的	其他	IV类	IV类
55. 化学矿采选	全部	/	I类	
56. 采盐	井盐	湖盐、海盐	III类	IV类
57. 石棉及其他非金属矿采选	全部	/	III类	
58. 水泥制造	全部	/	IV类	
59. 水泥粉磨站	年产100万吨及以上	其他	IV类	IV类

行业类别	环评类别		地下水环境影响评价项目类别	
	报告书	报告表	报告书	报告表
60. 混凝土结构构件制造、商品混凝土加工	/	全部		IV 类
61. 石灰和石膏制造	/	全部		IV 类
62. 石材加工	/	全部		IV 类
63. 人造石制造	/	全部		IV 类
64. 砖瓦制造	/	全部		IV 类
65. 玻璃及玻璃制品	日产玻璃 500 吨及以上	其他	IV 类	IV 类
66. 玻璃纤维及玻璃纤维增强塑料制品	年产玻璃纤维 3 万吨及以上	其他	IV 类	IV 类
67. 陶瓷制品	年产建筑陶瓷 100 万平方米及以上；年产卫生陶瓷 150 万件及以上；年产日用陶瓷 250 万件及以上	其他	III 类	IV 类
68. 耐火材料及其制品	石棉制品；年产岩棉 5 000 吨及以上	其他	IV 类	IV 类
69. 石墨及其他非金属矿物制品	石墨、碳素	其他	III 类	IV 类
70. 防水建筑材料制造、沥青搅拌站	/	全部		IV 类
K 机械、电子				
71. 通用、专用设备制造及维修	有电镀或喷漆工艺的	其他	III 类	IV 类
72. 铁路运输设备制造及修理	机车、车辆、动车组制造；发动机生产；有电镀或喷漆工艺的零部件生产	其他	III 类	IV 类
73. 汽车、摩托车制造	整车制造；发动机生产；有电镀或喷漆工艺的零部件生产	其他	III 类	IV 类
74. 自行车制造	有电镀或喷漆工艺的	其他	III 类	IV 类
75. 船舶及相关装置制造	有电镀或喷漆工艺的；拆船、修船	其他	III 类	IV 类
76. 航空航天器制造	有电镀或喷漆工艺的	其他	III 类	IV 类
77. 交通器材及其他交通运输设备制造	有电镀或喷漆工艺的	其他	III 类	IV 类

行业类别	环评类别		地下水环境影响评价项目类别	
	报告书	报告表	报告书	报告表
78. 电气机械及器材制造	有电镀或喷漆工艺的；电池制造（无汞干电池除外）	其他（仅组装的除外）	III 类	IV 类
79. 仪器仪表及文化、办公用机械制造	有电镀或喷漆工艺的	其他（仅组装的除外）	III 类	IV 类
80. 电子真空器件、集成电路、半导体分立器件制造、光电子器件及其他电子器件制造	显示器件	有分割、焊接、酸洗或有机溶剂清洗工艺的	II 类	III 类
81. 印刷电路板、电子元件及组件制造	印刷电路板	有分割、焊接、酸洗或有机溶剂清洗工艺的	II 类	III 类
82. 半导体材料、电子陶瓷、有机薄膜、荧光粉、贵金属粉等电子专用材料	全部	/	IV 类	
83. 电子配件组装	/	有分割、焊接、酸洗或有机溶剂清洗工艺的		有机溶剂清洗工艺的 III 类，其余 IV 类
L 石化、化工				
84. 原油加工、天然气加工、油母页岩提炼原油、煤制油、生物制油及其他石油制品	全部	/	天然气净化做燃料为 III 类，其余 I 类	
85. 基本化学原料制造；化学肥料制造；农药制造；涂料、染料、颜料、油墨及其类似产品制造；合成材料制造；专用化学品制造；炸药、火工及焰火产品制造；饲料添加剂、食品添加剂及水处理剂等制造	除单纯混合和分装外的	单纯混合或分装的	I 类	III 类

行业类别	环评类别		地下水环境影响评价项目类别	
	报告书	报告表	报告书	报告表
86. 日用化学品制造	除单纯混合和分装外的	单纯混合或分装的	II 类	IV 类
87. 焦化、电石	全部	/	II 类	
88. 煤炭液化、气化	全部	/	III 类	
89. 化学品输送管线	全部	/	地面以下 II 类,地面以上 III 类	
M 医药				
90. 化学药品制造;生物、生化制品制造	全部	/	I 类	
91. 单纯药品分装、复配	/	全部		IV 类
92. 中成药制造、中药饮片加工	有提炼工艺的	其他	III 类	
93. 卫生材料及医药用品制造	/	全部		IV 类
N 轻工				
94. 粮食及饲料加工	年加工 25 万吨及以上;有发酵工艺的	其他	III 类	IV 类
95. 植物油加工	年加工油料 30 万吨及以上的制油加工;年加工植物油 10 万吨及以上的精炼加工	其他(单纯分装和调和除外)	III 类	IV 类
96. 生物质纤维素乙醇生产	全部	/	III 类	
97. 制糖、糖制品加工	原糖生产	其他	III 类	IV 类
98. 屠宰	年屠宰 10 万头畜类(或 100 万只禽类)及以上	其他	III 类	IV 类
99. 肉禽类加工	/	年加工 2 万吨及以上		IV 类
100. 蛋品加工	/	/		
101. 水产品加工	年加工 10 万吨及以上	鱼油提取及制品制造;年加工 10 万吨~2 万吨(含);涉及环境敏感区的年加工 2 万吨以下	IV 类	IV 类

行业类别	环评类别		地下水环境影响评价项目类别	
	报告书	报告表	报告书	报告表
102. 食盐加工	/	全部		III 类
103. 乳制品加工	年加工 20 万吨及以上	其他	IV 类	IV 类
104. 调味品、发酵制品制造	味精、柠檬酸、赖氨酸淀粉、淀粉糖等制造	其他（单纯分装除外）	III 类	IV 类
105. 酒精饮料及酒类制造	有发酵工艺的	其他	III 类	IV 类
106. 果菜汁类及其他软饮料制造	原汁生产	其他	III 类	IV 类
107. 其他食品制造	/	除手工制作和单纯分装外的		IV 类
108. 卷烟	年产 30 万箱及以上	其他	IV 类	IV 类
109. 锯材、木片加工、家具制造	有电镀或喷漆工艺的	其他	III 类	IV 类
110. 人造板制造	年产 20 万立方米及以上	其他	IV 类	IV 类
111. 竹、藤、棕草制品制造	/	有化学处理或喷漆工艺的		III 类
112. 纸浆、溶解浆、纤维浆等制造；造纸（含废纸造纸）	全部	/	II 类	
113. 纸制品	/	有化学处理工艺的		III 类
114. 印刷；文教、体育、娱乐用品制造；磁材料制品	/	全部		IV 类
115. 轮胎制造、再生橡胶制造、橡胶加工、橡胶制品翻新	全部	/	II 类	
116. 塑料制品制造	人造革、发泡胶等涉及有毒原材料的；有电镀工艺的	其他	II 类	IV 类
117. 工艺品制造	有电镀工艺的	有喷漆工艺和机加工的	III 类	IV 类
118. 皮革、毛皮、羽毛（绒）制品	制革、毛皮鞣制	其他	皮革 I 类，其余 III 类	IV 类
O 纺织化纤				
119. 化学纤维制造	除单纯纺丝外的	单纯纺丝	II 类	/

行业类别	环评类别		地下水环境影响评价项目类别	
	报告书	报告表	报告书	报告表
120. 纺织品制造	有洗毛、染整、脱胶工段的；产生缫丝废水、精炼废水的	其他（编织物及其制品制造除外）	I 类	III 类
121. 服装制造	有湿法印花、染色、水洗工艺的	年加工100万件及以上	III 类	IV 类
122. 鞋业制造	/	使用有机溶剂的		IV 类
P 公路				
123. 公路	新建、扩建三级及以上等级公路；涉及环境敏感区的 1 km 及以上的独立隧道；涉及环境敏感区的主桥长度 1 km 及以上的独立桥梁（均不含公路维护）	其他（配套设施、公路维护除外）	加油站 II 类，其余 IV 类	IV 类
Q 铁路				
124. 新建铁路	全部	/	机务段 III 类，其余 IV 类	
125. 改建铁路	200 km 及以上的电气化改造；增建 100 km 及以上的铁路；涉及环境敏感区的	其他	机务段 III 类，其余 IV 类	IV 类
126. 枢纽	大型枢纽	其他	涉及维修 III 类，其余 IV 类	IV 类
R 民航机场				
127. 机场	新建；迁建；涉及环境敏感区的飞行区扩建	其他	地下油库 I 类，地上油库 II 类，其余 IV 类	IV 类
128. 导航台站、供油工程、维修保障等配套工程	/	供油工程；涉及环境敏感区的		供油工程 II 类，其余 IV 类
S 水运				
129. 油气、液体化工码头	全部	/	II 类	
130. 干散货（含煤炭、矿石）、件杂、多用途、通用码头	单个泊位 1 000 吨级及以上的内河港口；单个泊位 1 万吨级及以上的沿海港口；涉及环境敏感区的	其他	II 类	IV 类

行业类别	环评类别		地下水环境影响评价项目类别	
	报告书	报告表	报告书	报告表
131. 集装箱专用码头	单个泊位 3 000 吨级及以上的内河港口；单个泊位 3 万吨级及以上的海港；涉及危险品、化学品的；涉及环境敏感区的	其他	涉及危险品、化学品、环境敏感区的为 II 类，其余 IV 类	IV 类
132. 滚装、客运、工作船、游艇码头	涉及环境敏感区的	其他	IV 类	IV 类
133. 铁路轮渡码头	涉及环境敏感区的	其他	IV 类	IV 类
134. 航道工程、水运辅助工程	航道工程；涉及环境敏感区的防波堤、船闸、通航建筑物	其他	IV 类	IV 类
135. 航电枢纽工程	全部	/	IV 类	
136. 中心渔港码头	涉及环境敏感区的	其他	IV 类	IV 类
T 城市交通设施				
137. 轨道交通	全部	/	机务段 III 类，其余 IV 类	/
138. 城市道路	新建、扩建快速路及主干路；涉及环境敏感区的新建、扩建次干路	其他快速路、主干路、次干路；支路	加油站 III 类，其余 IV 类	IV 类
139. 城市桥梁、隧道	1 km 及以上的独立隧道或独立桥梁；立交桥	其他（人行天桥和人行地道除外）	IV 类	IV 类
U 城镇基础设施及房地产				
140. 煤气生产和供应工程	煤气生产	煤气供应	IV 类	IV 类
141. 城市天然气供应工程	/	全部	IV 类	IV 类
142. 热力生产和供应工程	燃煤、燃油锅炉总容量 65 吨/小时（不含）以上	其他	IV 类	IV 类
143. 自来水生产和供应工程	/	全部	IV 类	IV 类
144. 生活污水集中处理	日处理 10 万吨及以上	其他	II 类	III 类
145. 工业废水集中处理	全部	/	I 类	

行业类别	环评类别		地下水环境影响评价项目类别	
	报告书	报告表	报告书	报告表
146. 海水淡化、其他水处理和利用	/	全部		IV 类
147. 管网建设	/	全部		IV 类
148. 生活垃圾转运站	/	全部		IV 类
149. 生活垃圾（含餐厨废弃物）集中处置	全部	/	生活垃圾填埋处置项目 I 类，其余 II 类	
150. 粪便处置工程	/	日处理 50 吨及以上		IV 类
151. 危险废物（含医疗废物）集中处置及综合利用	全部	/	I 类	
152. 工业固体废物（含污泥）集中处置	全部	/	一类固废 III 类，二类固废 II 类	
153. 污染场地治理修复工程	全部	/	III 类	
154. 仓储（不含油库、气库、煤炭储存）	有毒、有害及危险品的仓储、物流配送项目	其他	有毒、有害及危险品的仓储 I 类，其余 III 类	III 类
155. 废旧资源（含生物质）加工、再生利用	废电子电器产品、废电池、废汽车、废电机、废五金、废塑料、废油、废船、废轮胎等加工、再生利用	其他	危废 I 类，其余 III 类	IV 类
156. 房地产开发、宾馆、酒店、办公用房等	/	建筑面积 5 万平方米及以上；涉及环境敏感区的		IV 类
V 社会事业与服务业				
157. 学校、幼儿园、托儿所	/	建筑面积 5 万平方米及以上；有实验室的学校（不含 P3、P4 生物安全实验室）		IV 类
158. 医院	新建、扩建	其他	三甲为 III 类，其余 IV 类	IV 类

行业类别	环评类别		地下水环境影响评价项目类别	
	报告书	报告表	报告书	报告表
159. 专科防治院（所、站）	涉及环境敏感区的	其他	传染性疾病的专科Ⅲ类，其余Ⅳ类	Ⅳ类
160. 疾病预防控制中心	涉及环境敏感区的	其他		Ⅳ类
161. 社区医疗、卫生院（所、站）、血站、急救中心等其他卫生机构	/	全部		Ⅳ类
162. 疗养院、福利院、养老院	/	建筑面积5万平方米及以上	Ⅳ类	Ⅳ类
163. 专业实验室	P3、P4生物安全实验室；转基因实验室	其他	Ⅲ类	Ⅳ类
164. 研发基地	含医药、化工类等专业中试内容的	其他	Ⅲ类	Ⅳ类
165. 动物医院	/	全部		Ⅳ类
166. 体育场、体育馆	/	占地面积2.2万平方米及以上		Ⅳ类
167. 高尔夫球场、滑雪场、狩猎场、赛车场、跑马场、射击场、水上运动中心	高尔夫球场	其他	高尔夫球场为Ⅱ类，其余Ⅳ类	Ⅳ类
168. 展览馆、博物馆、美术馆、影剧院、音乐厅、文化馆、图书馆、档案馆、纪念馆	/	占地面积3万平方米及以上		Ⅳ类
169. 公园（含动物园、植物园、主题公园）	占地40万平方米及以上	其他	Ⅳ类	Ⅳ类
170. 旅游开发	缆车、索道建设；海上娱乐及运动、景观开发工程	其他	Ⅳ类	Ⅳ类
171. 影视基地建设	涉及环境敏感区的	其他	Ⅳ类	Ⅳ类
172. 影视拍摄、大型实景演出	/	涉及环境敏感区的		Ⅳ类
173. 胶片洗印厂	/	全部		Ⅲ类
174. 批发、零售市场	/	营业面积5 000平方米及以上		Ⅳ类

行业类别	环评类别		地下水环境影响评价项目类别	
	报告书	报告表	报告书	报告表
175. 餐饮场所	/	涉及环境敏感区的6个基准灶头及以上		IV类
176. 娱乐场所	/	营业面积1 000平方米及以上		IV类
177. 洗浴场所	/	营业面积1 000平方米及以上		IV类
178. II类社区服务项目	/	/		
179. 驾驶员训练基地	/	全部		IV类
180. 公交枢纽、大型停车场	/	车位2 000个及以上；涉及环境敏感区的		IV类
181. 长途客运站	/	新建		IV类
182. 加油、加气站	/	全部		加油站II类，加气站IV类
183. 洗车场	/	营业面积1 000平方米及以上；涉及环境敏感区的		III类
184. 汽车、摩托车维修场所	/	营业面积5 000平方米及以上；涉及环境敏感区的		III类
185. 殡仪馆	涉及环境敏感区的	其他	IV类	IV类
186. 陵园、公墓	/	涉及环境敏感区的		IV类

注：本表未提及的行业，或《建设项目环境影响评价分类管理名录》修订后较本行业类别发生变化的行业，应根据对地下水环境影响程度，参照相近行业分类，对地下水环境影响评价项目类别进行分类。

三、评价基本任务

地下水环境影响评价应按划分的评价等级开展相应评价工作，基本任务包括：识别地下水环境影响，确定地下水环境影响评价等级；开展地下水环境现状调查，完成地下水环境现状监测与评价；预测和评价建设项目对地下水水质可能造成的影响，提出有针对性的地下水污染防控措施与对策，制定地下水环境影响跟踪监测计划和应急预案。

四、评价工作程序

地下水环境影响评价工作可划分为准备阶段、现状调查与评价阶段、影响预测与评价阶段和结论阶段，具体工作程序见图6.1。

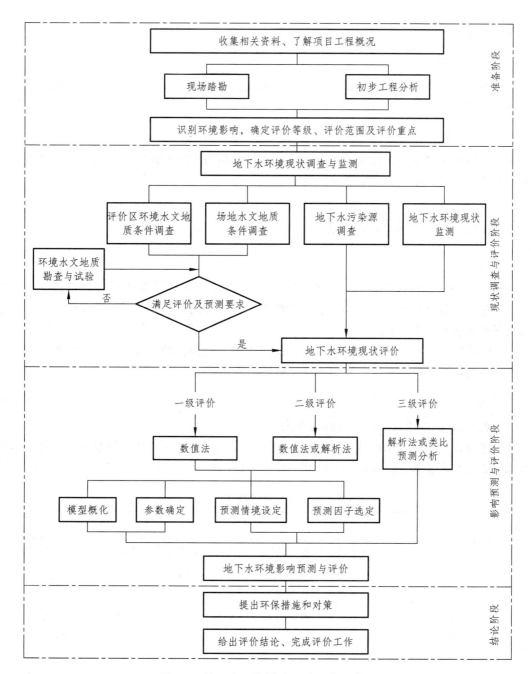

图 6.1 地下水环境影响评价工作程序图

1. 准备阶段

搜集和分析有关国家和地方地下水环境保护的法律、法规、政策、标准及相关规划等资料；了解建设项目工程概况，进行初步工程分析，识别建设项目对地下水环境可能产生的直接影响；开展现场踏勘工作，识别地下水环境敏感程度；确定评价等级、评价范围、评价重点。

2. 现状调查与评价阶段

开展现场调查、勘探、地下水监测、取样、分析、室内外实验和室内资料分析等工作，进行现状评价。

3. 影响预测与评价阶段

进行地下水环境影响预测，依据国家、地方有关地下水环境的法律法规，评价建设项目对地下水环境的直接影响。

4. 结论阶段

综合分析各阶段成果，提出地下水环境保护措施与污染防控措施，制订地下水环境影响跟踪监测计划，完成地下水环境影响评价。

五、地下水环境影响识别

1. 基本要求

地下水环境影响的识别应在完成初步工程分析和地下水环境保护目标确定的基础上进行，根据建设项目建设期、运营期和服务期满后三个阶段的工程特征，识别正常状况和非正常状况下的地下水环境影响。

对于随着生产运行时间推移对地下水环境影响有可能加剧的建设项目，还应按运营期的变化特征分为初期、中期和后期分别进行环境影响识别。

2. 识别方法

根据表6.2，识别建设项目所属的行业类别。

根据建设项目的地下水环境敏感特征，识别建设项目的地下水环境敏感程度。地下水环境敏感程度可分为敏感、较敏感、不敏感三级，分级原则见表6.3。

表6.3　地下水环境敏感程度分级表

敏感程度	地下水环境敏感特征
敏　感	集中式饮用水水源（包括已建成的在用、备用、应急水源，在建和规划的饮用水水源）准保护区；除集中式饮用水水源以外的国家或地方政府设定的与地下水环境相关的其他保护区，如热水、矿泉水、温泉等特殊地下水资源保护区
较敏感	集中式饮用水水源（包括已建成的在用、备用、应急水源，在建和规划的饮用水水源）准保护区以外的补给径流区；未划定准保护区的集中水式饮用水水源，其保护区以外的补给径流区；分散式饮用水水源地；特殊地下水资源（如矿泉水、温泉等）保护区以外的分布区等其他未列入上述敏感分级的环境敏感区[a]
不敏感	上述地区之外的其他地区
注：[a]"环境敏感区"是指《建设项目环境影响评价分类管理名录》中所界定的涉及地下水的环境敏感区	

3. 识别内容

识别可能造成地下水污染的装置和设施及建设项目在建设期、运营期和服务期满后可能的地下水污染途径。

识别建设项目可能导致地下水污染的特征因子。特征因子应根据建设项目污废水成分（可参照《环境影响评价技术导则　地表水环境》（HJ/T 2.3—2018））、液体物料成分、固废浸出液成分等确定。

六、地下水环境影响评价分级

（一）划分原则

评价等级的划分应依据建设项目行业分类和地下水环境敏感程度分级进行判定，可划分为一级、二级和三级。

（二）评价等级划分

1. 划分依据

（1）根据表6.2确定建设项目所属的地下水环境影响评价项目类别。

（2）根据表6.3确定建设项目的地下水环境敏感程度。

2. 建设项目评价等级

建设项目地下水环境影响评价等级划分见表6.4。

表6.4　评价等级分级表

环境敏感程度	项目类别		
	Ⅰ类项目	Ⅱ类项目	Ⅲ类项目
敏　感	一	一	二
较敏感	一	二	三
不敏感	二	三	三

对于利用废弃盐岩矿井洞穴或人工专制盐岩洞穴、废弃矿井巷道加水幕系统、人工硬岩洞库加水幕系统、地质条件较好的含水层储油、枯竭的油气层储油等形式的地下储油库，危险废物填埋场应进行一级评价。

当同一建设项目涉及两个或两个以上场地时，各场地应分别判定评价等级，并按相应等级开展评价工作。

线性工程根据所涉地下水环境敏感程度和主要站场位置（如输油站、泵站、加油站、机务段、服务站等）进行分段判定评价等级，并按相应等级分别开展评价工作。

七、地下水环境影响评价技术要求

1. 原则性要求

地下水环境影响评价应充分利用已有资料和数据，当已有资料和数据不能满足评价要求时，应开展相应评价等级要求的补充调查，必要时进行勘察试验。

2. 一级评价要求

（1）详细掌握调查评价区的环境水文地质条件，主要包括含（隔）水层结构及分布特征、地下水补径排条件、地下水流场、地下水动态变化特征、各含水层之间以及地表水与地下水之间的水力联系等，详细掌握调查评价区内地下水开发利用现状与规划。

（2）开展地下水环境现状监测，详细掌握调查评价区地下水环境质量现状和地下水动态监测信息，进行地下水环境现状评价。

（3）基本查清场地环境水文地质条件，有针对性地开展现场勘察试验，确定场地包气带特征及其防污性能。

（4）采用数值法进行地下水环境影响预测，对于不宜概化为等效多孔介质的地区，可根据其自身特点选择适宜的预测方法。

（5）预测评价应结合相应环境保护措施，针对可能的污染情景，预测污染物运移趋势，评价建设项目对地下水环境质量和环境保护目标的影响。

（6）根据预测评价结果和场地包气带特征及其防污性能，提出切实可行的地下水环境保护措施与地下水环境影响跟踪监测计划，制定应急预案。

3. 二级评价要求

（1）基本掌握调查评价区的环境水文地质条件，主要包括含（隔）水层结构及其分布特征、地下水补径排条件、地下水流场等。了解调查评价区内地下水开发利用现状与规划。

（2）开展地下水环境现状监测，基本掌握调查评价区地下水环境质量现状，进行地下水环境现状评价。

（3）根据场地环境水文地质条件的掌握情况，有针对性地补充必要的现场勘察试验。

（4）根据建设项目特征、水文地质条件及资料掌握情况，选择采用数值法或解析法进行地下水环境影响预测，预测污染物运移趋势和对地下水环境保护目标的影响。

（5）提出切实可行的环境保护措施与地下水环境影响跟踪监测计划。

4. 三级评价要求

（1）了解调查评价区和场地的环境水文地质条件。

（2）基本掌握调查评价区的地下水补径排条件和地下水环境质量现状。

（3）采用解析法或类比分析法进行地下水环境影响分析与评价。

（4）提出切实可行的环境保护措施与地下水环境影响跟踪监测计划。

5. 其他技术要求

（1）一级评价要求场地环境水文地质资料的调查精度应不低于1：10 000 比例尺，调查评价区的环境水文地质资料的调查精度应不低于1：50 000 比例尺。

（2）二级评价要求环境水文地质资料的调查精度能够清晰地反映建设项目与环境敏感区、地下水环境保护目标的位置关系，并根据建设项目特点和水文地质条件复杂程度确定调查精度，建议一般不低于1：50 000 比例尺。

第三节　地下水环境现状调查与评价

一、调查与评价原则

（1）地下水环境现状调查与评价工作应遵循资料搜集与现场调查相结合、项目所在场地调查（勘察）与类比考察相结合、现状监测与长期动态资料分析相结合的原则。

（2）地下水环境现状调查与评价工作的深度应满足相应的评价等级要求。当现有资料不能满足要求时，应通过组织现场监测或环境水文地质勘察与试验等方法获取。

（3）对于一、二级评价的改、扩建类建设项目，应开展现有场地的包气带污染现状调查。

（4）对于长输油品、化学品管线等线性工程，调查评价工作应重点针对场站、服务站等可能对地下水产生污染的地区开展。

二、调查评价范围

（一）基本要求

地下水环境现状调查评价范围应包括与建设项目相关的地下水环境保护目标，以能说明地下水环境的现状，反映调查评价区地下水基本流场特征，满足地下水环境影响预测和评价为基本原则。

污染场地修复工程项目的地下水环境影响现状调查参照《场地环境调查技术导则》（HJ 25.1—2014）执行。

（二）调查评价范围确定

建设项目（除线性工程外）地下水环境影响现状调查评价范围可采用公式计算法、查表法和自定义法确定。

当建设项目所在地水文地质条件相对简单，且所掌握的资料能够满足公式计算法的要求时，应采用公式计算法确定，具体参照《饮用水水源保护区划分技术规范》（HJ/T 338—2007）；当不满足公式计算法的要求时，可采用查表法确定。当计算或查表范围超出所处水文地质单元边界时，应以所处水文地质单元边界为宜。

1. 公式计算法

$$L = \alpha \times K \times I \times T / n_e \qquad (6.13)$$

式中　L——下游迁移距离，m；

　　　α——变化系数，$\alpha \geqslant 1$，一般取 2；

　　　K——渗透系数，m/d，常见渗透系数见表 6.5；

　　　I——水力坡度，无量纲；

T——质点迁移天数，取值不小于 5 000 d；

n_e——有效孔隙度，无量纲。

表 6.5　渗透系数经验值表

岩性条件	主要颗粒粒径/mm	渗透系数/（m/d）	渗透系数/（cm/s）
轻亚黏土		0.05~0.1	$5.79 \times 10^{-5} \sim 1.16 \times 10^{-4}$
亚黏土		0.1~0.25	$1.16 \times 10^{-4} \sim 2.89 \times 10^{-4}$
黄土		0.25~0.5	$2.89 \times 10^{-4} \sim 5.79 \times 10^{-4}$
粉土质砂		0.5~1.0	$5.79 \times 10^{-4} \sim 1.16 \times 10^{-3}$
粉砂	0.05~0.1	1.0~1.5	$1.16 \times 10^{-3} \sim 1.74 \times 10^{-3}$
细砂	0.1~0.25	5.0~10	$5.79 \times 10^{-3} \sim 1.16 \times 10^{-2}$
中砂	0.25~0.5	10.0~25	$1.16 \times 10^{-2} \sim 2.89 \times 10^{-2}$
粗砂	0.5~1.0	25~50	$2.89 \times 10^{-2} \sim 5.78 \times 10^{-2}$
砾砂	1.0~2.0	50~100	$5.78 \times 10^{-2} \sim 1.16 \times 10^{-1}$
圆砾		75~150	$8.68 \times 10^{-2} \sim 1.74 \times 10^{-1}$
卵石		100~200	$1.16 \times 10^{-1} \sim 2.31 \times 10^{-1}$
块石		200~500	$2.31 \times 10^{-1} \sim 5.79 \times 10^{-1}$
漂石		500~1000	$5.79 \times 10^{-1} \sim 1.16$

采用该方法时应包含重要的地下水环境保护目标，所得的调查评价范围如图 6.2 所示。

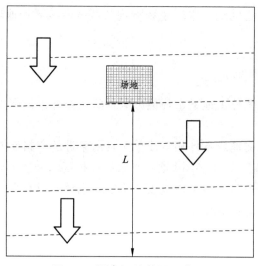

图 6.2　调查评价范围示意图

注：虚线表示等水位线；空心箭头表示地下水流向；场地上游距离根据评价需求确定，场地两侧不小于 $L/2$。

2. 查表法。

查表法具体参照表 6.6。

表 6.6　地下水环境现状调查评价范围参照表

评价等级	调查评价面积/km²	备　注
一级	≥20	应包括重要的地下水环境保护目标，必要时适当扩大范围
二级	6~20	
三级	≤6	

3. 自定义法

可根据建设项目所在地水文地质条件自行确定，需说明理由。

线性工程应以工程边界两侧向外延伸 200 m 作为调查评价范围；穿越饮用水源准保护区时，调查评价范围应至少包含水源保护区；线性工程站场的调查评价范围确定参照基本要求执行。

三、调查内容与要求

（一）水文地质条件调查

在充分收集资料的基础上，根据建设项目特点和水文地质条件复杂程度，开展调查工作，主要内容包括：

（1）气象、水文、土壤和植被状况。

（2）地层岩性、地质构造、地貌特征与矿产资源。

（3）包气带岩性、结构、厚度、分布及垂向渗透系数等。

（4）含水层岩性、分布、结构、厚度、埋藏条件、渗透性、富水程度等；隔水层（弱透水层）的岩性、厚度、渗透性等。

（5）地下水类型、地下水补径排条件。

（6）地下水水位、水质、水温、地下水化学类型。

（7）泉的成因类型、出露位置、形成条件及泉水流量、水质、水温以及开发利用情况。

（8）集中供水水源地和水源井的分布情况（包括开采层的成井密度、水井结构、深度以及开采历史）。

（9）地下水现状监测井的深度、结构以及成井历史、使用功能。

（10）地下水环境现状值（或地下水污染对照值）。

场地范围内应重点调查包气带岩性、结构、厚度、分布及垂向渗透系数等。

（二）地下水污染源调查

（1）调查评价区内具有与建设项目产生或排放同种特征因子的地下水污染源。

（2）对于一级、二级的改、扩建项目，应在可能造成地下水污染的主要装置或设施附近开展包气带污染现状调查，对包气带进行分层取样，一般在 0~20 cm 埋深范围内取一个样品，其他取样深度应根据污染源特征和包气带岩性、结构特征等确定，并说明理由，样品进行浸溶试验，测试分析浸溶液成分。

（三）地下水环境现状监测

1. 建设项目地下水环境现状监测

建设项目地下水环境现状监测应通过对地下水水质、水位的监测，掌握或了解调查评价区地下水水质现状及地下水流场，为地下水环境现状评价提供基础资料。

2. 污染场地修复工程项目

污染场地修复工程项目的地下水环境现状监测参照《场地环境监测技术导则》（HJ 25.2—2014）执行。

3. 现状监测点的布设原则

（1）地下水环境现状监测点采用控制性布点与功能性布点相结合的布设原则。监测点应主要布设在建设项目场地、周围环境敏感点、地下水污染源以及对于确定边界条件有控制意义的地点。当现有监测点不能满足监测位置和监测深度要求时，应布设新的地下水现状监测井，现状监测井的布设应兼顾地下水环境影响跟踪监测计划。

（2）监测层位应包括潜水含水层、可能受建设项目影响且具有饮用水开发利用价值的含水层。

（3）一般情况下，地下水水位监测点数宜大于相应评价级别地下水水质监测点数的 2 倍。

（4）地下水水质监测点布设的具体要求：

① 监测点布设应尽可能靠近建设项目场地或主体工程，监测点数应根据评价等级和水文地质条件确定。

② 一级评价项目潜水含水层的水质监测点应不少于 7 个，可能受建设项目影响且具有饮用水开发利用价值的含水层 3~5 个。原则上建设项目场地上游和两侧的地下水水质监测点均不得少于 1 个，建设项目场地及其下游影响区的地下水水质监测点不得少于 3 个。

③ 二级评价项目潜水含水层的水质监测点应不少于 5 个，可能受建设项目影响且具有饮用水开发利用价值的含水层 2~4 个。原则上建设项目场地上游和两侧的地下水水质监测点均不得少于 1 个，建设项目场地及其下游影响区的地下水水质监测点不得少于 2 个。

④ 三级评价项目潜水含水层水质监测点应不少于 3 个，可能受建设项目影响且具有饮用水开发利用价值的含水层 1~2 个。原则上建设项目场地上游及下游影响区的地下水水质监测点各不少于 1 个。

（5）管道型岩溶区等水文地质条件复杂的地区，地下水现状监测点应视情况确定，并说明布设理由。

（6）在包气带厚度超过 100 m 的调查评价区或监测井较难布置的基岩山区，地下水水质监测点数无法满足（4）要求时，可视情况调整数量，并说明调整理由。一般情况下，该类地区一级、二级评价项目至少设置 3 个监测点，三级评价项目根据需要设置一定数量的监测点。

4. 地下水水质现状监测取样要求

（1）地下水水质取样应根据特征因子在地下水中的迁移特性选取适当的取样方法。

（2）一般情况下，只取一个水质样品，取样点深度宜在地下水位以下 1.0 m 左右。

（3）建设项目为改、扩建项目，且特征排放因子为 DNAPLs（重质非水相液体）时，应至少在含水层底部取一个样品。

5. 地下水水质现状监测因子

（1）检测分析地下水环境中 $K^+ + Na^+$、Ca^{2+}、Mg^{2+}、CO_3^{2-}、HCO_3^-、Cl^-、SO_4^{2-} 的浓度。

（2）地下水水质现状监测因子原则上应包括两类：一类是基本水质因子，另一类为特征水质因子。

① 基本水质因子以 pH、氨氮、硝酸盐、亚硝酸盐、挥发性酚类、氰化物、砷、汞、铬（六价）、总硬度、铅、氟、镉、铁、锰、溶解性总固体、高锰酸盐指数、硫酸盐、氯化物、总大肠菌群、细菌总数等及背景值超标的水质因子为基础，可根据区域地下水类型、污染源状况适当调整。

② 特征水质因子应根据建设项目污废水成分、液体物料成分、固废浸出液成分的识别结果确定，可根据区域地下水化学类型、污染源状况适当调整。

6. 地下水环境现状监测频率要求

（1）水位监测频率要求。

① 评价等级为一级的建设项目，若掌握近 3 年内至少一个连续水文年的丰、枯、平水期地下水位动态监测资料，评价期内至少开展一期地下水水位监测；若无上述资料，依据表 6.6 开展水位监测。

② 评价等级为二级的建设项目，若掌握近 3 年内至少一个连续水文年的丰、枯水期地下水位动态监测资料，评价期可不再开展现状地下水位监测；若无上述资料，依据表 6.6 开展水位监测。

③ 评价等级为三级的建设项目，若掌握近 3 年内至少一期的监测资料，评价期内可不再进行现状水位监测；若无上述资料，依据表 6.7 开展水位监测。

表 6.7 地下水环境现状监测频率参照表

分 布 区	水位监测频率			水质监测频率		
	评 价 等 级			评 价 等 级		
	一级	二级	三级	一级	二级	三级
山前冲（洪）积	丰枯平	丰枯	一期	丰枯	枯	一期
滨海（含填海区）	二期[a]	一期	一期	一期	一期	一期
其他平原区	丰枯	一期	一期	枯	一期	一期
黄土地区	丰枯平	一期	一期	二期	一期	一期
沙漠地区	丰枯	一期	一期	一期	一期	一期
丘陵山区	丰枯	一期	一期	一期	一期	一期
岩溶裂隙	丰枯	一期	一期	丰枯	一期	一期
岩溶管道	二期	一期	一期	二期	一期	一期
[a] "二期"的间隔有明显水位变化，其变化幅度接近年内变幅						

（2）基本水质因子的水质监测频率应参照表 6.6，若掌握近 3 年至少一期水质监测数据，基本水质因子可在评价期补充开展一期现状监测；特征因子在评价期内需至少开展一期现状值监测。

（3）在包气带厚度超过 100 m 的调查评价区或监测井较难布置的基岩山区，若掌握近 3

年内至少一期的监测资料，评价期内可不进行现状水位、水质监测；若无上述资料，至少开展一期现状水位、水质监测。

7. 地下水样品采集与现场测定

（1）地下水样品应采用自动式采样泵或人工活塞闭合式与敞口式定深采样器进行采集。

（2）样品采集前，应先测量井孔地下水水位（或地下水位埋深）并做好记录，然后采用潜水泵或离心泵对采样井（孔）进行全井孔清洗，抽汲的水量不得小于3倍的井筒水（量）体积。

（3）地下水水质样品的管理、分析化验和质量控制按照《地下水环境监测技术规范》（HJ/T 164—2004）执行。pH、Eh、DO、水温等不稳定项目应在现场测定。

（四）环境水文地质勘察与试验

（1）环境水文地质勘察与试验是在充分收集已有资料和地下水环境现状调查的基础上，针对需要进一步查明的地下水含水层特征和为获取预测评价中必要的水文地质参数而进行的工作。

（2）除一级评价应进行必要的环境水文地质勘察与试验外，对环境水文地质条件复杂且资料缺少的地区，二级、三级评价也应在区域水文地质调查的基础上对场地进行必要的水文地质勘察。

（3）环境水文地质勘察可采用钻探、物探和水土化学分析以及室内外测试、试验等方法开展，具体参见相关标准与规范。

（4）环境水文地质试验项目通常有抽水试验、注水试验、渗水试验、浸溶试验及土柱淋滤试验等，在评价工作过程中可根据评价等级和资料掌握情况选用。有关试验原则与方法如下：

① 抽水试验：目的是确定含水层的导水系数、渗透系数、给水度、影响半径等水文地质参数，也可以通过抽水试验查明某些水文地质条件，如地表水与地下水之间及含水层之间的水力联系，以及边界性质和强径流带位置等。

根据要解决的问题，可以进行不同规模和方式的抽水试验。单孔抽水试验只用一个井抽水，不另设置观测孔，取得的资料精度较差；多孔抽水试验用一个主孔抽水，同时配置若干个监测水位变化的观测孔，以取得比较准确的水文地质参数；群井开采试验在某一范围内用大量生产井同时长期抽水，以查明群井采水量与区域水位下降的关系，求得可靠的水文地质参数。

为确定水文地质参数而进行的抽水试验，有稳定流抽水和非稳定流抽水两类。前者要求试验结束以前抽水流量及抽水影响范围内的地下水位达到稳定不变。后者则只要求抽水流量保持定值而水位不一定达到稳定，或保持一定的水位降深而允许流量变化。具体的试验方法可参见《供水水文地质勘察规范》（GB 50027—2016）。

② 注水试验：目的与抽水试验相同。当钻孔中地下水位埋藏很深或试验层透水不含水时，可用注水试验代替抽水试验，近似地测定该岩层的渗透系数。在研究地下水人工补给或废水地下处置时，常需进行钻孔注水试验。注水试验时可向井内定流量注水，抬高井中水位，待水位稳定并延续一定时间后，可停止注水，观测恢复水位。

由于注水试验常常是在不具备抽水试验条件下进行的，故注水井在钻井结束后，一般都难以进行洗井（孔内无水或未准备洗井设备）。因此，用注水试验方法求得的岩层渗透系数往往比抽水试验求得的值小得多。

③ 渗水试验：目的是测定包气带渗透性能及防污性能。渗水试验是一种在野外现场测定包气带土层垂向渗透系数的简易方法，在研究大气降水、灌溉水、渠水等对地下水的补给时，常需要进行此种试验。

试验时在试验层中开挖一个截面积约 0.3~0.5 m² 的方形或圆形试坑，不断将水注入坑中，并使坑底的水层保持一定厚度（一般为 10 cm 厚），当单位时间注入水量（即包气带岩层的渗透流量）保持稳定时，可根据达西渗透定律计算出包气带土层的渗透系数。

④ 浸溶试验：目的是为了查明固体废弃物受雨水淋滤或在水中浸泡时，其中的有害成分转移到水中，对水体环境直接形成的污染或通过地层渗漏对地下水造成的间接影响。

有关固体废弃物的采样、处理和分析方法，可参照执行关于固体废弃物的国家环境保护标准或技术文件。

⑤ 土柱淋滤试验：目的是模拟污水的渗入过程，研究污染物在包气带中的吸附、转化、自净机制，确定包气带的防护能力，为评价污水渗漏对地下水水质的影响提供依据。

试验土柱应在评价场地有代表性的包气带地层中采取。通过滤出水水质的测试，分析淋滤试验过程中污染物的迁移、累积等引起地下水水质变化的环境化学效应的机理。

试剂的选取或配制，宜采取所评价工程排放的污水做试剂。对于取不到污水的拟建项目，可取生产工艺相同的同类工程污水替代，也可按设计提供的污水成分和浓度配制试剂。如果试验目的是为了确定污水排放控制要求，需要配制几种浓度的试剂分别进行试验。

（5）进行环境水文地质勘察时，除采用常规方法外，还可采用其他辅助方法配合勘察。

四、地下水环境现状评价

1. 地下水水质现状评价

（1）《地下水质量标准》（GB/T 14848—2017）和有关法律法规及当地的环境保护要求是地下水环境现状评价的基本依据。对属于《地下水质量标准》（GB/T 14848—2017）水质指标的评价因子，应按其规定的水质分类标准值进行评价；对于不属于《地下水质量标准》（GB/T 14848—2017）水质指标的评价因子，可参照国家（行业、地方）相关标准，如《地表水环境质量标准》（GB 3838—2002）、《生活饮用水卫生标准》（GB 5749—2006）、《地下水水质标准》（DZ/T 0290—2015）等进行评价。现状监测结果应进行统计分析，给出最大值、最小值、均值、标准差、检出率和超标率等。

（2）地下水水质现状评价应采用标准指数法。标准指数>1，表明该水质因子已超标，标准指数越大，超标越严重。标准指数计算公式分为以下两种情况：

① 对于评价标准为定值的水质因子，其标准指数计算方法见公式（6.14）。

$$P_i = \frac{C_i}{C_{si}} \tag{6.14}$$

式中 P_i——第 i 个水质因子的标准指数，无量纲；

C_i——第 i 个水质因子的监测浓度值，mg/L；

C_{si}——第 i 个水质因子的标准浓度值，mg/L。

② 对于评价标准为区间值的水质因子（如 pH），其标准指数计算方法如下：

$$P_{\mathrm{pH}} = \frac{7.0 - \mathrm{pH}}{7.0 - \mathrm{pH}_{sd}} \qquad （\mathrm{pH} \leqslant 7 \text{时}） \qquad （6.15）$$

$$P_{\mathrm{pH}} = \frac{\mathrm{pH} - 7.0}{\mathrm{pH}_{su} - 7.0} \qquad （\mathrm{pH} > 7 \text{时}） \qquad （6.16）$$

式中　P_{pH}——pH 的标准指数，无量纲；

　　　pH——pH 的监测值；

　　　pH_{su}——标准中 pH 的上限值；

　　　pH_{sd}——标准中 pH 的下限值。

2. 包气带环境现状分析

对于污染物场地修复工程项目和评价等级为一级、二级的改、扩建项目，应开展包气带污染现状调查，分析包气带污染状况。

第四节　地下水环境影响预测与评价

一、预测原则

（1）建设项目地下水环境影响预测应遵循《建设项目环境影响评价技术导则　总纲》（HJ 2.1—2016）中确定的原则。考虑到地下水环境污染的复杂性、隐蔽性和难恢复性，还应遵循保护优先、预防为主的原则，预测应为评价各方案的环境安全和环境保护措施的合理性提供依据。

（2）预测的范围、时段、内容和方法均应根据评价等级、工程特征与环境特征，结合当地环境功能和环境保护要求确定，应预测建设项目对地下水水质产生的直接影响，重点预测对地下水环境保护目标的影响。

（3）在结合地下水污染防控措施的基础上，对工程设计方案或可行性研究报告推荐的选址（选线）方案可能引起的地下水环境影响进行预测。

二、预测范围

（1）地下水环境影响预测范围一般与调查评价范围一致。

（2）预测层位应以潜水含水层或污染物直接进入的含水层为主，兼顾与其水力联系密切且具有饮用水开发利用价值的含水层。

（3）当建设项目场地天然包气带垂向渗透系数小于 1×10^{-6} cm/s 或厚度超过 100 m 时，预测范围应扩展至包气带。

三、预测时段

地下水环境影响预测时段应选取可能产生地下水污染的关键时段，至少包括污染发生后

100 d、1 000 d，服务年限或能反映特征因子迁移规律的其他重要的时间节点。

四、情景设置

（1）一般情况下，建设项目须对正常状况和非正常状况的情景分别进行预测。

（2）已依据《生活垃圾填埋场污染控制标准》（GB 16889—2008）、《危险废物贮存污染控制标准》（GB 18597—2001）、《危险废物填埋污染控制标准》（GB 18598—2001）、《一般工业固体废物贮存、处置场污染控制标准》（GB 18599—2001）、《石油化工工程防渗工程技术规范》（GB/T 50934—2013）设计地下水污染防渗措施的建设项目，可不进行正常状况的预测。

五、预测因子

地下水环境影响预测因子应包括：

（1）根据建设项目污废水成分、液体物料成分、固废浸出液成分等识别出的特征因子，按照重金属、持久性有机污染物和其他类别进行分类，并对每一类别中的各项因子采用标准指数法进行排序，分别取标准指数最大的因子作为预测因子。

（2）现有工程已经产生的且改、扩建后将继续产生的特征因子，改、扩建后新增加的特征因子。

（3）污染场地已查明的主要污染物。

（4）国家或地方要求控制的污染物。

六、预测源强

地下水环境影响预测源强的确定应充分结合工程分析。

（1）正常状况下，预测源强应结合建设项目工程分析和相关设计规范确定，如《给水排水构筑物工程施工及验收规范》（GB 50141—2008）、《给水排水管道工程施工及验收规范》（GB 50268—2008）等。

（2）非正常状况下，预测源强可根据工艺设备或地下水环境保护措施因系统老化或腐蚀程度等设定。

七、预测方法

1. 影响预测方法

建设项目地下水环境影响预测方法包括数学模型法和类比分析法，其中，数学模型法包括数值法、溶质运移解析法等方法。

常用的地下水预测数学模型如下：

（1）数值法。数值法可以解决许多复杂水文地质条件和地下水开发利用条件下的地下水资源评价问题，并可以预测各种开采方案条件下地下水位的变化，即预报各种条件下的地下水状态。但不适用于岩溶管道流的模拟评价。

（2）溶质运移解析法。求解复杂的水动力弥散方程的定解通常非常困难，实际中多靠数值方法求解，但可以用溶质运移解析法对照数值法进行检验和比较，并拟合观测资源以求得水动力弥散系数。

2. 预测方法的选取

应根据建设项目工程特征、水文地质条件及资料掌握程度来确定，当数值法不适用时，可用溶质运移解析法或其他方法预测。一般情况下，一级评价应采用数值法，不宜概化为等效多孔介质的地区除外；二级评价中水文地质条件复杂且适宜采用数值法时，建议优先采用数值法；三级评价可采用溶质运移解析法或类比分析法。

（1）采用数值法预测前，应先进行参数识别和模型验证。

（2）采用溶质运移解析法预测污染物在含水层中的扩散时，一般应满足以下条件：

① 污染物的排放对地下水流场没有明显的影响。

② 评价区内含水层的基本参数（如渗透系数、有效孔隙度等）不变或变化很小。

（3）采用类比分析法时，应给出类比条件。类比分析对象与拟预测对象之间应满足以下要求：

① 两者的环境水文地质条件、水动力场条件相似。

② 两者的工程类型、规模及特征因子对地下水环境的影响具有相似性。

（4）地下水环境影响预测过程中，采用非推荐模式进行预测评价时，须明确所采用模式的适用条件，给出模型中各参数的物理意义及参数取值，并尽可能地采取推荐模式进行验证。

八、预测模型概化

1. 水文地质条件概化

根据调查评价区和场地环境水文地质条件，对边界性质、介质特征、水流特征和补径排条件等进行概化。

2. 污染源概化

污染源概化包括排放形式与排放规律的概化。根据污染源的具体情况，排放形式可以概化为点源、线源和面源；排放规律可以简化为连续恒定排放或非连续恒定排放以及瞬时排放。

3. 水文地质参数初始值的确定

预测所需的包气带垂向渗透系数、含水层渗透系数、给水度等参数初始值的获取应以收集评价范围内已有水文地质资料为主，不满足预测要求时需通过现场试验获取。

九、预测内容

（1）给出特征因子不同时段的影响范围、程度和最大迁移距离。

（2）给出预测期内场地边界或地下水环境保护目标处特征因子随时间的变化规律。

（3）当建设项目场地天然包气带垂向渗透系数小于 1×10^{-6} cm/s 或厚度超过 100 m 时，须考虑包气带阻滞作用，预测特征因子在包气带中迁移。

（4）污染场地修复治理工程项目应给出污染物变化趋势或污染控制范围。

十、评价原则

（1）评价应以地下水环境现状调查和地下水环境影响预测结果为依据，对建设项目各实施阶段（建设期、运营期及服务期满后）不同环节及不同污染防控措施下的地下水环境影响进行评价。

（2）地下水环境影响预测未包括环境质量现状值时，应叠加环境质量现状值后再进行评价。

（3）应评价建设项目对地下水水质的直接影响，重点评价建设项目对地下水环境保护目标的影响。

十一、评价范围

地下水环境影响评价范围一般与调查评价范围一致。

十二、评价方法

（1）采用标准指数法对建设项目地下水水质影响进行评价，具体方法同地下水水质现状评价方法。

（2）对属于《地下水质量标准》（GB/T 14848—2017）水质指标的评价因子，应按其规定的水质分类标准值进行评价；对于不属于《地下水质量标准》（GB/T 14848—2017）水质指标的评价因子，可参照国家（行业、地方）相关标准的水质标准值，如《地表水环境质量标准》（GB 3838—2002）、《生活饮用水卫生标准》（GB 5749—2006）、《地下水水质标准》（DZ/T 0290—2016）等进行评价。

十三、评价结论

评价建设项目对地下水水质产生影响时，可采用以下判据评价水质能否满足标准的要求。

1. 以下情况应得出可以满足标准要求的结论

（1）建设项目各个不同阶段，除场界内小范围以外的地区，均能满足《地下水质量标准》（GB/T 14848—2017）或国家（行业、地方）相关标准要求的。

（2）在建设项目实施的某个阶段，有个别评价因子出现较大范围的超标，但采取环境保护措施后，可满足《地下水质量标准》（GB/T 14848—2017）或国家（行业、地方）相关标准要求的。

2. 以下情况应得出不能满足标准要求的结论

（1）新建项目排放的主要污染物，改、扩建项目已经排放的及将要排放的主要污染物在评价范围内地下水中已经超标的。

（2）环境保护措施在技术上不可行，或在经济上明显不合理的。

第五节　地下水环境保护措施与对策

一、基本要求

地下水环境保护措施与对策应符合《中华人民共和国水污染防治法》和《中华人民共和国环境影响评价法》的相关规定，按照"源头控制、分区防控、污染监控、应急响应"，重点突出饮用水水质安全的原则确定。

地下水环境保护对策措施建议应根据建设项目特点、调查评价区和场地环境水文地质条件，在建设项目可行性研究提出的污染防控对策的基础上，根据环境影响预测与评价结果，提出需要增加或完善的地下水环境保护措施和对策。

改、扩建项目应针对现有工程引起的地下水污染问题，提出"以新带老"的对策和措施，有效减轻污染程度或控制污染范围，防止地下水污染加剧。

给出各项地下水环境保护措施与对策的实施效果，列表给出初步估算各措施的投资概算，并分析其技术、经济可行性。

提出合理、可行、操作性强的地下水污染防控环境管理体系，包括地下水环境跟踪监测方案和定期信息公开等。

二、地下水污染防控对策

1. 源头控制措施

主要包括提出各类废物循环利用的具体方案，减少污染物的排放量；提出工艺、设备、污染物储存及处理构筑物应采取的污染控制措施，将污染物跑、冒、滴、漏降到最低限度。

2. 分区防控措施

结合地下水环境影响评价结果，对工程设计或可行性研究报告提出的地下水污染防控方案提出优化调整的建议，给出不同分区的具体防渗技术要求。

一般情况下，应以水平防渗为主，防控措施应满足以下要求：

（1）已颁布污染控制国家标准或防渗技术规范的行业，水平防渗技术要求按照相应标准或规范执行，如《生活垃圾填埋场污染控制标准》（GB 16889—2008）、《危险废物贮存污染控制标准》（GB 18597—2001）、《危险废物填埋污染控制标准》（GB 18598—2001）、《一般工业固体废物贮存、处置场污染控制标准》（GB 18599—2001）、《石油化工工程防渗工程技术规范》（GB/T 50934—2013）等。

（2）未颁布相关标准的行业，根据预测结果和场地包气带特征及其防污性能，提出防渗技术要求；或根据建设项目场地天然包气带防污性能、污染控制难易程度和污染物特性，参照表 6.8 提出防渗技术要求。其中污染控制难易程度分级和天然包气带防污性能分级分别参照表 6.9 和表 6.10 进行相关等级的确定。

表 6.8　地下水污染防渗分区参照表

防渗分区	天然包气带防污性能	污染控制难易程度	污染物类型	防渗技术要求
重点防渗区	弱	难	重金属、持久性有机物污染物	等效黏土防渗层 $Mb \geq 6.0$ m，$K \leq 1 \times 10^{-7}$ cm/s；或参照《危险废物填埋污染控制标准》（GB 18598—2001）执行
	中～强	难		
	弱	易		
一般防渗区	弱	易～难	其他类型	等效黏土防渗层 $Mb \geq 1.5$ m，$K \leq 1 \times 10^{-7}$ cm/s；或参照《生活垃圾填埋场污染控制标准》（GB 16889—2008）执行
	中～强	难		
	中	易	重金属、持久性有机物污染物	
	强	易		
简单防渗区	中～强	易	其他类型	一般地面硬化

表 6.9　污染控制难易程度分级参照表

污染控制难易程度	主要特征
难	对地下水环境有污染的物料或污染物泄漏后，不能及时发现和处理
易	对地下水环境有污染的物料或污染物泄漏后，可及时发现和处理

表 6.10　天然包气带防污性能分级参照表

分　级	包气带岩土的渗透性能
强	岩（土）层单层厚度 $Mb \geq 1.0$ m，渗透系数 $K \leq 1 \times 10^{-6}$ cm/s，且分布连续、稳定
中	岩（土）层单层厚度 0.5 m $\leq Mb < 1.0$ m，渗透系数 $K \leq 1 \times 10^{-6}$ cm/s，且分布连续、稳定 岩（土）层单层厚度 $Mb \geq 1.0$ m，渗透系数：1×10^{-6} cm/s$< K \leq 1 \times 10^{-4}$ cm/s，且分布连续、稳定
弱	岩（土）层不满足上述"强"和"中"条件

对难以采取水平防渗的场地，可采用垂向防渗为主、局部水平防渗为辅的防控措施。

根据非正常状况下的预测评价结果，在建设项目服务年限内个别评价因子超标范围超出厂界时，应提出优化总图布置的建议或地基处理方案。

三、地下水环境监测与管理

1. 建立地下水环境监测管理体系

建立地下水环境监测管理体系，包括制订地下水环境影响跟踪监测计划、建立地下水环境影响跟踪监测制度、配备先进的监测仪器和设备，以便及时发现问题，采取措施。

2. 跟踪监测计划

应根据环境水文地质条件和建设项目特点设置跟踪监测点，跟踪监测点应明确与建设项目的位置关系，给出点位、坐标、井深、井结构、监测层位、监测因子及监测频率等相关参数。跟踪监测点数量要求：

（1）一级、二级评价的建设项目，一般不少于 3 个，应至少在建设项目场地上、下游各布设 1 个。一级评价的建设项目，应在建设项目总图布置基础之上，结合预测评价结果和应急响应时间要求，在重点污染风险源处增设监测点。

（2）三级评价的建设项目，一般不少于 1 个，应至少在建设项目场地下游布置 1 个。

明确跟踪监测点的基本功能，如背景值监测点、地下水环境影响跟踪监测点、污染扩散监测点等，必要时，明确跟踪监测点兼具的污染控制功能。

根据环境管理对监测工作的需要，提出有关监测机构、人员及装备的建议。

3. 制订地下水环境跟踪监测与信息公开计划

落实跟踪监测报告编制的责任主体，明确地下水环境跟踪监测报告的内容，一般应包括：

（1）建设项目所在场地及其影响区地下水环境跟踪监测数据，排放污染物的种类、数量、浓度。

（2）生产设备、管廊或管线、储存与运输装置、污染物储存与处理装置、事故应急装置等设施的运行状况、跑冒滴漏记录、维护记录。

信息公开计划应至少包括建设项目特征因子的地下水环境监测值。

四、应急响应

制订地下水污染应急响应预案，明确事故状况下应采取的控制污染源、切断污染途径等措施。

思考与练习

1. 污染物在地下水中的迁移转化过程有哪些？
2. 建设项目所属的地下水环境影响评价项目类别有几类？如何确定？
3. 简述地下水环境影响评价工作程序。
4. 简述地下水环境影响评价等级判定依据和具体划分方法。
5. 地下水调查评价范围确定的方法是什么？
6. 现状调查的内容有哪些？
7. 地下水水质现状评价的方法是什么？
8. 地下水环境影响预测的方法有哪些？如何选择具体适用的模型？
9. 如何给定地下水环境影响评价结论？

第七章 声环境影响评价

第一节 基础知识

一、声

声具有双重含义：一是指机械波，它来源于发声体振动引起的周围介质的质点位移及质点密度的疏密变化；二是指声音，当声音传入人耳时，引起鼓膜振动并刺激听觉神经使人产生的一种主观感觉。

声的传播必须具备声源、传播介质、受声者三个要素，缺一不可。

二、环境噪声及其污染

（一）环境噪声

噪声是指人们生活和工作不需要的声音。环境噪声是指在工业生产、建筑施工、交通运输和社会生活中所产生的干扰周围生活环境的声音。

环境噪声按来源分为交通噪声、工业噪声、建筑施工噪声、生活噪声；按发声机理分为机械噪声、空气动力性噪声和电磁噪声；按辐射特性和传播距离分为点声源、线声源和面声源；按声波频率分为低频噪声（<500 Hz）、中频噪声（500~1 000 Hz）和高频噪声（>1 000 Hz）；按时间变化分为稳态噪声（在测量时间内声源的声级起伏小于等于 3 dB）和非稳态噪声（在测量时间内声源的声级起伏大于 3 dB）。

（二）环境噪声污染

环境噪声污染是指声源所产生的噪声超过国家规定的环境噪声排放标准，并干扰人们正常生活、工作和学习的现象。环境噪声污染一般没有残余污染物，是局部性的物理性污染，噪声源一旦消除，噪声污染就会消除。

环境噪声污染的危害主要有损害听力、诱发疾病和影响正常生活等。

（三）环境噪声源

1. 固定声源

在声源发声时间内，声源位置不发生移动的声源。

2. 流动声源

在声源发声时间内，声源位置按一定轨迹移动的声源。

3. 点声源

以球面波形式辐射声波的声源，辐射声波的声压幅值与声波传播距离（r）成反比。任何形状的声源，只要声波波长远远大于声源几何尺寸，该声源即可视为点声源。在声环境影响评价中，声源中心到预测点之间的距离超过声源最大几何尺寸 2 倍时，可将该声源近似为点声源。

4. 线声源

以柱面波形式辐射声波的声源，辐射声波的声压幅值与声波传播距离的平方根（$r^{1/2}$）成反比。

5. 面声源

以平面波形式辐射声波的声源，辐射声波的声压幅值不随传播距离改变（不考虑空气吸收）。

三、噪声物理量

1. 波长、频率、声速

（1）波长。声波使传播介质中的质点振动交替地达到最高值和最低值，相邻两个最高值或最低值之间的距离，用 λ 表示，单位为 nm。

（2）频率。单位时间内发声体引起周围介质的质点振动的次数，用 f 表示，单位为 Hz。人耳能听到的声波频率范围是 20~20 000 Hz，低于 20 Hz 的声波为次声波，高于 20 000 Hz 的声波为超声波。

（3）声速。单位时间内声波在传播介质中通过的距离，用 C 表示，单位为 m/s。声速与介质的密度和温度有关。介质的温度越高，声速越快；介质的密度越大，声速越快。

2. 声压与声压级

（1）声压。声波在介质中传播时所引起的介质压强的变化，用 P 表示，单位为 Pa。声波作用于介质时，每一瞬间引起的介质内部压强的变化，称为瞬时声压。一段时间内瞬时声压的均方根称为有效声压，用于描述介质所受声压的有效值，实际中常用有效声压代替声压。

（2）声压级。对于 1 000 Hz 的声波，人耳的听阈声压为 2×10^{-5} Pa，痛阈声压为 20 Pa，相差 6 个数量级，使用不方便，加之人耳对声音的感觉与声音强度的对数值成正比。因此，以人耳对 1 000 Hz 声音的听阈声压为基准声压，用声压比的对数值表示声音的大小，称为声压级，用 L_P 表示，单位为 dB，无量纲。某一声压 P 的声压级表示为式 7.1。

$$L_{\mathrm{p}} = 20\lg\left(P/P_0\right) \tag{7.1}$$

式中，P_0 为基准声压值，$P_0 = 2\times10^{-5}\mathrm{Pa}$。

3. 声强与声强级

（1）声强。单位时间内通过垂直于声波传播方向单位面积的有效声压，用 I 表示，单位为 W/m²。自由声场中某处的声强 I 与该处声压 P 的平方成正比，常温下见式 7.2。

$$I = P^2/\left(\rho C\right) \tag{7.2}$$

式中 ρ——介质密度，kg/m³；

    C——声速。常温下以空气为声波传播介质时，$\rho C = 415\ \mathrm{N\cdot s/m^3}$。

（2）声强级。与确定声压级的道理一样，用 L_I 表示某一声强 I 的声强级，单位为 dB，计算公式如下：

$$L_I = 10\lg(I/I_0) \tag{7.3}$$

式中，I_0 为基准声强值，$I_0 = 1 \times 10^{-12}$ W/m^2。

4. 声功率与声功率级

（1）声功率。单位时间内声波辐射的总能量，用 W 表示，单位为 W。声强与声功率之间的关系见式 7.4。

$$I = W/S \tag{7.4}$$

式中，S 为声波传播中通过的面积，m^2。

（2）声功率级。同理，用 L_W 表示某一声功率 W 的声功率级，单位为 dB，计算公式如下：

$$L_W = 10\lg(W/W_0) \tag{7.5}$$

式中，W_0 为基准声功率值，$W_0 = 1 \times 10^{-12}$ W。

声压级、声强级、声功率级都是描述空间声场中某处声音大小的物理量。实际工作中常用声压级评价声环境功能区的声环境质量，声功率级评价声源源强。

5. 倍频带声压级

人耳能听到的声波频率范围是 20~20 000 Hz，上下限相差 1 000 倍，一般情况下，不可能也没有必要对每一个频率逐一测量。为方便和实用，通常把声频的变化范围划分为若干个区段，称为频带。

实际应用中，根据人耳对声音频率的反应，把可听声频率分成 10 段频带，每一段的上限频率是下限频率的 2 倍，即上下限频率之比为 2 : 1（称为 1 倍频），同时取上限与下限频率的几何平均值作为该倍频带的中心频率并以此表示该倍频带。在噪声测量中常用的倍频带中心频率为 31.5 Hz、63 Hz、125 Hz、250 Hz、500 Hz、1 000 Hz、2 000 Hz、4 000 Hz、8 000 Hz 和 16 000 Hz，这 10 个倍频带涵盖全部可听声范围。

在实际噪声测量中用 63~8 000 Hz 的 8 个倍频带就能满足测量需求。在同一个倍频带频率范围内声压级的累加称为倍频带声压级，实际中采用等比带宽滤波器直接测量。等比带宽是指滤波器上、下截止频率 f_u 与 f_l 之比以 2 为底的对数值 $[\text{Log}_2(f_u/f_l)]$ 为一常数 n，常用 1 倍频程滤波器（$n=1$）和 1/3 倍频程滤波器（$n=1/3$）来测量。

第二节　声环境影响评价概述

一、基本任务

评价建设项目实施引起的声环境质量的变化和外界噪声对需要安静建设项目的影响程度；提出合理可行的防治措施，把噪声污染降低到允许水平；从声环境影响角度评价建设项目实施的可行性；为建设项目优化选址、选线、合理布局以及城市规划提供科学依据。

二、评价类别

（一）按评价对象

可分为建设项目声源对外环境的环境影响评价和外环境声源对需要安静建设项目的环境影响评价。

（二）按声源种类

可分为固定声源和流动声源的环境影响评价。

1. 固定声源的环境影响评价

主要指工业（工矿企业和事业单位）和交通运输（站场、服务区等）固定声源的环境影响评价。

2. 流动声源的环境影响评价

主要指在城市道路、公路、铁路、城市轨道交通上行驶的车辆以及从事航空和水运等运输工具，在行驶过程中产生的噪声环境影响评价。

停车场、调车场、施工期施工设备、运行期物料运输、装卸设备等，按照其相应的定义，可分别划分为固定声源或流动声源。

建设项目既拥有固定声源，又拥有流动声源时，应分别进行噪声环境影响评价；同一敏感点既受到固定声源影响，又受到流动声源影响时，应进行叠加环境影响评价。

三、评价量

（一）声环境质量评价量

1. A声级

环境噪声的度量与噪声本身的特性和人耳对声音的主观听觉有关。人耳对声音的感觉不仅与声压级有关，而且与频率有关，声压级相同而频率不同的声音，听起来不一样响，高频声音比低频声音响。根据人耳的这种听觉特性，在声学测量仪器中设计了一种特殊的滤波器，称为计权网络。当声音进入网络时，中、低频率的声音按比例衰减通过，而 1 000 Hz 以上的高频声则无衰减通过。通常有 A、B、C、D 计权网络，其中被 A 网络计权的声压级称为 A 声级 L_A，单位为 dB（A）。A 声级较好地反映了人们对噪声的主观感觉，是模拟人耳对 55 dB 以下低强度噪声的频率特性而设计的，用来描述声环境功能区的声环境质量和声源源强，几乎成为一切噪声评价的基本量。

2. 等效声级

对于非稳态噪声，在声场内的某一点上，将某一时段内连续变化的不同 A 声级的能量进行平均以表示该时段内噪声的大小，称为等效连续 A 声级，简称等效声级，记为 L_{eq}，单位为 dB（A）。其数学表达式为：

$$L_{eq} = 10 \lg \left[\frac{1}{T} \int_0^T 10^{0.1L_A(t)} dt \right] \tag{7.6}$$

式中　L_{eq}——在 T 段时间内的等效连续 A 声级，dB（A）；

　　　$L_A(t)$——t 时刻的瞬时 A 声级，dB（A）；

　　　T——连续取样的总时间，min。

实际噪声测量常采取等时间间隔取样，L_{eq} 也可按式（7.7）计算。

$$L_{eq} = 10 \lg \left[\frac{1}{N} \sum_{i=1}^N (10^{0.1L_{Ai}}) \right] \tag{7.7}$$

式中　L_{eq}——N 次取样的等效连续 A 声级，dB（A）；

　　　L_{Ai}——第 i 次取样的 A 声级，dB（A）；

　　　N——取样总次数。

噪声在昼间（6：00~22：00）和夜间（22：00~次日 6：00）对人的影响程度不同，为此利用等效连续声级分别计算昼间等效声级（昼间时段内测得的等效连续 A 声级）和夜间等效声级（夜间时段内测得的等效连续 A 声级），并分别采用昼间等效声级（L_d）和夜间等效声级（L_n）作为声环境功能区的声环境质量评价量和厂界（场界、边界）噪声的评价量。

3. 计权等效连续感觉噪声级

用于评价飞机（起飞、降落、低空飞越）通过机场周围区域时造成的声环境影响。其特点是同时考虑 24 h 内飞机通过某一固定点所产生的总噪声级和不同时间内飞机对周围环境造成的影响，用 L_{WECPN} 表示，单位为 dB。

4. 累积百分声级

累积百分声级是指占测量时间段一定比例的累积时间内 A 声级的最小值，用作评价测量时段内噪声强度时间统计分布特征的指标，故又称统计百分声级，记为 L_N。常用 L_{10}、L_{50}、L_{90}，其含义如下：

测定时间内，L_{10} 表示 10%的时间超过的噪声级，相当于噪声平均峰值；L_{50} 表示 50%的时间超过的噪声级，相当于噪声平均中值；L_{90} 表示 90%的时间超过的噪声级，相当于噪声平均底值。

实际工作中常将测得的 100 个或 200 个数据按照从大到小的顺序排列，总数为 100 个数据的第 10 个或总数为 200 个数据的第 20 个代表 L_{10}，第 50 个或第 100 个数据代表 L_{50}，第 90 个或第 180 个数据代表 L_{90}。由此 3 个噪声级可按公式（7.8）近似求出测量时段内的等效噪声级 L_{eq}。

$$L_{eq} \approx L_{50} + \frac{(L_{10} - L_{90})^2}{60} \tag{7.8}$$

（二）声源源强表达量

A 声功率级（L_{Aw}），或中心频率为 63~8 000 Hz 等 8 个倍频带的声功率级（L_w）；距离声源 r 处的 A 声级[$L_A(r)$]或中心频率为 63~8 000 Hz 等 8 个倍频带的声压级[$L_p(r)$]；有效感觉噪声级（L_{EPN}）。

（三）厂界、场界、边界噪声评价量

（1）根据《工业企业厂界环境噪声排放标准》（GB 12348—2008）、《建筑施工场界环境噪声排放标准》（GB 12523—2011），工业企业厂界、建筑施工场界噪声评价量为昼间等效声级(L_d)、夜间等效声级（L_n）、室内噪声倍频带声压级，频发、偶发噪声的评价量为最大 A 声级（L_{max}）。

（2）根据《铁路边界噪声限制及其测量方法》（GB 12525—1990）、《城市轨道交通车站站台声学要求和测量方法》（GB 14227—2006），铁路边界、城市轨道交通车站站台噪声评价量为昼间等效声级（L_d）、夜间等效声级（L_n）。

（3）根据《社会生活环境噪声排放标准》（GB 22337—2008），社会生活噪声源边界噪声评价量为昼间等效声级（L_d）、夜间等效声级（L_n），室内噪声倍频带声压级、非稳态噪声的评价量为最大 A 声级（L_{max}）。

四、工作程序

声环境影响评价的工作程序见图 7.1。

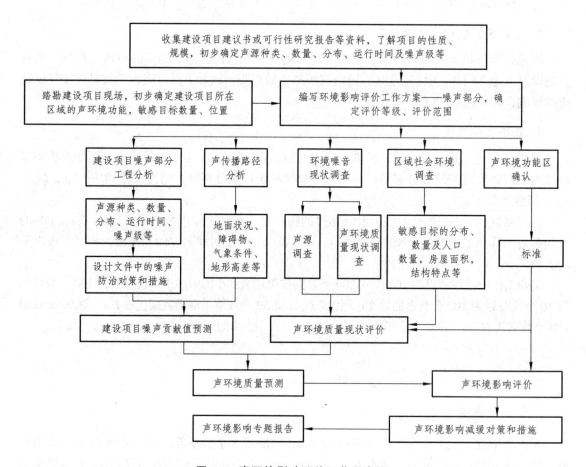

图 7.1 声环境影响评价工作程序图

五、评价时段

根据建设项目实施过程中噪声的影响特点，可按施工期和运行期分别开展声环境影响评价。运行期声源为固定声源时，固定声源投产运行后作为环境影响评价时段；运行期声源为流动声源时，将工程预测的代表性时段（一般分为运行近期、中期、远期）分别作为环境影响评价时段。

六、评价等级

1. 划分的依据

声环境影响评价等级划分依据包括：

（1）建设项目所在区域的声环境功能区类别。

（2）建设项目建设前后所在区域的声环境质量变化程度。

（3）受建设项目影响人口的数量。

2. 评价等级划分

（1）声环境影响评价等级一般分为三级：一级为详细评价，二级为一般性评价，三级为简要评价。

（2）评价范围内有适用于《声环境质量标准》（GB 3096—2008）规定的 0 类声环境功能区域，以及对噪声有特别限制要求的保护区等敏感目标，或项目建设前后评价范围内敏感目标噪声级增高量达 5 dB（A）以上［不含 5 dB（A）］，或受影响人口数量显著增多时，按一级评价。

（3）建设项目所处的声环境功能区为《声环境质量标准》（GB 3096—2008）规定的 1 类、2 类地区，或项目建设前后评价范围内敏感目标噪声级增高量达 3~5 dB（A）［含 5 dB（A）］，或受噪声影响人口数量增加较多时，按二级评价。

（4）建设项目所处的声环境功能区为《声环境质量标准》（GB 3096—2008）规定的 3 类、4 类地区，或项目建设前后评价范围内敏感目标噪声级增高量在 3 dB（A）以下［不含 3 dB（A）］，且受影响人口数量变化不大时，按三级评价。

（5）在确定评价等级时，如建设项目符合两个以上级别的划分原则，按较高级别的评价等级开展评价。

七、评价范围和基本要求

1. 评价范围的确定

（1）声环境影响评价范围依据评价等级确定。

（2）对于以固定声源为主的建设项目（如工厂、港口、施工工地、铁路站场等）：

① 满足一级评价的要求，一般以建设项目边界向外 200 m 为评价范围。

② 二级、三级评价范围可根据建设项目所在区域和相邻区域的声环境功能区类别及敏感目标等实际情况适当缩小。

③ 如依据建设项目声源计算得到的贡献值到 200 m 处，仍不能满足相应功能区标准值时，应将评价范围扩大到满足标准值的距离。

（3）城市道路、公路、铁路、城市轨道交通地上线路和水运线路等建设项目：

① 满足一级评价的要求，一般以道路中心线外两侧 200 m 以内为评价范围。

② 二级、三级评价范围可根据建设项目所在区域和相邻区域的声环境功能区类别及敏感目标等实际情况适当缩小。

③ 如依据建设项目声源计算得到的贡献值到 200 m 处，仍不能满足相应功能区标准值时，应将评价范围扩大到满足标准值的距离。

（4）机场周围飞机噪声评价范围应包含根据飞行量计算到 L_{WECPN} 为 70 dB 的区域。

① 满足一级评价的要求，一般以主要航迹离跑道两端各 5~12 km、侧向各 1~2 km 的范围为评价范围。

② 二级、三级评价范围可根据建设项目所处区域的声环境功能区类别及敏感目标等实际情况适当缩小。

2. 一级评价的基本要求

（1）在工程分析中，给出建设项目对环境有影响的主要声源的数量、位置和声源源强，并在标有比例尺的图中标识固定声源的具体位置或流动声源的路线、跑道等位置。在缺少声源源强的相关资料时，应通过类比测量取得，并给出类比测量的条件。

（2）评价范围内具有代表性的敏感目标的声环境质量现状需要实测。对实测结果进行评价，并分析现状声源的构成及其对敏感目标的影响。

（3）噪声预测应覆盖全部敏感目标，给出各敏感目标的预测值及厂界（或场界、边界）噪声值。固定声源评价、机场周围飞机噪声评价、流动声源经过城镇建成区和规划区路段的评价应绘制等声级线图，当敏感目标高于（含）三层建筑时，还应绘制垂直方向的等声级线图。给出建设项目建成后不同类别的声环境功能区内受影响的人口分布、噪声超标的范围和程度。

（4）当工程预测的不同代表性时段噪声级可能发生变化的建设项目，应分别预测其不同时段的噪声级。

（5）对工程可行性研究和评价中提出的不同选址（选线）和建设布局方案，应根据不同方案噪声影响人口的数量和噪声影响的程度进行比选，并从声环境保护角度提出最终的推荐方案。

（6）针对建设项目的工程特点和所在区域的环境特征提出噪声防治措施，并进行经济、技术可行性论证，明确防治措施的最终降噪效果和达标分析。

3. 二级评价的基本要求

（1）在工程分析中，给出建设项目对环境有影响的主要声源的数量、位置和声源源强，并在标有比例尺的图中标识固定声源的具体位置或流动声源的路线、跑道等位置。在缺少声源源强的相关资料时，应通过类比测量取得，并给出类比测量的条件。

（2）评价范围内具有代表性的敏感目标的声环境质量现状以实测为主，可适当利用评价范围内已有的声环境质量监测资料，并对声环境质量现状进行评价。

（3）噪声预测应覆盖全部敏感目标，给出各敏感目标的预测值及厂界（或场界、边界）噪声值，根据评价需要绘制等声级线图。给出建设项目建成后不同类别的声环境功能区内受影响的人口分布、噪声超标的范围和程度。

（4）当工程预测的不同代表性时段噪声级可能发生变化的建设项目，应分别预测其不同时段的噪声级。

（5）从声环境保护角度对工程可行性研究和评价中提出的不同选址（选线）和建设布局方案的环境合理性进行分析。

（6）针对建设项目的工程特点和所在区域的环境特征提出噪声防治措施，并进行经济、技术可行性论证，给出防治措施的最终降噪效果和达标分析。

4. 三级评价的基本要求

（1）在工程分析中，给出建设项目对环境有影响的主要声源的数量、位置和声源源强，并在标有比例尺的图中标识固定声源的具体位置或流动声源的路线、跑道等位置。在缺少声源源强的相关资料时，应通过类比测量取得，并给出类比测量的条件。

（2）重点调查评价范围内主要敏感目标的声环境质量现状，可利用评价范围内已有的声环境质量监测资料，若无现状监测资料时应进行实测，并对声环境质量现状进行评价。

（3）噪声预测应给出建设项目建成后各敏感目标的预测值及厂界（或场界、边界）噪声值，分析敏感目标受影响的范围和程度。

（4）针对建设项目的工程特点和所在区域的环境特征提出噪声防治措施，并进行达标分析。

第三节　声环境现状调查和评价

一、主要调查内容

1. 影响声波传播的环境要素

调查建设项目所在区域的主要气象特征：年平均风速和主导风向，年平均气温，年平均相对湿度等。

收集评价范围内 1：2 000~1：50 000 地形图，说明评价范围内声源和敏感目标之间的地貌特征、地形高差及影响声波传播的环境要素。

2. 声环境功能区划

调查评价范围内不同区域的声环境功能区划情况，调查各声环境功能区的声环境质量现状。

3. 敏感目标

调查评价范围内的敏感目标的名称、规模、人口的分布等情况，并以图、表相结合的方式说明敏感目标与建设项目的关系（如方位、距离、高差等）。

4. 现状声源

建设项目所在区域的声环境功能区的声环境质量现状超过相应标准要求或噪声值相对较高时，需对区域内的主要声源的名称、数量、位置、影响的噪声级等相关情况进行调查。

有厂界（或场界、边界）噪声的改、扩建项目，应说明现有建设项目厂界（或场界、边界）噪声的超标、达标情况及超标原因。

二、调查方法

环境现状调查的基本方法是：① 收集资料法；② 现场调查法；③ 现场测量法。评价时，应根据评价等级的要求确定需采用的具体方法。

三、现状监测

1. 监测布点原则

（1）布点应覆盖整个评价范围，包括厂界（或场界、边界）和敏感目标。当敏感目标高于（含）三层建筑时，还应选取有代表性的不同楼层设置监测点。

（2）评价范围内没有明显的声源（如工业噪声、交通运输噪声、建设施工噪声、社会生活噪声等），且声级较低时，可选择有代表性的区域布设监测点。

（3）评价范围内有明显的声源，并对敏感目标的声环境质量有影响，或建设项目为改、扩建工程，应根据声源种类采取不同的监测布点原则。

① 当声源为固定声源时，现状监测点应重点布设在可能既受到现有声源影响，又受到建设项目声源影响的敏感目标处，以及有代表性的敏感目标处；为满足预测需要，也可在距离现有声源不同距离处设衰减监测点。

② 当声源为流动声源，且呈现线声源特点时，现状监测点位置选取应兼顾敏感目标的分布状况、工程特点及线声源噪声影响随距离衰减的特点，布设在具有代表性的敏感目标处。为满足预测需要，也可选取若干线声源的垂线，在垂线上距声源不同距离处布设监测点。其余敏感目标的现状声级可通过具有代表性的敏感目标实测噪声的验证并结合计算求得。

③ 对于改、扩建机场工程，监测点一般布设在主要敏感目标处，监测点数量可根据机场飞行量及周围敏感目标情况确定，现有单条跑道、两条跑道或三条跑道的机场可分别布设 3~9 个、9~14 个或 12~18 个飞机噪声监测点，跑道增多可进一步增加监测点。其余敏感目标的现状飞机噪声声级可通过监测点飞机噪声声级的验证和计算求得。

2. 监测执行的标准

声环境质量监测执行《声环境质量标准》（GB 3096—2008）。

机场周围飞机噪声测量执行《机场周围飞机噪声测量方法》（GB/T 9661—1988）。

工业企业厂界环境噪声测量执行《工业企业厂界环境噪声排放标准》（GB 12348—2008）。

社会生活环境噪声测量执行《社会生活环境噪声排放标准》(GB 22337—2008)。

建筑施工场界噪声测量执行《建筑施工场界噪声测量方法》(GB/T 12524—1990)。

铁路边界噪声测量执行《铁路边界噪声限制及其测量方法》(GB 12525—1990)。

城市轨道交通车站站台噪声测量执行《城市轨道交通车站站台声学要求和测量方法》(GB 14227—2006)。

四、现状评价

（1）以图、表结合的方式给出评价范围内的声环境功能区及其划分情况，以及现有敏感目标的分布情况。

（2）分析评价范围内现有主要声源种类、数量及相应的噪声级、噪声特性等，明确主要声源分布，评价厂界（或场界、边界）超、达标情况。

（3）分别评价不同类别的声环境功能区内各敏感目标的超、达标情况，说明其受到现有主要声源的影响状况。

（4）给出不同类别的声环境功能区噪声超标范围内的人口数及分布情况。

第四节　声环境影响预测

一、基本要求

（一）预测范围

声环境影响预测范围应与声环境影响评价范围相同。

（二）预测点的确定原则

建设项目厂界（或场界、边界）和评价范围内的敏感目标应作为预测点。

（三）预测需要的基础资料

1. 声源资料

建设项目的声源资料主要包括：声源种类、数量、空间位置、噪声级、频率特性、发声持续时间和对敏感目标的作用时间段等。

2. 影响声波传播的各类参数

影响声波传播的各类参数应通过资料收集和现场调查取得，各类参数如下：

（1）建设项目所处区域的年平均风速和主导风向、年平均气温、年平均相对湿度。

（2）声源和预测点间的地形、高差。

（3）声源和预测点间障碍物（如建筑物、围墙等；若声源位于室内，还包括门、窗等）的位置及长、宽、高等数据。

（4）声源和预测点间树林、灌木等的分布情况，地面覆盖情况（如草地、水面、水泥地面、土质地面等）。

二、预测步骤

1. 声环境影响预测步骤

（1）建立坐标系，确定各声源坐标和预测点坐标，并根据声源性质以及预测点与声源之间的距离等情况，把声源简化成点声源、线声源或面声源。

（2）根据已获得的声源源强的数据和各声源到预测点的声波传播条件资料，计算出噪声从各声源传播到预测点的声衰减量，由此计算出各声源单独作用在预测点时产生的 A 声级（L_{Ai}）或有效感觉噪声级（L_{EPN}）。

2. 声级的计算

（1）建设项目声源在预测点产生的等效声级贡献值（L_{eqg}）计算公式如下：

$$L_{eqg} = 10 \lg\left(\frac{1}{T}\sum_i t_i 10^{0.1L_{Ai}}\right) \tag{7.9}$$

式中　L_{eqg}——建设项目声源在预测点的等效声级贡献值，dB（A）；

　　　L_{Ai}——i 声源在预测点产生的 A 声级，dB（A）；

　　　T——预测计算的时间段，s；

　　　t_i——i 声源在 T 时段内的运行时间，s。

（2）预测点的预测等效声级（L_{eq}）计算公式如下：

$$L_{eq} = 10 \lg\left(10^{0.1L_{eqg}} + 10^{0.1L_{eqb}}\right) \tag{7.10}$$

式中　L_{eqg}——建设项目声源在预测点的等效声级贡献值，dB（A）；

　　　L_{eqb}——预测点的背景值，dB（A）。

（3）机场飞机噪声计权等效连续感觉噪声级（L_{WECPN}）计算公式如下：

$$L_{WECPN} = \overline{L_{EPN}} + 10 \lg(N_1 + 3N_2 + 10N_3) - 39.4 \tag{7.11}$$

式中　N_1——7：00~19：00 对某个预测点声环境产生噪声影响的飞行架次；

　　　N_2——19：00~22：00 对某个预测点声环境产生噪声影响的飞行架次；

　　　N_3——22：00~7：00 对某个预测点声环境产生噪声影响的飞行架次；

　　　$\overline{L_{EPN}}$——N 次飞行有效感觉噪声级能量平均值（$N = N_1 + N_2 + N_3$），dB。

$\overline{L_{EPN}}$ 的计算公式如下：

$$\overline{L_{EPN}} = 10 \lg\left(\frac{1}{N_1 + N_2 + N_3}\sum_i\sum_j 10^{0.1L_{EPNij}}\right) \tag{7.12}$$

式中，$L_{\text{EPN}ij}$ 为 j 航路，第 i 架次飞机在预测点产生的有效感觉噪声级，dB。

（4）按工作等级要求绘制等声级线图。

等声级线的间隔应不大于 5 dB（一般选 5 dB）。对于 L_{eq} 等声级线最低值应与相应功能区夜间标准值一致，最高值可为 75 dB；对于 L_{WECPN} 一般应有 70 dB、75 dB、80 dB、85 dB、90 dB 的等声级线。

三、户外声传播衰减计算

（一）基本公式

户外声传播衰减包括几何发散（A_{div}）、大气吸收（A_{atm}）、地面效应（A_{gr}）、屏障屏蔽（A_{bar}）、其他多方面效应（A_{misc}）引起的衰减。

（1）在环境影响评价中，应根据声源声功率级或靠近声源某一参考位置处的已知声级（如实测得到的）、户外声传播衰减，计算距离声源较远处的预测点的声级。在已知距离无指向性点声源参考点 r_0 处的倍频带（用 63 Hz 到 8 000 Hz 的 8 个标称倍频带中心频率）声压级 $L_p(r_0)$ 和计算出参考点（r_0）和预测点（r）处之间的户外声传播衰减后，预测点 8 个倍频带声压级可分别用公式（7.13）计算。

$$L_p(r) = L_p(r_0) - (A_{\text{div}} + A_{\text{atm}} + A_{\text{bar}} + A_{\text{gr}} + A_{\text{misc}})\qquad(7.13)$$

（2）预测点的 A 声级 $L_{\text{A}}(r)$ 可按公式（7.14）计算，即将 8 个倍频带声压级合成，计算出预测点的 A 声级[$L_{\text{A}}(r)$]。

$$L_{\text{A}}(r) = 10\lg\left(\sum_{i=1}^{8}10^{0.1\left(L_{pi}(r)-\Delta L_i\right)}\right)\qquad(7.14)$$

式中　$L_{pi}(r)$——预测点(r)处，第 i 倍频带声压级，dB；

ΔL_i——第 i 倍频带的 A 计权网络修正值，dB。

（3）在只考虑几何发散衰减时，可用公式（7.15）计算。

$$L_{\text{A}}(r) = L_{\text{A}}(r_0) - A_{\text{div}}\qquad(7.15)$$

（二）几何发散衰减

1. 点声源的几何发散衰减

（1）无指向性点声源几何发散衰减的基本公式如下：

$$L_p(r) = L_p(r_0) - 20\lg(r/r_0)\qquad(7.16)$$

公式（7.16）中第二项表示了点声源的几何发散衰减。因此，点声源的几何发散衰减计算公式如下：

$$A_{\text{div}} = 20\lg(r/r_0)\qquad(7.17)$$

如果已知点声源的倍频带声功率级 L_w 或 A 声功率级（L_{Aw}），且声源处于自由声场，则计算公式为式（7.18）或式（7.19）。

$$L_p(r) = L_w - 20\lg(r) - 11 \qquad (7.18)$$

$$L_A(r) = L_{Aw} - 20\lg(r) - 11 \qquad (7.19)$$

如果声源处于半自由声场，则计算公式为式（7.20）或式（7.21）。

$$L_p(r) = L_w - 20\lg(r) - 8 \qquad (7.20)$$

$$L_A(r) = L_{Aw} - 20\lg(r) - 8 \qquad (7.21)$$

（2）具有指向性点声源几何发散衰减的计算公式。声源在自由空间中辐射声波时，其强度分布的一个主要特性是指向性。例如，喇叭发声，其喇叭正前方声音大，而侧面或背面就小。

对于自由空间的点声源，其在某一 θ 方向上距离 r 处的倍频带声压级 $[L_p(r)_\theta]$ 计算公式如下：

$$L_p(r)_\theta = L_w - 20\lg r + D_{I\theta} - 11 \qquad (7.22)$$

式中　　$D_{I\theta}$——θ 方向上的指向性指数，$D_{I\theta} = 10\lg R_\theta$；

　　　　R_θ——指向性因数，$R_\theta = I_\theta / I$；

　　　　I——所有方向上的平均声强，W/m^2；

　　　　I_θ——某一 θ 方向上的声强，W/m^2。

按公式（7.16）计算具有指向性点声源几何发散衰减时，公式（7.16）中的 $L_p(r)$ 与 $L_p(r_0)$ 必须是在同一方向上的倍频带声压级。

（3）反射体引起的修正（ΔL_r）。如图 7.2 所示，当点声源与预测点处在反射体同侧附近时，到达预测点的声级是直达声与反射声叠加的结果，从而使预测点声级增高。

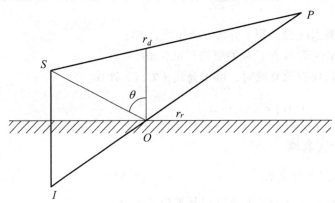

图 7.2　反射体的影响

当满足下列条件时，需考虑反射体引起的声级增高：

① 反射体表面平整光滑，坚硬的。

② 反射体尺寸远远大于所有声波波长 λ。

③ 入射角 $\theta < 85°$。

$r_r - r_d \gg \lambda$ 反射引起的修正量 ΔL_r 与 r_r / r_d 有关（$r_r = IP$、$r_d = SP$），可按表 7.1 计算。

表 7.1　反射体引起的修正量

r_r / r_d	dB
≈1	3
≈1.4	2
≈2	1
>2.5	0

2. 线声源的几何发散衰减

（1）无限长线声源。无限长线声源几何发散衰减的基本公式如下：

$$L_p(r) = L_p(r_0) - 10 \lg(r / r_0) \tag{7.23}$$

公式（7.15）中第二项表示了无限长线声源的几何发散衰减，见公式（7.24）。

$$A_{\mathrm{div}} = 10 \lg(r / r_0) \tag{7.24}$$

（2）有限长线声源。如图 7.3 所示，设线声源长度为 l_0，单位长度线声源辐射的倍频带声功率级为 L_w。在线声源垂直平分线上距声源 r 处的声压级计算见公式（7.25）（7.26）。

$$L_p(r) = L_w + 10 \lg\left[\frac{1}{r}\mathrm{arctg}\left(\frac{l_0}{2r}\right)\right] - 8 \tag{7.25}$$

或

$$L_p(r) = L_p(r_0) + 10 \lg\left[\frac{\dfrac{1}{r}\mathrm{arctg}\left(\dfrac{l_0}{2r}\right)}{\dfrac{1}{r_0}\mathrm{arctg}\left(\dfrac{l_0}{2r_0}\right)}\right] \tag{7.26}$$

当 $r>l_0$ 且 $r_0>l_0$ 时，见公式（7.27）。

$$L_p(r) = L_p(r_0) - 20 \lg\left(\frac{r}{r_0}\right) \tag{7.27}$$

即在有限长线声源的远场，有限长线声源可当作点声源处理。

当 $r<l_0/3$ 且 $r_0<l_0/3$ 时，见公式（7.28）。

$$L_p(r) = L_p(r_0) - 10 \lg\left(\frac{r}{r_0}\right) \tag{7.28}$$

即在近场区，有限长线声源可当作无限长线声源处理。

当 $l_0/3<r<l_0$，且 $l_0/3<r_0<l_0$ 时，见公式（7.29）。

$$L_p(r) = L_p(r_0) - 15 \lg\left(\frac{r}{r_0}\right) \tag{7.29}$$

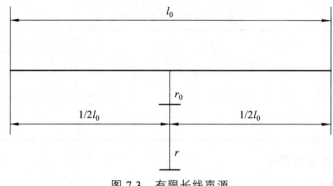

图 7.3　有限长线声源

3. 面声源的几何发散衰减

一个大型机器设备的振动表面，车间透声的墙壁，均可以认为是面声源。如果已知面声源单位面积的声功率为 W，各面积元噪声的位相是随机的，面声源可看作由无数点声源连续分布组合而成，其合成声级可按能量叠加法求出。

图 7.4 给出了长方形面声源中心轴线上的声衰减曲线。当预测点和面声源中心距离 r 处于以下条件时，可按下述方法近似计算：$r < a/\pi$ 时，几乎不衰减（$A_{div} \approx 0$）；当 $a/\pi < r < b/\pi$，距离加倍衰减 3 dB 左右，类似线声源衰减特性[$A_{div} \approx 10\lg(r/r_0)$]；当 $r > b/\pi$ 时，距离加倍衰减趋近于 6 dB，类似点声源衰减特性[$A_{div} \approx 20\lg(r/r_0)$]。其中面声源的 $b > a$。图中虚线为实际衰减量。

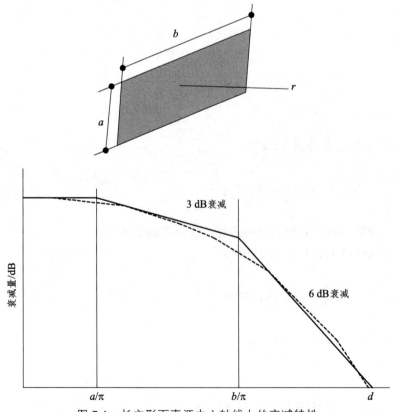

图 7.4　长方形面声源中心轴线上的衰减特性

（三）大气吸收引起的衰减

大气吸收引起的衰减按公式（7.30）计算。

$$A_{atm} = \frac{a(r - r_0)}{1\,000} \tag{7.30}$$

式中，a 为温度、湿度和声波频率的函数，预测计算中一般根据建设项目所处区域常年平均气温和湿度选择相应的大气吸收衰减系数（见表 7.2）。

表 7.2　倍频带噪声的大气吸收衰减系数 a

温度 /℃	相对湿度/%	大气吸收衰减系数 a/（dB/km）							
		倍频带中心频率/Hz							
		63	125	250	500	1 000	2 000	4 000	8 000
10	70	0.1	0.4	1.0	1.9	3.7	9.7	32.8	117.0
20	70	0.1	0.3	1.1	2.8	5.0	9.0	22.9	76.6
30	70	0.1	0.3	1.0	3.1	7.4	12.7	23.1	59.3
15	20	0.3	0.6	1.2	2.7	8.2	28.2	28.8	202.0
15	50	0.1	0.5	1.2	2.2	4.2	10.8	36.2	129.0
15	80	0.1	0.3	1.1	2.4	4.1	8.3	23.7	82.8

（四）地面效应衰减

地面类型可分为：

1. 坚实地面

包括铺筑过的路面、水面、冰面以及夯实地面。

2. 疏松地面

包括被草或其他植物覆盖的地面，以及农田等适合于植物生长的地面。

3. 混合地面

由坚实地面和疏松地面组成。

声波越过疏松地面传播时，或大部分为疏松地面的混合地面，在预测点仅计算 A 声级前提下，地面效应引起的倍频带衰减可用公式（7.31）计算。

$$A_{gr} = 4.8 - \left(\frac{2h_m}{r}\right)\left[17 + \frac{300}{r}\right] \tag{7.31}$$

式中　r——声源到预测点的距离，m；

　　　h_m——传播路径的平均离地高度，m。可按图 7.5 进行计算，$h_m = F/r$；F 为面积，m^2；r，m。

若 A_{gr} 计算出负值，则 A_{gr} 可用 "0" 代替。

其他情况可参照《声学　户外声传播的衰减　第 2 部分：一般计算方法》（GB/T 17247.2—1998）进行计算。

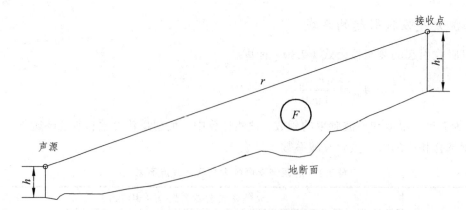

图 7.5　估计平均高度 h_{m} 的方法

（五）屏障屏蔽衰减

位于声源和预测点之间的实体障碍物，如围墙、建筑物、土坡或地堑等起声屏障作用，从而引起声能量的较大衰减。在环境影响评价中，可将各种形式的屏障简化为具有一定高度的薄屏障。

如图 7.6 所示，S、O、P 三点在同一平面内且垂直于地面。

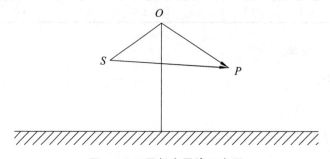

图 7.6　无限长声屏障示意图

定义 $\delta = SO + OP - SP$ 为声程差，$N = 2\delta/\lambda$ 为菲涅尔数。

在噪声预测中，声屏障插入损失的计算方法应需要根据实际情况做简化处理。

1. 有限长薄屏障在点声源声场中引起的衰减计算

（1）首先计算图 7.7 所示三个传播途径的声程差 δ_1、δ_2、δ_3 和相应的菲涅尔数 N_1、N_2、N_3。

（2）声屏障引起的衰减按公式（7.32）计算。

$$A_{\mathrm{bar}} = -10\lg\left[\frac{1}{3+20N_1} + \frac{1}{3+20N_2} + \frac{1}{3+20N_3}\right] \tag{7.32}$$

当屏障很长（作无限长处理）时，则见公式（7.33）。

$$A_{\mathrm{bar}} = -10\lg\left[\frac{1}{3+20N_1}\right] \tag{7.33}$$

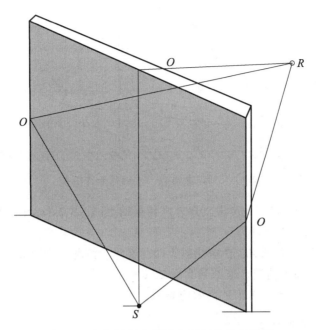

图 7.7　在有限长声屏障上不同的传播路径

2. 双绕射计算

对于图 7.8 所示的双绕射情景，可由公式（7.34）计算绕射声与直达声之间的声程差 δ。

$$\delta = \left[(d_{ss} + d_{sr} + e)^2 + a^2 \right]^{\frac{1}{2}} - d \qquad （7.34）$$

式中　a——声源和接收点之间的距离在平行于屏障上边界的投影长度，m；

　　　d_{ss}——声源到第一绕射边的距离，m；

　　　d_{sr}——第二绕射边到接收点的距离，m；

　　　e——在双绕射情况下两个绕射边界之间的距离，m。

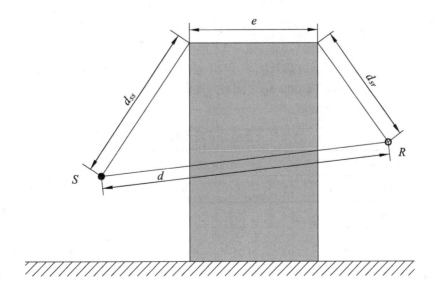

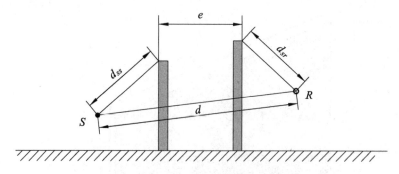

图 7.8　利用建筑物、土堤作为厚屏障

屏障衰减 A_{bar} 中的 D_z 参照《声学　户外声传播的衰减　第 2 部分：一般计算方法》（GB/T 17247.2—1998）中的 D_z 进行计算。

在任何频带上，屏障衰减 A_{bar} 在单绕射（即薄屏障）情况，衰减最大取 20 dB；屏障衰减 A_{bar} 在双绕射（即厚屏障）情况，衰减最大取 25 dB。

计算了屏障衰减后，不再考虑地面效应衰减。

3. 绿化林带噪声衰减计算

绿化林带的附加衰减与树种、林带结构和密度等因素有关。在声源附近的绿化林带，或在预测点附近的绿化林带，或两者均有的情况都可以使声波衰减（见图 7.9）。

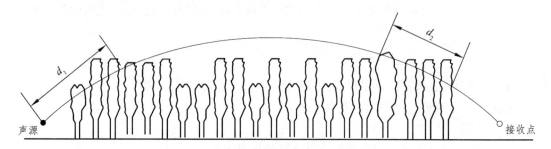

图 7.9　通过树叶和灌木时噪声衰减示意图

通过树叶传播造成的噪声衰减随通过树叶传播距离 d_f 的增长而增加，其中 $d_f = d_1 + d_2$，为了计算 d_1 和 d_2，可假设弯曲路径的半径为 5 km。

表 7.3 中的第一行给出了通过总长度为 10 m 到 20 m 之间的密叶时，由密叶引起的衰减；第二行为通过总长度为 20 m 到 200 m 之间密叶时的衰减系数；当通过密叶的路径长度大于 200 m 时，可使用 200 m 的衰减值。

表 7.3　倍频带噪声通过密叶传播时产生的衰减

项目	传播距离 d_f/m	倍频带中心频率/Hz							
		63	125	250	500	1 000	2 000	4 000	8 000
衰减/dB	$10 \leqslant d_f < 20$	0	0	1	1	1	1	2	3
衰减系数/（dB/m）	$20 \leqslant d_f < 200$	0.02	0.03	0.04	0.05	0.06	0.08	0.09	0.12

（六）其他多方面原因引起的衰减

其他衰减包括通过工业场所、房屋群等引起的衰减。在声环境影响评价中，一般情况下，不考虑自然条件（如风、温度梯度、雾）变化引起的附加修正。

工业场所、房屋群的衰减等可参照《声学 户外声传播的衰减 第2部分：一般计算方法》（GB/T 17247.2—1998）进行计算。

四、典型建设项目噪声影响预测

（一）工业噪声预测

1. 固定声源分析

（1）主要声源的确定。分析建设项目的设备类型、型号、数量，并结合设备类型、设备和工程边界、敏感目标的相对位置确定工程的主要声源。

（2）声源的空间分布。依据建设项目平面布置图、设备清单及声源源强等资料，标明主要声源的位置。建立坐标系，确定主要声源的三维坐标。

（3）声源的分类。将主要声源划分为室外声源和室内声源两类。

确定室外声源的源强和运行的时间及时间段，当有多个室外声源时，为简化计算，可视情况将数个声源组合为声源组团，然后按等效声源进行计算。

对于室内声源，需分析围护结构的尺寸及使用的建筑材料，确定室内声源源强和运行的时间及时间段。

（4）编制主要声源汇总表。以表格形式给出主要声源的分类、名称、型号、数量、坐标位置等；声功率级或某一距离处的倍频带声压级、A声级。

2. 声波传播途径分析

列表给出主要声源和敏感目标的坐标或相互间的距离、高差，分析主要声源和敏感目标之间声波的传播路径，给出影响声波传播的地面状况、障碍物、树林等。

3. 预测内容

按一级和二级评价的基本要求，选择以下工作内容分别进行预测，给出相应的预测结果。

（1）厂界（或场界、边界）噪声预测。预测厂界噪声，给出厂界噪声的最大值及位置。

（2）敏感目标噪声预测。预测敏感目标的贡献值、预测值、预测值与现状噪声值的差值，敏感目标所处声环境功能区的声环境质量变化，敏感目标所受噪声影响的程度，确定噪声影响的范围，并说明受影响人口分布情况；当敏感目标高于（含）三层建筑时，还应预测有代表性的不同楼层所受的噪声影响。

（3）绘制等声级线图。绘制等声级线图，说明噪声超标的范围和程度。

（4）根据厂界（场界、边界）和敏感目标受影响的状况，明确影响厂界（场界、边界）和敏感目标声环境质量的主要声源，分析厂界和敏感目标的超标原因。

4. 预测模式

如预测点在靠近声源处，但不能满足点声源条件时，需按线声源或面声源模式计算。

（二）公路、城市道路交通运输噪声预测

1. 预测参数

（1）工程参数。明确公路（或城市道路）建设项目各路段的工程内容，路面的结构、材料、坡度、标高等参数；明确公路（或城市道路）建设项目各路段昼间和夜间各类型车辆的比例、昼夜比例、平均车流量、高峰车流量、车速。

（2）声源参数。按照表 7.4 中大、中、小车型的分类，利用相关模式计算各类型车的声源源强，也可通过类比测量进行修正。

（3）敏感目标参数。根据现场实际调查，给出公路（或城市道路）建设项目沿线敏感目标的分布情况，各敏感目标的类型、名称、规模、所在路段、桩号（里程）、与路基的相对高差及建筑物的结构、朝向和层数等。

表 7.4　车型分类

车　型	总质量（GVM）
小	≤3.5 t，M1，M2，N1
中	3.5~12 t，M2，M3，N2
大	>12 t，N3

注：M1，M2，M3，N1，N2，N3 和《汽车加速行驶车外噪声限值及测量方法》（GB 1495—2016）划定方法一致。摩托车、拖拉机等应另外归类。

2. 声传播途径分析

列表给出声源和预测点之间的距离、高差，分析声源和预测点之间的传播路径，给出影响声波传播的地面状况、障碍物、树林等。

3. 预测内容

预测各预测点的贡献值、预测值、预测值与现状噪声值的差值，预测高层建筑有代表性的不同楼层所受的噪声影响。按贡献值绘制代表性路段的等声级线图，分析敏感目标所受噪声影响的程度，确定噪声影响的范围，并说明受影响人口的分布情况。给出满足相应声环境功能区标准要求的距离。

依据评价等级要求，给出相应的预测结果。

4. 预测模式

（1）第 i 类车等效声级的预测模式见公式（7.35）。

$$L_{eq}(h)_i = \left(\overline{L_{OE}}\right)_i + 10\lg\left(\frac{N_i}{V_i T}\right) + 10\lg\left(\frac{7.5}{r}\right) +$$
$$10\lg\left(\frac{\psi_1 + \psi_2}{\pi}\right) + \Delta L - 16 \tag{7.35}$$

式中　$L_{eq}(h)_i$——第 i 类车的小时等效声级，dB（A）；

　　　$\left(\overline{L_{OE}}\right)_i$——第 i 类车速度为 V_i，km/h，水平距离为 7.5 m 处的能量平均 A 声级，dB(A)；

N_i——昼间、夜间通过某个预测点的第 i 类车平均小时车流量，辆/h；

r——从车道中心线到预测点的距离，m，式（7.35）适用于 $r > 7.5$ m 预测点的噪声预测；

V_i——第 i 类车的平均速度，km/h；

T——计算等效声级的时间，1 h；

ψ_1、ψ_2——预测点到有限长路段两端的张角，弧度，如图 7.10 所示。

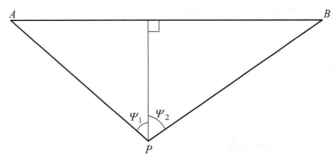

图 7.10 有限路段的修正函数，$A{\sim}B$ 为路段，P 为预测点

ΔL 为由其他因素引起的修正量，dB(A)，可按下式计算：

$$\Delta L = \Delta L_1 - \Delta L_2 + \Delta L_3 \tag{7.36}$$

$$\Delta L_1 = \Delta L_{坡度} + \Delta L_{路面} \tag{7.37}$$

$$\Delta L_2 = A_{atm} + A_{gr} + A_{bar} + A_{misc} \tag{7.38}$$

式中 ΔL_1——线路因素引起的修正量，dB(A)；

$\Delta L_{坡度}$——公路纵坡修正量，dB(A)；

$\Delta L_{路面}$——公路路面材料引起的修正量，dB(A)；

ΔL_2——声波传播途径中引起的衰减量，dB(A)；

ΔL_3——由反射等引起的修正量，dB(A)。

（2）总车流等效声级计算公式如下：

$$L_{eq}(T) = 10\lg\left[10^{0.1L_{eq}(h)大} + 10^{0.1L_{eq}(h)中} + 10^{0.1L_{eq}(h)小}\right] \tag{7.39}$$

如某个预测点受多条线路交通噪声影响（如高架桥周边预测点受桥上和桥下多条车道的影响，路边高层建筑预测点受地面多条车道的影响），应分别计算每条车道对该预测点的声级后，经叠加后得到贡献值。

（三）铁路、城市轨道交通噪声预测

1. 预测参数

（1）工程参数。明确铁路（或城市轨道交通）建设项目各路段的工程内容，分段给出线路的技术参数，包括线路型式、轨道和道床结构等。

（2）车辆参数。铁路列车可分为旅客列车、货物列车、动车组三大类，牵引类型主要有内燃牵引、电力牵引两大类；城市轨道交通可按车型进行分类。分段给出各类型列车昼间和夜间的开行对数、编组情况及运行速度等参数。

（3）声源源强参数。不同类型（或不同运行状况下）列车的声源源强，可参照国家相关部门的规定确定，无相关规定的应根据工程特点通过类比监测确定。

（4）敏感目标参数。根据现场实际调查，给出铁路（或城市轨道交通）建设项目沿线敏感目标的分布情况，各敏感目标的类型、名称、规模、所在路段、桩号（里程）、与路基的相对高差及建筑物的结构、朝向和层数等。视情况给出铁路边界范围内的敏感目标情况。

2. 声传播途径分析

列表给出声源和预测点间的距离、高差，分析声源和预测点之间的传播路径，给出影响声波传播的地面状况、障碍物、树林等。

3. 预测内容

预测内容要求与公路、城市道路交通运输噪声预测内容相同。

4. 预测模式

预测点列车运行噪声等效声级计算公式如下：

$$L_{eq,\,l} = 10\lg\left[\frac{1}{T}\sum_{j=1}^{m} t_j 10^{0.1L_{p,\,j}}\right] \tag{7.40}$$

$$t_j = \frac{l_j}{V_j}\left(1 + 0.8\frac{d}{l_j}\right) \tag{7.41}$$

$$L_{p,j} = L_{p_0,\,j} + C_j \tag{7.42}$$

$$C_j = C_{1j} - A \tag{7.43}$$

$$C_{1j} = C_{vj} + C_t + C_\theta \tag{7.44}$$

$$A = A_{div} + A_{atm} + A_{bar} + A_{gr} + A_{misc} \tag{7.45}$$

式中　$L_{eq,\,l}$——预测点列车运行噪声等效声级，dB（A）；

　　　T——预测时段内的时间，s；

　　　m——T 时段内通过的列车数，列；

　　　t_j——j 列车通过时段的等效时间，s；

　　　L_j——j 列车长度，m；

　　　V_j——j 列车运行速度，m/s；

　　　d——预测点到轨道中心线的水平距离，m；

　　　$L_{p,\,j}$——预测点 j 列车通过时段内的等效声级，按公式（7.33）计算，dB（A）；

　　　$L_{p_0,\,j}$——参考点 j 列车通过时段内最大垂向指向性方向上的噪声辐射源强，dB（A）；

　　　C_j——j 列车噪声修正量，dB（A）；

C_{Lj}——j 列车车辆、线路条件及轨道结构等修正量，dB（A）；

C_{vj}——j 列车速度修正量，dB（A）；

C_t——线路和轨道结构的修正量，dB（A）；

C_θ——垂向指向性修正量，dB（A）；

A——声波传播途径引起的衰减量，dB。

以上公式同样适用于倍频带声压级计算，若按倍频带声压级计算，应按公式（7.40）分别计算倍频带等效声级后再按公式（7.6）计算等效声级。

（四）机场飞机噪声预测

1. 预测参数

（1）工程参数。机场跑道参数：跑道的长度、宽度、坐标、坡度、数量、间距、方位及海拔高度；飞行参数：机场年日平均飞行架次；机场不同跑道和不同航向的飞机起降架次，机型比例，昼间、傍晚、夜间的飞行架次比例；飞行程序：起飞、降落、转弯的地面航迹；爬升、下滑的垂直剖面。

（2）声源参数。利用国际民航组织和飞机生产厂家提供的资料，获取不同型号发动机飞机的功率-距离-噪声特性曲线，或按国际民航组织规定的监测方法进行实际测量。

（3）气象参数。机场的年平均风速、年平均温度、年平均湿度和年平均气压。

（4）地面参数。分析飞机噪声影响范围内的地面状况（坚实地面、疏松地面、混合地面）。

2. 预测的评价量

根据《机场周围飞机噪声环境标准》（GB 9660—88）的规定，预测的评价量为 L_{WECPN}。

3. 预测范围

计权等效连续感觉噪声级等值线应预测到 70 dB。

4. 预测内容

在 1∶50 000 或 1∶10 000 地形图上给出计权等效连续感觉噪声级（L_{WECPN}）为 70 dB、75 dB、80 dB、85 dB、90 dB 的等声级线图。同时给出评价范围内敏感目标的计权等效连续感觉噪声级。给出不同声级范围内的面积、户数和人口数。

依据评价等级要求，给出相应的预测结果。

5. 预测模式

改、扩建项目应进行飞机噪声现状监测值和预测模式计算值符合性的验证，给出误差范围。根据《机场周围飞机噪声环境标准》（GB 9660—88），机场周围噪声的预测评价量应为计权等效（有效）连续感觉噪声级（L_{WECPN}），其计算公式见式（7.11）和式（7.12）。

（五）施工场地、调车场、停车场等噪声预测

1. 预测参数

（1）工程参数。给出施工场地、调车场、停车场等的范围。

（2）声源参数。根据工程特点，确定声源的种类。

（3）固定声源。给出主要设备名称、型号、数量、声源源强、运行方式和运行时间。

（4）流动声源。给出主要设备型号、数量、声源源强、运行方式、运行时间、移动范围和路径。

2. 预测内容

（1）根据建设项目工程的特点，分别预测固定声源和流动声源对场界（或边界）、敏感目标的噪声贡献值，进行叠加后作为最终的噪声贡献值。

（2）根据评价等级要求，给出相应的预测结果。

3. 预测模式

依据声源的特征，选择前述的相应预测计算模式。

（六）敏感建筑建设项目声环境影响预测

1. 预测参数

（1）工程参数。给出敏感建筑建设项目（如居民区、学校、科研单位等）的地点、规模、平面布置图等，明确属于建设项目的敏感建筑物的位置、名称、范围等参数。

（2）声源参数。具体包含两类：

① 建设项目声源。对建设项目的空调、冷冻机房、冷却塔、供水、供热、通风机、停车场、车库等设施进行分析，确定主要声源的种类、源强及其位置。

② 外环境声源。对建设项目周边的机场、铁路、公路、航道、工厂等进行分析，给出外环境对建设项目有影响的主要声源的种类、源强及其位置。

2. 声传播途径分析

以表格形式给出建设项目声源和预测点（包括属于建设项目的敏感建筑物和建设项目周边的敏感目标）间的坐标、距离、高差，以及外环境声源和预测点（属于建设项目的敏感建筑物）之间的坐标、距离、高差，分别分析两部分声源和预测点之间的传播路径。

3. 预测内容

（1）敏感建筑建设项目声环境影响预测应包括建设项目声源对项目及外环境的影响预测和外环境（如周边公路、铁路、机场、工厂等）对敏感建筑建设项目的环境影响预测两部分内容。

（2）分别计算建设项目主要声源对属于建设项目的敏感建筑和建设项目周边的敏感目标的噪声影响，同时计算外环境声源对属于建设项目的敏感建筑的噪声影响，属于建设项目的敏感建筑所受的噪声影响是建设项目主要声源和外环境声源影响的叠加。

（3）根据评价等级要求，给出相应的预测结果。

4. 预测模式

根据不同声源的特点，选择相应的噪声预测模式进行计算。

第五节　声环境影响评价

一、评价标准的确定

应根据声源的类别和建设项目所处的声环境功能区等确定声环境影响评价标准，没有划分声环境功能区的区域由地方环境保护部门参照《声环境质量标准》（GB 3096—2008）和《城市区域环境噪声适用区划技术规范》（GB/T 15190—2014）的规定划定声环境功能区。

二、评价的主要内容

1. 评价方法和评价量

根据噪声预测结果和环境噪声评价标准，评价建设项目在施工期、运行期噪声的影响程度和影响范围，给出边界（厂界、场界）及敏感目标的达标分析。

进行边界噪声评价时，新建建设项目以工程噪声贡献值作为评价量；改、扩建建设项目以工程噪声贡献值与受到现有工程影响的边界噪声值叠加后的预测值作为评价量。

进行敏感目标噪声环境影响评价时，以敏感目标所受的噪声贡献值与背景噪声值叠加后的预测值作为评价量。

2. 影响范围和影响程度分析

给出评价范围内不同声级范围覆盖下的面积，主要建筑物类型、名称、数量及位置，影响的户数、人口数。

3. 噪声超标原因分析

分析建设项目边界（厂界、场界）及敏感目标噪声超标的原因，明确引起超标的主要声源。对于通过城镇建成区和规划区的路段，还应分析建设项目与敏感目标间的距离是否符合城市规划部门提出的防噪声距离的要求。

4. 对策建议

分析建设项目的选址（选线）、规划布局和设备选型等的合理性，评价噪声防治对策的适用性和防治效果，提出需要增加的噪声防治对策、噪声污染管理、噪声监测及跟踪评价等方面的建议，并进行技术、经济可行性论证。

第六节　噪声防治对策

一、噪声防治措施的一般要求

1. 工业建设项目

工业（包括工矿企业和事业单位）建设项目的噪声防治措施应针对建设项目投产后噪声影响的最大预测值制订，以满足厂界（场界、边界）和敏感目标（或声环境功能区）的达标要求。

2. 交通运输类建设项目

交通运输类建设项目（如公路、铁路、城市轨道交通、机场项目等）噪声防治措施应针对建设项目不同代表性时段的噪声影响预测值分期制定，以满足声环境功能区及敏感目标功能要求。其中，铁路建设项目的噪声防治措施还应同时满足铁路边界噪声排放标准要求。

二、噪声防治途径

（一）规划防治对策

主要指从建设项目的选址（选线）、规划布局、总图布置和设备布局等方面进行调整，提出减少噪声影响的建议。如采用"闹静分开"和"合理布局"的设计原则，使高噪声设备尽可能远离噪声敏感区；建议建设项目重新选址（选线）或提出城乡规划中有关防止噪声的建议等。

（二）技术防治措施

1. 声源上降低噪声的措施

（1）改进机械设计，如在设计和制造过程中选用发声小的材料来制造机件，改进设备结构和形状、改进传动装置以及选用已有的低噪声设备等。

（2）采取声学控制措施，如对声源采用消声、隔声、隔振和减振等措施。

（3）维持设备处于良好的运转状态。

（4）改革工艺、设施结构和操作方法等。

2. 噪声传播途径上降低噪声措施

（1）在噪声传播途径上增设吸声、声屏障等措施。

（2）利用自然地形物（如利用位于声源和噪声敏感区之间的山丘、土坡、地堑、围墙等）降低噪声。

（3）将声源设置于地下或半地下的室内等。

（4）合理布局声源，使声源远离敏感目标等。

3. 敏感目标自身防护措施

（1）受声者自身增设吸声、隔声等措施，如佩戴耳罩等。

（2）合理布局噪声敏感区中的建筑物功能和合理调整建筑物平面布局。

（三）管理措施

主要包括提出环境噪声管理方案（如制订合理的施工方案、优化飞行程序等），制订噪声监测方案，提出降噪减噪设施的运行使用、维护保养等方面的管理要求，提出跟踪监测和评价要求等。

三、典型建设项目噪声防治措施

1. 工业（工矿企业和事业单位）噪声防治措施

（1）应从选址、总图布置、声源、声传播途径及敏感目标自身防护等方面分别给出噪声防治的具体方案。主要包括：选址的优化方案及其原因分析，总图布置调整的具体内容及其降噪效果（包括厂界和敏感目标）；给出各主要声源的降噪措施、效果和投资。

（2）对措施方案进行经济、技术可行性论证。

（3）在符合《城乡规划法》中规定的可对城乡规划进行修改的前提下，提出厂界（或场界、边界）与敏感建筑物之间的规划调整建议。

（4）提出噪声监测计划。

2. 公路、城市道路交通噪声防治措施

（1）通过不同选线方案的声环境影响预测结果，分析敏感目标受影响的程度，提出优化的选线方案建议。

（2）根据工程与环境特征，给出局部线路调整、敏感目标搬迁、邻路建筑物使用功能变更、改善道路结构和路面材料、设置声屏障和对敏感建筑物进行噪声防护等具体的措施方案及其降噪效果，并进行经济、技术可行性论证。

（3）在符合《城乡规划法》中规定的可对城乡规划进行修改的前提下，提出城镇规划区段线路与敏感建筑物之间的规划调整建议。

（4）给出车辆行驶规定及噪声监测计划等对策建议。

3. 铁路、城市轨道噪声防治措施

（1）通过不同选线方案的声环境影响预测结果，分析敏感目标受影响的程度，提出优化的选线方案建议。

（2）根据工程与环境特征，给出局部线路和站场调整，敏感目标搬迁或功能置换，轨道、列车、路基（桥梁）、道床的优选，列车运行方式、运行速度、鸣笛方式的调整，设置声屏障和对敏感建筑物进行噪声防护等具体的措施方案及其降噪效果，并进行经济、技术可行性论证。

（3）在符合《城乡规划法》中明确的可对城乡规划进行修改的前提下，提出城镇规划区段铁路（或城市轨道交通）与敏感建筑物之间的规划调整建议。

（4）给出列车行驶规定及噪声监测计划等对策建议。

4. 机场噪声防治措施

（1）通过不同机场位置、跑道方位、飞行程序方案的声环境影响预测结果，分析敏感目标受影响的程度，提出优化的机场位置、跑道方位、飞行程序方案建议。

（2）根据工程与环境特征，给出机型优选，昼间、傍晚、夜间飞行架次比例的调整，对敏感建筑物进行噪声防护或使用功能变更、拆迁等具体的措施方案及其降噪效果，并进行经济、技术可行性论证。

（3）在符合《城乡规划法》中明确的可对城乡规划进行修改的前提下，提出机场噪声影响范围内的规划调整建议。

（4）给出飞机噪声监测计划。

第七节　声环境影响评价专题文件的编写要求

一、环境影响评价工作方案——声环境部分

（一）基本要求

方案应重点明确开展噪声评价工作的具体内容及实施方案，应在初步进行工程分析和环境现状调查的基础上编制。

（二）主要内容

（1）建设项目概况和工程分析。

重点给出声源种类、数量、分布、运行时间及噪声级等基本情况。

（2）区域环境概况调查。

确定调查的范围和内容，重点说明建设项目周边的声环境功能区划分情况和声环境质量要求、主要环境声源、敏感目标的数量、位置等内容。

（3）声环境影响评价的工作等级和评价范围的确定，给出评价量和评价标准。

（4）环境质量现状监测。

明确监测的范围、指标、监测点数量、位置、监测时段及监测频次等。

（5）环境影响预测和评价。

确定预测和评价的范围和内容、选用的预测模型、预测时段及有关声源源强等参数的来源。

（6）给出结论和建议的基本内容。

（7）评价工作的组织、计划安排和经费概算。

（8）附件。

附建设项目和敏感目标关系图、现状监测点位置图等。

二、环境影响报告书——声环境影响专题报告

（一）基本要求

专题报告应做到提供的资料齐全、可靠，论据清楚，结论明确；文字简洁、准确，图文

并茂，既能全面、概括地表述声环境影响评价的全部工作，又利于阅读和审查。

专题报告书应说明建设项目声环境影响的范围和程度；明确建设项目在不同实施阶段能否满足声环境保护要求的结论；同时提出噪声防治措施。

（二）主要内容

（1）总论。

给出编制依据；评价等级、评价范围；执行的声环境质量标准及厂界（场界、边界）噪声排放标准；声环境敏感目标。

（2）工程分析。

重点明确建设项目主要声源数量、位置、源强、拟采取的噪声控制措施。

（3）声环境现状调查与评价。

说明评价范围内主要声源，声环境功能区划分情况；以图表的形式给出监测点位的名称和数量；说明监测仪器、监测时间、监测方法及监测结果；分析敏感目标现状噪声超标情况、受噪声影响的人口数和超标原因。改、扩建项目应对已有工程噪声现状进行重点分析评价。

（4）声环境影响预测和评价。

明确预测时段、预测基础资料、预测方法、声源数量、源强；给出建设项目在不同时段下边厂界（场界、边界）噪声达标、超标情况及超标原因；敏感目标超标情况及影响的人口数。

（5）提出噪声防治对策。

提出需要增加的、适用于建设项目的噪声防治对策，给出各项措施的降噪效果及投资估算，并分析其经济、技术的可行性。提出建设项目的有关噪声污染管理、监测及跟踪评价要求等方面的建议。

（6）声环境影响评价结论。

（7）附件。

给出引用资料的来源、时间、类比条件等。给出声源和敏感点位置关系图及敏感点照片等。

思考与练习

1. 声环境质量评价量有哪些？
2. 简述声环境影响评价工作程序。
3. 简述声环境影响评价等级的判定依据和具体划分方法。
4. 声环境影响评价范围的确定方法是什么？
5. 简述声环境现状监测的布点原则。
6. 简述预测点的预测等效声级的计算方法。
7. 户外声传播衰减由哪些方面组成？分别如何计算？
8. 声环境影响评价的方法和评价量有哪些？
9. 噪声防治途径有哪些？

第八章　固体废物环境影响评价

第一节　基础知识

一、固体废物的定义

《中华人民共和国固体废物污染环境防治法》第八十八条第一款规定：

固体废物，是指在生产、生活和其他活动中产生的丧失原有利用价值，或虽未丧失利用价值但被抛弃或者放弃的固态、半固态和置于容器中的气态的物品、物质，以及法律、行政法规规定纳入固体废物管理的物品、物质。

实际工作中，可以通过《固体废物鉴别标准　通则》GB34330—2017）的规定判断物质是否属于固体废物。

二、固体废物的分类

固体废物来源广泛，种类繁多，性质各异。按固体废物特性，可分为一般废物和危险废物；按固体废物来源又可分为工业固体废物、生活垃圾和农业固体废物。

1. 工业固体废物

工业固体废物是指在工业生产活动中产生的固体废物。主要包括冶金工业、能源工业、石油化学工业、矿业、轻工业和其他工业的固体废物等。

2. 生活垃圾

生活垃圾是指在日常生活中或者为日常生活提供服务的活动中产生的固体废物，以及法律、行政法规规定视为生活垃圾的固体废物。包括城市生活垃圾、建筑垃圾和农村生活垃圾等。

3. 农业固体废物

农业固体废物是指来自农业生产、畜禽养殖、农副产品加工所产生的废物。包括农作物秸秆、农用薄膜、畜禽排泄物等。

4. 危险废物

《中华人民共和国固体废物污染环境防治法》第八十八条第四款规定：

危险废物是指列入国家危险废物名录，或者根据国家规定的危险废物鉴别标准和鉴别方法认定的，具有危险特性的固体废物。

2016 年 6 月 14 日由原环境保护部、国家发展和改革委员会和公安部联合发布《国家危险废物名录》，自 2016 年 8 月 1 日起施行。

《国家危险废物名录》规定：

第二条　具有下列情形之一的固体废物（包括液态废物），列入本名录：

（一）具有腐蚀性、毒性、易燃性、反应性或者感染性等一种或者几种危险特性的；

（二）不排除具有危险特性，可能对环境或者人体健康造成有害影响，需要按照危险废物进行管理的。

第三条　医疗废物属于危险废物。医疗废物分类按照《医疗废物分类目录》执行。

第四条　列入《危险化学品目录》的化学品废弃后属于危险废物。

《国家危险废物名录》共包含 50 类危险废物。每一种废物对应唯一的废物代码。代码为 8 位数字，第 1~3 位为危险废物产生行业代码，第 4~6 位为危险废物顺序代码，第 7~8 位为危险废物类别代码。

三、固体废物的特点

1. 数量巨大、种类繁多、成分复杂

经统计，2017 年全国 202 个大、中城市一般工业固体废物产生量为 13.1 亿吨，工业危险废物产生量为 4 010.1 万吨，医疗废物产生量为 78.1 万吨，生活垃圾产生量为 2.0 亿吨，产生量巨大，且种类繁多，成分复杂。

2. 具有时间和空间的相对性

固体废物具有鲜明的时间和空间相对性，是"放错位置的资源"。从时间方面讲，它仅仅是在目前的科学技术和经济条件下无法加以利用的资源，但随着时间的推移、科学技术的发展以及人们要求的变化，今天的废物可能成为明天的资源。从空间角度看，废物仅仅相对于某一过程或某一方面没有使用价值，而并非在一切过程或一切方面都没有使用价值。一种过程的废物，往往可以成为另一种过程的原料。

3. 危害具有潜在性、长期性和灾难性

固体废物对环境的污染不同于废水、废气和噪声。固体废物呆滞性大、扩散性小，它对环境的影响主要是通过水、气和土壤进行的。固态的危险废物一旦造成环境污染，有时很难补救和恢复。其中污染成分的迁移转化，如浸出液在土壤中的迁移，是一个比较缓慢的过程，其危害可能在数年以至数十年后才被发现。从某种意义上讲，固体废物，特别是危险废物对环境造成的危害可要比废水、废气造成的危害严重得多。

4. 处理过程的终态，污染环境的源头

固体废物往往是许多污染物的终极状态。在废气的治理过程中，利用洗气、吸附或除尘等技术可以有效地将存在于气相中的粉尘或可溶性污染物，最终富集成为固体废物；在水处理工艺中，无论是采用物理化学处理技术（如混凝、沉淀、超滤等），还是生物处理技术（如好氧生物处理、厌氧生物处理等），在水得到净化的同时，总是将水体中的无机和有机污染物质以固相的形态分离出来，因而产生大量的污泥或残渣。从这个意义上讲，可以认为废气治理或水处理的过程，实际上都是将环境中的污染物转化为较难于扩散的形式，即将液态或气态污染物转变为固态污染物，降低污染物向环境迁移的速率。因此，固体废物是污染物的终态。

固体废物在堆存和处理与处置过程中，如果方法不当，其中富集的污染物会重新进入水、大气和土壤等，对其造成二次污染。因此，固体废物也是污染的源头。

第二节　固体废物的环境影响

一、固体废物对环境的影响

固体废物对环境的影响主要有以下几个方面。

1. 对大气环境的影响

固体废物在堆存和处理与处置过程中会产生有害气体，若不加以妥善处理，将对大气环境造成不同程度的影响。

（1）露天堆放和填埋的固体废物由于有机组分的分解而产生沼气，一方面沼气中的氨气、硫化氢、甲硫醇等的扩散会产生恶臭，造成区域性空气污染；另一方面沼气的主要成分甲烷是一种温室气体，其温室效应是二氧化碳的 21 倍；当甲烷在空气中含量达到 5%~15% 时很容易发生爆炸，造成安全隐患。

（2）固体废物在焚烧过程中会产生烟尘、酸性气体、二噁英等，会对大气环境造成污染。采用焚烧法处理固体废物，由于缺乏空气净化装置而污染大气；有的露天焚烧炉排出的烟尘在接近地面处的质量浓度达到 0.56 g/m^3，远超环境空气质量标准。

（3）堆放的固体废物中的细微颗粒可随风飞扬，从而对大气环境造成污染。据研究表明：当发生 4 级以上的风时，在粉煤灰或尾矿堆表层的粒径为 1~1.5 mm 的粉末将出现剥离，导致大气颗粒物含量增加。

2. 对水环境的影响

固体废物对水环境的污染途径有直接污染和间接污染两种。

（1）直接污染是把水体作为固体废物的接纳体，向水体直接倾倒废物，从而导致水体的直接污染，严重危害水生生物的生存条件，并影响水资源的利用。此外，向水体倾倒固体废物还将缩减江河湖库有效面积，使其排洪和灌溉能力降低。

（2）间接污染是固体废物在堆积过程中，经过自身分解和雨水淋溶，产生的含有毒有害化学物质的渗滤液流入江河、湖泊、海洋和渗入地下，导致地表水和地下水的污染。

3. 对土壤环境的影响

固体废物对土壤有两个方面的环境影响：

（1）固体废物堆存和处理与处置过程中，其中有毒有害组分容易污染土壤。土壤是许多细菌、真菌等微生物聚居的场所。这些微生物与其周围环境构成一个生态系统，在大自然的物质循环中，担负着碳循环和氮循环的一部分重要任务。工业固体废物，特别是有毒有害固体废物，经过风化、雨雪淋溶、地表径流的侵蚀，产生高温和有害物质渗入土壤，改变土壤的组成和结构，影响土壤的自净能力。

（2）固体废物的堆放需要占用大量土地。我国许多城市的郊区常常是城市生活垃圾的堆放场所，形成严重的"垃圾围城"现状。因此，越来越多的地方将垃圾焚烧作为处理与处置城市垃圾的主要方法。

4. 对人体健康的影响

固体废物在露天堆存和处理与处置过程中，在物理、化学和生物作用下会产生有毒有害物质，通过地表水、地下水、大气、土壤和食物链（网）等环境介质（途径）直接或间接影响人体健康（见图 8.1）。

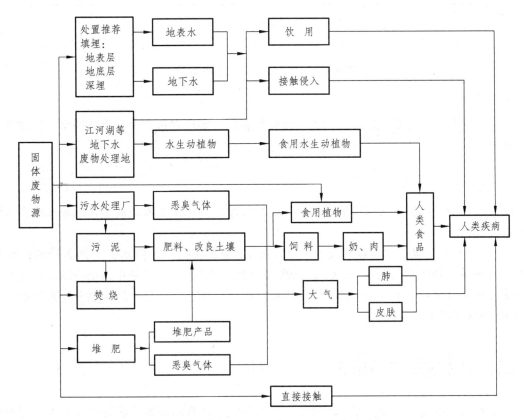

图 8.1　固体废物中化学物质致人疾病的途径

二、固体废物中污染物的释放

（一）排放到大气中的污染物

大气污染物可以来自点源、线源、面源和体源。点源是典型的污染源，而线源、面源和体源被认为是通过烟囱、出烟孔或其他设备等产生的，如汽车排气。

大气污染物又可分为气态和颗粒态污染物。气态污染物主要由有机化合物组成，主要的释放机制是挥发，气态污染物可由加工制造和废物处理过程产生。颗粒态污染物基本上是来自焚烧和机械过程。

1. 挥发

挥发是把化学物质从液相转到气相的过程，大部分无组织排放。大气释放源主要来自有害废物处理与处置场；地面的废物储存罐，管道的接口处，以及各种废物贮留池的表面；还有地面以下的源，如来自填埋场浸出液释放的污染物进入地下水。

挥发依赖于温度、蒸汽压及液相和气相间的浓度差。挥发的有机物可以直接进入大气，也可能通过曲折路径，如图8.2描述的是污染物在地表以下的运动。这种运动主要是通过多孔介质扩散，土壤的孔隙度和土壤湿度是重要的影响因素。

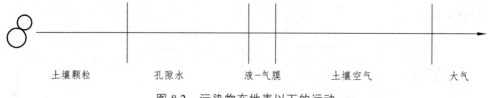

土壤颗粒　　　　孔隙水　　　　液-气膜　　　　土壤空气　　　　大气

图8.2　污染物在地表以下的运动

2. 颗粒物质排放

废物堆存和处理与处置过程会向大气排放颗粒物，如堆存过程中产生的扬尘、焚烧产生的飞灰等。

（二）排放到水体的污染物

固体废物中污染物进入水体的典型例子是垃圾填埋场产生的渗滤液排入地表水或渗入地下水中。

图8.3显示了垃圾填埋场渗滤液中水分的来源，它们包括：① 降水；② 地表径流；③ 地下水；④ 固体废物中携带的水分；⑤ 固体废物分解产生的水。渗滤液中污染物的成分复杂多样，受废物的填埋量、水的浸入速率、污染物溶解度、固体废物与水的接触面积和接触时间以及 pH 等因素影响。

三、固体废物中污染物的迁移转化

主要考虑垃圾填埋场渗滤液中污染物的迁移转化。垃圾填埋场渗滤液对地下水的污染控制是垃圾填埋场建设的核心问题之一。

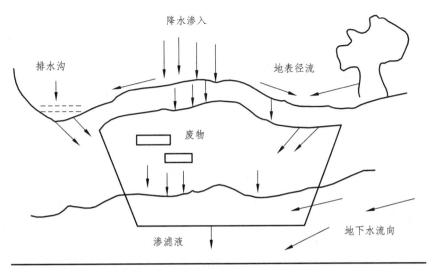

图 8.3　渗滤液的产生来源

1. 渗滤液实际渗流速度

为确定渗滤液中污染物通过垃圾填埋场底部垂直向下迁移的速度和穿过包气带及潜水层的时间，需要确定渗滤液在衬层和各土层中的实际渗流速度为：

$$v = \frac{q}{\eta_e}$$ （8.1）

式中　v——渗滤液实际渗流速度，cm/s；

　　　q——单位时间渗漏率，cm/s；

　　　η_e——多孔介质的有效孔隙度。

2. 污染物迁移速度

污染物在衬层和包气带土层中的迁移速率取决于地下水的运动速度，其迁移路线与地下水的运移路线基本相同，因而污染物迁移速率 v' 与地下水的运移速度 v 存在下述关系：

$$v' = \frac{v}{R_d}$$ （8.2）

式中　R_d——污染物在地质介质中的滞留因子，量纲为一。

如果污染物在地下水-地质介质中的吸附平衡为线性关系，则滞留因子的计算公式如下：

$$R_d = 1 + \frac{\rho_b}{\eta_e} K_d$$ （8.3）

式中　ρ_b——土壤堆积容重（干），g/cm³；

　　　K_d——污染物在土壤-水体系中的吸附平衡分配系数，应通过土壤对渗滤液中污染物的静态和动态吸附实验来确定，mL/g。

第三节　固体废物环境影响评价的主要内容及特点

一、固体废物环境影响评价类型与内容

固体废物的环境影响评价主要分两大类型：第一类是对一般工程项目产生的固体废物，由产生、收集、运输、处理到最终处置的环境影响评价；第二类是对处理与处置固体废物设施建设项目的环境影响评价。

对第一类的环境影响评价内容主要包括：

①污染源调查。根据调查结果，要给出包括固体废物的名称、组分、性质、数量等内容的调查清单，同时应按一般工业固体废物和危险废物分别列出。

②污染防治措施的论证。根据工艺过程、各个产出环节提出防治措施，并对防治措施的可行性加以论证。

③提出最终处置措施方案。一般项目产生的固体废物，其环境影响评价要提出相应固体废物的最终处置措施方案，如综合利用、填埋、焚烧等。并应包括对固体废物收集、储运、预处理等全过程的环境影响及污染防治措施。

对处理、处置固体废物设施的环境影响评价内容，则是根据处理处置的工艺特点，按照相应的污染控制标准进行环境影响评价，如一般工业废物储存、处置场，危险废物储存场所，生活垃圾填埋场，生活垃圾焚烧厂，危险废物填埋场，危险废物焚烧厂等。在这些工程项目污染物控制标准中，对厂（场）址选择、污染控制项目、污染物排放限制等都有相应的规定，是环境影响评价必须严格予以执行的。

二、固体废物环境影响评价特点

一方面，由于国家要求对固体废物污染实行由产生、收集、储存、运输、预处理直至处置的全过程控制，因此在环境影响评价中应包括所涉及的各个过程。

另一方面，为了保证固体废物处理与处置设施的安全稳定运行，必须建立一个完整的收集、储存、转运体系，即在环境影响评价中收集、储存、转运体系是和处理与处置设施构成一个整体的。且储存可能对地表水和地下水产生影响，运输可能对运输路线周围的环境敏感目标造成影响，因此，固体废物环境影响评价必须要重视储存和运输过程。

第四节　生活垃圾填埋场的环境影响评价

一、生活垃圾填埋场对环境的主要影响

（一）生活垃圾填埋场的主要污染源

生活垃圾填埋场主要污染源是渗滤液和填埋气体。

1. 渗滤液

生活垃圾填埋场渗滤液是一种成分复杂的高浓度有机废水，通常 pH 为 4~9，COD 为 2 000~62 000 mg/L，BOD_5 为 60~45 000 mg/L，BOD_5/COD 较低，可生化性差。重金属浓度和市政污水中重金属浓度基本一致。

鉴于生活垃圾填埋场渗滤液产生量及其性质的高度动态变化特性，评价时应选择有代表性的数值。一般来说，生活垃圾填埋场渗滤液的水质随填埋龄的增长将发生变化。根据生活垃圾填埋场填埋龄，其渗滤液通常可分为两大类：

① 年轻填埋场（填埋龄在 5 年以下）渗滤液，水质特点是 pH 较低，BOD_5 及 COD 浓度较高，色度大，且 BOD_5/COD 的比值较高，同时各类重金属离子浓度也较高。

② 年老填埋场（填埋龄在 5 年以上）渗滤液，主要水质特点是 pH 一般在 6~8，接近中性或弱碱性，BOD_5 和 COD 浓度较低，且 BOD_5/COD 的比值较低，可生化性差，而 $NH4^+-N$ 浓度高，重金属离子浓度降低（因为此阶段 pH 升高，不利于重金属离子的溶出）。

2. 释放气体

由主要气体和微量气体两部分组成。生活垃圾填埋场气体的典型组成（体积分数）为：甲烷 45%~50%，二氧化碳 40%~60%，氮气 2%~5%，氧气 0.1%~1.0%，硫化物 0~1.0%，氨气 0.1%~1.0%，氢气 0%~0.2%，一氧化碳 0~0.2%，微量组分 0.01%~0.6%。气体的典型温度达 43~49℃，相对密度为 1.02~1.06，为水蒸气所饱和，高位热值在 15 630~19 537 kJ/m^3。

生活垃圾填埋场释放气体中的微量气体成分复杂，国外通过对大量填埋场释放气体取样分析，发现了多达 116 种有机成分，其中许多可以归为挥发性有机组分（VOC$_s$）。

（二）生活垃圾填埋场的主要环境影响

生活垃圾填埋场对环境的影响主要包括：

（1）施工期水土流失等对生态环境的破坏。

（2）填埋场渗滤液泄漏或处理不当对地下水及地表水的污染。

（3）填埋场产生气体排放对大气的污染、对公众健康的危害以及可能发生的爆炸对公众安全的威胁。

（4）填埋场的存在对周围景观的不利影响。

（5）填埋作业及垃圾堆体对周围地质环境的影响，如造成滑坡、崩塌、泥石流等。

（6）机械噪声对公众的影响。

（7）填埋场滋生的害虫、昆虫、啮齿动物以及在填埋场觅食的鸟类和其他动物可能传播疾病。

（8）填埋场垃圾中塑料袋、纸张以及尘土等在未来得及覆土压实情况下可能飘出场外，造成环境污染和景观破坏。

（9）流经填埋场区的地表径流可能受到污染。

（10）封场后的填埋场对环境的影响减小，但填埋场植被恢复过程中，种植于填埋场顶部覆盖层上的植物可能受到污染。

二、生活垃圾填埋场环境影响评价的主要工作内容

根据生活垃圾填埋场建设及其排污特点，环境影响评价工作具有多方面的特征，主要工作内容见表 8.1。

表 8.1　生活垃圾填埋场环境影响评价工作内容

评价项目	评价工作内容
场址选择评价	场址选择评价是垃圾填埋场环境影响评价的基本内容，主要是评价拟选场地是否符合选址标准。其方法是根据场地自然条件，采用选址标准逐项进行评判。评价的重点是场地的水文地质条件、工程地质条件、土壤自净能力等
自然、环境质量现状评价	自然现状评价要突出对地质现状的调查与评价。环境质量现状评价主要评价拟选场地及其周围的空气、地表水、地下水、噪声等环境质量状况。其方法一般是根据监测值与各种标准，采用单因子和多因子综合评判法
工程污染因素分析	对拟填埋垃圾的组分、预测产生量、运输途径等进行分析说明；对施工布局、施工作业方式、取土石区及弃渣点位设置及其环境类型和占地特点进行说明；分析填埋场建设过程中和建成投产后可能产生的主要污染源及其污染物以及它们产生的数量、种类、排放方式等。其方法一般采用计算、类比、经验统计等。污染源一般有渗滤液、释放气、恶臭、噪声等
施工期环境影响评价	主要评价施工期场地内排放生活污水，各类施工机械产生的机械噪声、振动以及二次扬尘对周围地区产生的环境影响。还应对施工期水土流失生态环境影响进行相应评价
水环境影响预测与评价	主要是评价填埋场衬里结构的安全性以及结合渗滤液防治措施综合评价渗滤液的排出对周围水环境的影响，包括两方面内容： ① 正常排放对地表水的影响：主要评价渗滤液经处理达到排放标准后排出，经预测并利用相应标准评价是否会对受纳水体产生影响及影响程度如何； ② 非正常渗漏对地下水的影响：主要评价衬里破裂后渗滤液下渗对地下水的影响，包括渗透方向、渗透速度、迁移距离、土壤的自净能力及效果等。 在评价时段上应体现对施工期、运营期和服务期满后的全时段评价

评价项目	评价工作内容
大气环境影响预测与评价	主要评价填埋场释放气体及恶臭对环境的影响： ① 释放气体。主要是根据排气系统的结构，预测和评价排气系统的可靠性、排气利用的可能性以及排气对环境的影响。预测模式可采用地面源模式； ② 恶臭。主要是评价运输、填埋过程中及封场后可能对环境的影响。评价时要根据垃圾的种类，预测各阶段臭气产生的位置、种类、浓度及其影响范围。 在评价时段上应体现对施工期、运营期和服务期满后的全时段评价
噪声环境影响预测与评价	主要是评价垃圾运输、场地施工、垃圾填埋操作、封场各阶段由各种机械产生的振动和噪声对环境的影响。噪声评价可根据各种机械的特点采用机械噪声声压级预测，然后再结合卫生标准和功能区标准评价，是否满足噪声控制标准，是否会对最近的居民区/点产生影响
污染防治措施	主要包括： ① 渗滤液的治理和控制措施以及填埋场衬里破裂补救措施； ② 释放气的导排或综合利用措施以及防臭措施； ③ 减振防噪措施
环境经济损益分析	要计算评价污染防治设施投资以及所产生的社会、经济、环境效益
其他评价项目	① 结合填埋场周围的土地、生态情况，对土壤、生态、景观等进行评价； ② 对洪涝特征年产生的过量渗滤液以及垃圾释放气因物理、化学条件异变而产生垃圾爆炸等进行风险事故评价

三、大气污染物排放强度计算

生活垃圾填埋场大气环境影响评价的难点是确定大气污染物排放强度。

1. 计算方法

生活垃圾填埋场污染物排放强度的计算采取下述方法：

（1）根据垃圾中废物的主要元素含量确定概化分子式，求出垃圾的理论产气量。

（2）综合考虑生物降解度和对细胞物质的修正，求出垃圾的潜在产气量。

（3）在此基础上分别取修正系数为60%和50%计算实际产气量。

（4）根据实际产气量计算垃圾的产气速率。

（5）利用实际回收系数修正得出污染物排放源强。

2. 理论产气量计算

生活垃圾填埋场的理论产气量是填埋场中可降解的有机物在下列假设条件下的产气量：

（1）有机物完全降解矿化。

（2）基质和营养物质的均衡，满足微生物的代谢需要。

（3）降解产物除 CH_4 和 CO_2 之外，无其他含碳化合物，碳元素没有被用于微生物的细胞合成。

根据上述假设，填埋场有机物的生物厌氧降解过程可以用公式（8.4）概要表示。

$$C_aH_bO_cN_dS_e + \frac{4a-b-2c+3d+2e}{4}H_2O = \frac{4a+b-2c-3d-2e}{8}CH_4 +$$
$$\frac{4a-b+2c+3d+2e}{8}CO_2 + dNH_3 + eH_2S \tag{8.4}$$

式中　$C_aH_bO_cN_dS_e$——降解有机物的概化分子式；

a、b、c、d、e——根据有机物中 C、H、O、N、S 的含量比例确定。

3. 实际产气量计算

生活垃圾填埋场实际产气量由于受到多种因素的影响，要比理论产气量小得多。例如，食品和纸类等有机物通常被视为可降解有机物，但其中一些组分在填埋场环境中呈现惰性，很难降解，如木质素等；而且，木质素的存在还将降低有机物中纤维素和半纤维素的降解。再如，理论产气量假设了除 CH_4 和 CO_2 之外，无其他含碳化合物产生，而实际上，部分有机物被微生物生长繁殖所消耗，形成细胞物质。除此之外，填埋场的实际环境条件也对产气量有着重要的影响，如温度、含水率、营养物质、有机物降解程度、有机物随渗滤液的损失量、填埋场的作业方式等。因此，生活垃圾填埋场实际产气量是在理论产气量中去掉微生物消耗部分、难降解部分和因各种因素造成产气量损失或者产气量降低部分之后的产气量。

生物降解度是在生活垃圾填埋场环境条件下，有机物中可生物降解部分的含量。据有关资料报道，植物厨渣、动物厨渣、纸的生物降解度分别为 66.7%、77.1%、52.0%，取细胞物质的修正系数为 5%，因各种因素造成实际产气量较理论产气量降低 40%，也即实际产气量的修正系数为 0.6。

4. 产气速率计算

垃圾填埋场气体的产气速率是指单位时间内产生的气体总量，单位为 m^3/a。一般采用一阶产气速率动力学模型进行填埋场产气速率的计算，公式如下：

$$q(t) = kY_0e^{-kt} \tag{8.5}$$

式中　q——单位气体产生速率，$m^3/(t \cdot a)$；

Y_0——垃圾的实际产气量，m^3/t；

k——产气速率常数，$1/a$。

上式是 1 年时间内的单位产气速率。对于运行期为 N 年的生活垃圾填埋场，产气速率可通过叠加得到。

$$R(t) = \sum_{i=1}^{M} W_{q_i}(t) = kWQ_0 \sum_{i=1}^{M} \exp\{-k[t-(i-1)]\} \tag{8.6}$$

式中　t——时间，从垃圾填埋场开始填埋垃圾时刻算起，a；

$R(t)$——t 时刻填埋场产气速率，m^3/a；

W——每年填埋的垃圾重量，t；

k——降解速率常数，1/a；

Q_0—— $t = 0$ 时的实际产气量， $Q_0 = Q_{实际}$，m^3/t；

M——年数，若填埋场运行年数为 N 年，则当 $t < N$ 时， $M = t$；当 $t \geq N$ 时， $M = N$。

当垃圾中有多种可降解有机物时，还要把不同有机物降解的产气速率叠加起来，得到填埋场垃圾总的产气速率。

有机物的降解速度常数可以通过其降解反应的半衰期 $t_{1/2}$ 加以确定。

$$k = \ln 2 / t_{1/2} \tag{8.7}$$

实验结果表明，动植物残渣 $t_{1/2}$ 区间为 1~4 年，这里取为 2 年；纸类 $t_{1/2}$ 区间为 10~25 年，这里取为 20 年。由此确定动植物残渣和纸类的降解速度常数分别为 0.346/a 和 0.0346/a。

5. 大气污染物排放强度

在扣除回收利用的填埋气体后，剩余的就是直接释放进入大气的填埋气体。确定填埋气体进入大气的速率后，乘以填埋气体中污染物的浓度，就可以确定该污染物的排放强度。

垃圾填埋场恶臭气体的预测和评价通常选择 H_2S、NH_3 作为预测评价因子。此外，垃圾填理场产生的 CO 也是重要的环境空气污染源，预测因子中也应包括 CO。

H_2S、NH_3 和 CO 在填理场气体中的含量范围通常小于理论计算值，原因是垃圾中的氮元素并不能全部转化为氨；而根据国内外垃圾填埋场的运行经验，填埋气体中 H_2S、NH_3 和 CO 的含量分别为 0.1%~1.0%、0.1%~1.0% 和 0~0.2%。因此在预测评价中，考虑到我国生活垃圾中有机成分较少，NH_3 含量取为 0.4%，H_2S 的含量与 NH_3 相当，也取为 0.4%，CO 取高限为 0.2%。

四、渗滤液对地下水污染预测

垃圾填埋场渗滤液对地下水的影响评价较为复杂，一般除需要大量的资料外，还需要通过复杂的数学模型进行计算分析。这里主要根据降雨入渗量和垃圾填理场垃圾含水量估算渗滤液的产生量；从土壤的自净、吸附、弥散能力以及有机物降解能力等方面，定性和定量地预测垃圾填埋场渗滤液可能对地下水产生的影响。

（一）渗滤液产生量

渗滤液的产生量受垃圾含水量、垃圾填埋场所在区域降雨情况以及填埋作业区大小的影响；同时也受场区蒸发量、风力、场地地面情况、植被情况等因素的影响。最简单的估算方法是假设整个垃圾填埋场的剖面含水率在所考虑的周期内等于或超过其相应田间持水率，用水量平衡法进行计算。公式如下：

$$Q = (W_p - R - E)A_a + Q_L \tag{8.8}$$

式中　Q——渗滤液的年产生量，m^3/a；

W_p——年降水量；

R——年地表径流量，$R = C \times W_p$，C 为地表径流系数；

E——年蒸发量；

A_a——填埋场地表面积；

Q_L——垃圾产水量。

降水的地表径流系数 C 与土壤条件、地表植被条件和地形条件等因素有关。表 8.2 给出了用于计算垃圾填埋场渗滤液产生量的降水地表径流系数。

表 8.2　降水地表径流系数

地表条件	坡　度/%	地表径流系数 C		
		亚砂土	亚黏土	黏　土
草地（表面有植被覆盖）	0~5（平坦）	0.10	0.30	0.40
	5~10（起伏）	0.16	0.36	0.55
	10~30（陡坡）	0.22	0.42	0.60
裸露土层（表面无植被覆盖）	0~5（平坦）	0.30	0.50	0.60
	5~10（起伏）	0.40	0.60	0.70
	10~30（陡坡）	0.52	0.72	0.82

（二）渗滤液渗漏量

对于一般的固体废物堆放场、未设置衬层的垃圾填埋场，或者虽然底部为黏土层，渗透系数和厚度满足标准但无渗滤液收集和排放系统的简单填埋场，大部分渗滤液通过包气带土层渗漏进入地下水。

对于设有衬层、排水系统的垃圾填埋场，通过填埋场底部下渗的渗滤液渗漏量为：

$$Q_{渗滤液} = AK_s \frac{d + h_{max}}{d} \tag{8.9}$$

式中　$Q_{渗滤液}$——通过垃圾填埋场底部下渗的渗滤液渗漏量，cm^3/s；

d——衬层的厚度，cm；

K_s——衬层的渗透系数，cm/s；

A——填埋场底部衬层面积，cm^2；

h_{max}——填埋场底部最大积水深度，cm。

最大积水深度可用公式（8.10）计算。

$$h_{max} = L\sqrt{C}\left[\frac{tg^2\alpha}{C} + 1 - \frac{tg\alpha}{C}\sqrt{tg^2\alpha + C}\right] \tag{8.10}$$

式中　C——$C = q_{渗滤液}/K_s$，其中 $q_{渗滤液}$ 为进入垃圾填埋场废物层的水通量（见图 8.4），cm/s；

K_s——横向渗透系数，cm/s；

L——两个集水管间的距离，cm；

α——衬层与水面夹角。

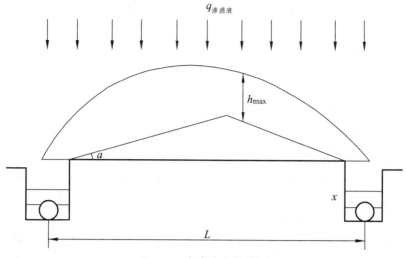

图 8.4 渗滤液收集模型

显然，虽然垃圾填埋场衬层的渗透系数大小是影响渗滤液向下渗漏速率的重要因素，但并不是唯一因素。还必须评价渗滤液收集和排放系统的设计是否有足够高的效率，能有效排出垃圾填埋场底部的渗滤液，尽可能减少渗滤液积水深度。

就垃圾填埋场衬层的渗透系数取值来说，即使对于采用渗透系数分别为 10^{-12}cm/s 和 10^{-7}cm/s 的高密度聚乙烯（HDPE）膜和黏土组成的复合衬层，也不能采用 10^{-12}cm/s 作为垃圾填埋场衬层渗透系数值进行评价，原因是高密度聚乙烯膜在运输、施工和填埋过程中不可避免地会出现细小的孔洞，甚至发生破裂等。确定这种复合衬层渗透系数的最简单方法，是用高密度聚乙烯膜上破损面积所占比例乘以下面黏土衬层的渗透系数。

（三）防治地下水污染的措施评价

固体废物，特别是危险废物和放射性废物最终处置的基本原则是合理地、最大限度地使其与环境隔离，减少有毒有害物质释放进入环境的速率和总量，将其对环境的影响降至最低程度。为此，通常采取的措施为工程防护屏障和地质防护屏障，其中地质防护屏障主要依赖天然环境地质条件。

不同固体废物有不同的安全处置期要求，生活垃圾填埋场的安全处置期在 30~40 年，而危险废物填埋场的安全处置期通常大于 100 年。

1. 工程防护屏障评价

垃圾填埋场衬层系统是防止固体废物污染环境的关键工程防护屏障。根据渗滤液收集系统、防渗系统和保护层、过滤层的不同组合，填埋场衬层系统有不同的结构，如单层衬层系统、复合衬层系统、双层衬层系统和多层衬层系统等。要求的安全填埋处置时间越长，所选用的衬层就应该越好。应重点评价填埋场所选用的衬层（类型、材料、结构）防渗性能及其在固体废物的安全处置期内的可靠性；封闭渗滤液于填埋场之中，使其进入渗滤液收集系统；控制填埋场气体的迁移，使填埋场气体得到有组织的收集和释放；防止地下水进入填埋场中，增加渗滤液的产生量。

渗滤液穿透衬层所需的时间是用于评价垃圾填埋场衬层工程防护屏障性能的重要指标，

一般要求应大于 30 年。计算公式如下：

$$t = \frac{d}{v} \tag{8.11}$$

式中　d——衬层厚度，m；

　　　v——地下水运移速度，m/a。

2. 地质防护屏障评价

一般来说，在含水层中的砂、砾、裂隙岩层等地质介质对有害物质具有一定的阻滞作用，但这些矿物的吸附能力会因吸附量的增大而减弱。此外，地下水径流量的变化，影响阻滞作用，因而含水层介质不能被看作是良好的地质防护屏障。只有渗透性非常低的黏土、黏结性松散岩石和裂隙不发育的坚硬岩石才有足够的屏障作用。

包气带的地质防护屏障作用大小取决于介质对渗滤液中污染物阻滞能力和该污染物在地质介质中的物理衰变、化学或生物降解作用。当污染物通过厚度为 L 的地质介质层时，其所需要的迁移时间（t^*）为：

$$t^* = \frac{L}{v'} = \frac{L}{v/R_d} \tag{8.12}$$

式中　v'——污染物运移速度；

　　　R_d——污染物在地质介质中的滞留因子，无量纲。

所以，污染物穿透此地质介质层时的浓度为：

$$c = c_0 \exp(-kt^*) \tag{8.13}$$

式中　c_0，c——污染物进入和穿透此地质介质层前后的浓度；

　　　k——污染物的降解或衰变速率常数。

显然，地质防护屏障作用可分为三种不同的类型：

（1）隔断作用。在不透水的岩石层内处置固体废物，地质介质可以将所处置的固体废物与环境隔断。

（2）阻滞作用。对于在地质介质中只被吸附的污染物，虽然其在此地质介质中的迁移速度小于地下水的运移速度，所需的迁移时间比地下水的运移时间长，但此地质介质层的作用仅是使该污染物进入环境的时间延长，所处置固体废物中的污染物最终仍会大量进入环境。

（3）去除作用。对于在地质介质中既被吸附，又会发生衰变或降解的污染物，只要该污染物在此地质介质层内有足够的停留时间，就可以使其穿透此地质介质层后的浓度达到所要求的浓度。

思考与练习

1. 简述固体废物的定义。
2. 固体废物的分类有哪些?

3. 固体废物的特点是什么？

4. 固体废物对环境的影响有哪些？

5. 固体废物中污染物的释放途径有哪些？

6. 固体废物中污染物的迁移转化方式有哪些？

7. 垃圾填埋场环境影响评价工作内容有哪些？

8. 垃圾填埋场大气污染物排放强度计算的方法是什么？

9. 防治垃圾填埋场污染地下水的方法有哪些？

第九章　土壤环境影响评价

第一节　基础知识

一、土壤

土壤是一种宝贵的自然资源，是环境的重要组成部分，也是地球表面具有肥力、能生长植物的疏松表层。它是由岩石风化而成的矿物质、动植物残骸腐解产生的有机质以及水分、空气等组成。

由于土壤处于地球陆地表面，其上界面与大气圈、生物圈相接，下界面与岩石圈、水圈相连，而作为生物圈主要组成成分的植物又植根于土壤之中，使得土壤在人类环境系统中占据特有的空间地位——处于大气圈、生物圈、岩石圈和水圈的交接地带，成为人类环境系统中介于生物界与非生物界的中心环节，联结无机环境与有机环境的纽带，是各种物理、化学以及生物过程、界面反应、物质与能量交换、迁移转化过程最为复杂、最为频繁的地带。

二、土壤环境质量及主要影响因素

1. 土壤环境质量

土壤环境质量是指土壤环境（或土壤生态系统）的组成、结构、功能特性及其所处状态的综合体现与定性、定量的表述。它包括在自然环境因素影响下的自然过程及其所形成的土壤环境的组成、结构、功能特性、环境地球化学背景值与元素背景值、净化功能、自我调节功能与抗逆性能、土壤环境容量等相对稳定而仍在不断变化中的环境基本属性以及在人类活动影响下的土壤环境污染和土壤生态状态的变化。

2. 影响土壤环境质量的主要因素

影响土壤环境质量的因素很多，这里仅从建设项目对土壤环境的影响分析，主要包括土壤污染和土壤退化与破坏两个方面。

影响土壤环境污染的因素主要包括建设项目类型、污染物性质、污染源特点、污染源排放强度、污染途径、土壤所在区域的环境条件以及土壤类型和特性等方面。

影响土壤退化与破坏的因素主要包括自然因素和人为因素。纯粹由自然因素引起的土壤沙化、盐渍化、沼泽化和土壤侵蚀，主要在干旱、洪涝、狂风、暴雨、火山、地震等自然灾害爆发的情况下发生，在正常的自然条件下，土壤退化与破坏现象难以出现或不明显。人为因素能引起严重的土壤退化与破坏，主要限于人类认识土壤自然体及其与环境条件关系的水平，在利用土壤及其环境条件时存在盲目性，例如过度放牧、盲目发展、灌溉、露天采矿等。

三、土壤环境影响类型

土壤是人类生存环境中不可分割的组成部分，人类自身的一切活动无不对土壤产生各种不同的影响，按其影响结果、产生时段、方式和性质可分为多种类型。

（一）按影响结果划分

按影响结果可分为土壤污染、土壤退化和土壤资源破坏。

1. 土壤污染

土壤污染是指建设项目在开发建设和投产使用过程，或服务期满后排出和残留有毒有害物质，对土壤环境产生的化学性、物理性和生物性污染危害。典型的如土壤重金属污染、农药污染、化肥污染、土壤酸化等。这种污染一般是可逆的，如进入到土壤环境中的有机物，经过自然净化作用和适当的人工处理，可以使它们从土壤中消除，恢复到污染前的水平。但严重的重金属污染由于恢复费用昂贵、技术难度大，污染后土地被迫废弃，也可以认为是不可逆的。

2. 土壤退化

土壤退化是指由建设项目导致的土壤中各组分之间，或土壤与其他环境要素之间的正常的物质、能量循环过程遭到破坏，而引起的土壤肥力和环境承载力等下降的现象。这种污染一般是可逆的。

3. 土壤资源破坏

土壤资源破坏是指由建设项目或由其诱发的自然活动（如泥石流、洪崩）导致土壤被占用、淹没和破坏，还包括由于土壤过度侵蚀，或重金属严重污染而使土壤完全丧失原有功能而被废弃的情况。这种污染具有土壤资源被彻底破坏和不可逆等特点。

（二）按影响时段划分

按建设项目不同建设时段可划分为建设阶段影响、运行阶段影响和服务期满后的影响。

1. 建设阶段影响

指建设项目在施工期间的各种活动对土壤环境产生的影响，如厂房、道路交通施工，建筑材料和生产设备的运输、装卸、储存等活动导致对土壤的占压、开挖或利用方式的改变；施工开挖导致植被破坏，进而引起土壤侵蚀；拆迁安置过程中产生的土壤挖压、破坏等。

2. 运行阶段影响

指建设项目投产运行和使用期间产生的影响，如化工、冶金、造纸等项目在生产过程中排放的废气、废水和固体废弃物对土壤造成的污染，以及部分水利、交通、矿山开发项目在使用生产过程中引起土壤的退化和破坏。

3. 服务期满后的影响

指建设项目使用寿命结束后仍继续对土壤环境产生的影响，这类影响仅适用于部分特定的建设项目。如矿山开发类项目，当其生产终了之后，遗留的矿坑、采矿场、排土场、尾矿场对土壤环境的影响并不会终结，可能继续导致土壤的退化和破坏。

此外，按影响时段的长短，可划分为短期或突变影响和长期或缓慢影响，一般项目建设阶段的影响，项目竣工后即可消除。而项目运行期和服务期满后的影响，往往是长期或缓慢影响。

（三）按影响方式划分

按影响方式可分为直接影响和间接影响。

1. 直接影响

直接影响指影响因子产生后直接作用于被影响的对象，并呈现出明显的因果关系，如建设项目排污导致土壤受到污染。

2. 间接影响

间接影响指影响因子产生后需经过中间转化过程才能作用于被影响的对象，如项目排污使污染物进入土壤，随后通过食物链进入人体危害人群健康，就是典型的间接影响，这也是土壤污染在影响方式上区别于大气、水体污染的显著特征。

（四）按影响性质划分

按影响性质可分为可逆影响、不可逆影响、累积影响和协同影响。

1. 可逆影响

指施加影响的活动停止后，土壤可迅速或逐渐恢复到原来的状态，如土壤轻度退化、土壤有机物污染等，均属于可逆影响。

2. 不可逆影响

指施加影响的活动一旦发生，土壤就很难或不可能恢复到原先的状态，如程度严重的土壤侵蚀、土壤重金属污染等，属于不可逆影响。

3. 累积影响

指排放到土壤环境中的某些污染物，如重金属、持久性有机污染物等，对土壤产生的影响并不立即显现，而需要经过长期的累积，直到超过一定的临界值后才表现出其危害效应。如某些重金属在土壤中的污染积累作用对作物的致死影响。

4. 协同影响

指两种或两种以上的污染物同时作用于土壤时产生的影响要大于各种污染物独立存在时影响的总和。如一些研究证明，重金属镉对土壤吸附钾几乎没有影响，但镉和铅、铜、锌共存时，其相互作用可大大削弱土壤对钾的吸附，增加土壤中钾的释放，从而加剧土壤中钾肥的流失，一定程度上导致土壤退化。

四、开发行动对土壤环境的影响

土壤系统是在成千上万年的地球演变过程中形成的，它受自然和人类活动的双重影响，特别是近百年来，人类的影响是巨大的。

1. 改变植被和生物分布状况

合理控制土地上动植物种群，松土犁田增加土壤中的氧，施加粪便和各种有机肥，休耕和有控制烧田去除有害的昆虫和杂草等的影响是有利的；过度放牧和种植而减少土壤有机物含量，施用化学农药杀虫、除草，用含有害污染物的废水灌溉则产生不利影响。

2. 改变地形

土地平整并重铺植被，营造梯田，在裸土上覆盖或铺砌植被等是有利的；湿地排水和开矿及地下水过量开采引起地面沉降和加速土壤侵蚀，以及开山、挖地生产建筑材料则是不利的。

3. 改变成土母质

在土壤中加入水产和食品加工厂的贝壳粉、动物胃髓，清水冲洗盐渍土等是有利的；将含有害元素矿石和碱性粉煤灰混入土壤，农业收割带走的矿物营养超过了补给量等则有不利影响。

4. 改变土壤自然演化的时间

通过水流的沉积作用将上游的肥沃母质带到下游，对下游土壤是有利的；过度放牧和种植作用会快速移走成土母质中的矿物营养，造成土壤退化，将固体废物堆积于土壤表面则其影响很不利。

5. 人工改变局地小气候

人工降雨、改变风向、农田灌溉补排水等对土壤的影响是有利的；但人类大量排放温室气体，导致全球变暖趋势加剧、气温升高，进而使土壤过分曝晒和风蚀影响加大则是不利的。

第二节　土壤环境影响评价概述

一、一般性原则

土壤环境影响评价应分析、预测和评估建设项目建设期、运营期和服务期满后（可根据项目情况选择）对土壤环境理化特性可能造成的影响，提出预防或者减轻不良影响的对策和措施，为建设项目土壤环境保护提供科学依据。

二、评价基本任务

（1）按照《建设项目环境影响评价技术导则 总纲》（HJ 2.1—2016）建设项目污染影响和生态影响的相关要求，根据建设项目对土壤环境可能产生的影响，将土壤环境影响类型划分为生态影响型与污染影响型，其中土壤环境生态影响重点指土壤环境的盐化、酸化、碱化等。

（2）根据行业特征、工艺特点或规模大小等将建设项目类别分为Ⅰ类、Ⅱ类、Ⅲ类、Ⅳ类，见表 9.1，其中Ⅳ类建设项目可不开展土壤环境影响评价；自身为敏感目标的建设项目，可根据需要，仅对土壤环境现状进行调查。

表 9.1 土壤环境影响评价项目类别

行业类别		项目类别			
		Ⅰ类	Ⅱ类	Ⅲ类	Ⅳ类
农林牧渔业		灌溉面积大于 50 万亩的灌区工程	新建 5 万亩至 50 万亩的、改造 30 万亩及以上的灌区工程；年出栏生猪 10 万头（其他畜禽种类折合猪的养殖规模）及以上的畜禽养殖场或养殖小区	年出栏生猪 5 000 头（其他畜禽种类折合猪的养殖规模）及以上的畜禽养殖场或养殖小区	其他
水利		库容 1 亿 m³ 及以上的水库；长度大于 1 000 km 的引水工程	库容 1 000 万 m³ 至 1 亿 m³ 的水库；跨流域调水的引水工程	其他	
采矿业		金属矿、石油、页岩油开采	化学矿采选；石棉矿采选；煤矿采选、天然气开采、页岩气开采、砂岩气开采、煤层气开采（含净化、液化）	其他	
制造业	纺织、化纤、皮革等及服装、鞋制造	制革、毛皮鞣制	化学纤维制造；有洗毛、染整、脱胶工段及产生缫丝废水、精炼废水的纺织品；有湿法印花、染色、水洗工艺的服装制造；使用有机溶剂的制鞋业	其他	
	造纸和纸制品		纸浆、溶解浆、纤维浆等制造；造纸（含制浆工艺）	其他	
	设备制造、金属制品、汽车制造及其他用品制造[a]	有电镀工艺的；金属制品表明处理及热处理加工；使用有机涂层的（喷粉、喷塑和电泳除外）；有钝化工艺的热镀锌	有化学处理工艺的	其他	

行业类别		项目类别			
		I 类	II 类	III 类	IV 类
制造业	石油、化工	石油加工、炼焦；化学原料和化学制品制造；农药制造；涂料、染料、颜料、油墨及其类似产品制造；炸药、火工及焰火产品制造；水处理剂等制造；化学药品制造；生物、生化制品制造	半导体材料、日用化学品制造；化学肥料制造	其他	
	金属冶炼和压延加工及非金属矿物制品	有色金属冶炼（含再生有色金属冶炼）	有色金属铸造及合金制造；炼铁；球团；烧结炼钢；冷轧压延加工；铬铁合金制造；水泥制造；平板玻璃制造；石棉制品；含焙烧的石墨碳素制品	其他	
电力热力燃气及水生产和供应业		生活垃圾及污泥发电	水力发电；火力发电（燃气发电除外）；矸石、油页岩、石油焦等综合利用发电；工业废水处理；燃气生产	生活污水处理；燃煤锅炉总容量65 t/h（不含）以上的热力生产工程；燃油锅炉总容量65 t/h（不含）以上的热力生产工程	其他
交通运输仓储邮政业			油库（不含加油站的油库）；机场的供油工程及油库；涉及危险品、化学品、石油、成品油储罐区的码头及仓储；石油及成品油的输送管线	公路的加油站；铁路的维修场所	其他
环境和公共设施管理业		危险废物利用及处置	采取填埋和焚烧方式的一般工业固体废物处置及综合利用；城镇生活垃圾（不含餐厨废弃物）集中处置	一般工业固体废物处置及综合利用（除采取填埋和焚烧方式以外的）；废旧资源加工、再生利用	其他
社会事业与服务业				高尔夫球场；加油站；赛车场	其他
其他行业					全部

注1：仅切割组装的、单纯混合和分装的、编织物及其制品制造的，列入 IV 类。

注2：建设项目土壤环境影响评价项目类别不在本表的，可根据土壤环境影响源、影响途径、影响因子的识别结果，参照相近或相似项目类别确定。

[a]其他用品制造包括：①木材加工和木、竹、藤、棕、草制品业；②家具制造业；③文教、工美、体育和娱乐用品制造业；④仪器仪表制造业等制造业。

（3）土壤环境影响评价应按划分的评价等级开展工作，识别建设项目土壤环境影响类型、影响途径、影响源及影响因子，确定土壤环境影响评价等级；开展土壤环境现状调查，完成土壤环境现状监测与评价；预测与评价建设项目对土壤环境可能造成的影响，提出相应的防控措施与对策。

（4）涉及两个或两个以上场地或地区的建设项目应分别开展评价工作。

（5）涉及土壤环境生态影响型与污染影响型两种影响类型的应分别开展评价工作。

三、工作程序

土壤环境影响评价工作可划分为准备阶段、现状调查与评价阶段、预测分析与评价阶段和结论阶段，具体工作程序见图9.1。

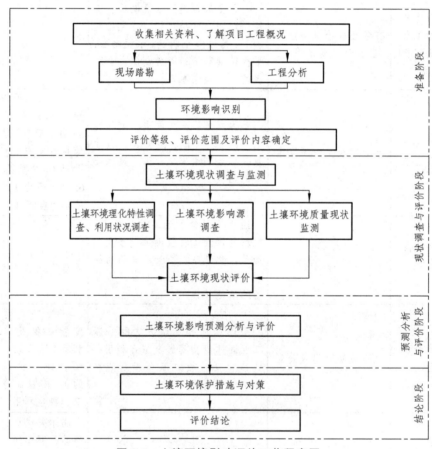

图 9.1　土壤环境影响评价工作程序图

四、各阶段主要工作内容

1. 准备阶段

收集分析国家和地方土壤环境相关的法律、法规、政策、标准及规划等资料；了解建设项目工程概况，结合工程分析，识别建设项目对土壤环境可能造成的影响类型，分析可能造成土壤环境影响的主要途径；开展现场踏勘工作，识别土壤环境敏感目标；确定评价等级、范围与内容。

2. 现状调查与评价阶段

采用相应标准与方法，开展现场调查、取样、监测和数据分析与处理等工作，进行土壤环境现状评价。

3. 预测分析与评价阶段

依据本标准制定的或经论证有效的方法，预测分析与评价建设项目对土壤环境可能造成的影响。

4. 结论阶段

综合分析各阶段成果，提出土壤环境保护对策与措施，对土壤环境影响评价结论进行总结。

五、影响识别

1. 基本要求

在工程分析结果的基础上，结合土壤环境敏感目标，根据建设项目建设期、运营期和服务期满后（可根据项目情况选择）三个阶段的具体特征，识别土壤环境影响类型与影响途径；对于运营期内土壤环境影响源可能发生变化的建设项目，还应按其变化特征分阶段进行环境影响识别。

2. 识别内容

根据表 9.1 识别建设项目所属行业的土壤环境影响评价项目类别。

识别建设项目土壤环境影响类型与影响途径、影响源与影响因子，初步分析可能影响的范围。

（1）建设项目土壤环境影响类型与影响途径识别（见表 9.2）。

表 9.2　建设项目土壤环境影响类型与影响途径识别表

不同时段	污染影响型				生态影响型			
	大气沉降	地面漫流	垂直入渗	其他	盐化	碱化	酸化	其他
建设期								
运营期								
服务期满后								
注：在可能产生的土壤环境影响类型处打"√"，列表未涵盖的可自行设计。								

（2）建设项目土壤环境影响源及影响因子识别（见表 9.3、表 9.4）。

表 9.3 污染影响型建设项目土壤环境影响源及影响因子识别表

污染源	工艺流程/节点	污染途径	全部污染物指标[a]	特征因子	备注[b]
车间/场地		大气沉降			
		地面漫流			
		垂直入渗			
		其他			

[a]根据工程分析结果填写。

[b]应描述污染源特征,如连续、间断、正常、事故等;涉及大气沉降途径的,应识别建设项目周边的土壤环境敏感目标。

表 9.4 生态影响型建设项目土壤环境影响途径识别表

影响结果	影响途径	具体指标	土壤环境敏感目标
盐化/酸化/碱化/其他	物质输入/运移		
	水位变化		

根据《土地利用现状分类》(GB/T 21010—2017)识别建设项目及周边的土地利用类型,分析建设项目可能影响的土壤环境敏感目标。

六、评价等级

1. 评价等级划分

土壤环境影响评价等级划分为一级、二级和三级。

2. 划分依据

(1)生态影响型。

建设项目所在地土壤环境敏感程度分为敏感、较敏感、不敏感,判别依据见表 9.5;同一建设项目涉及两个或两个以上场地或地区,应分别判定其敏感程度;产生两种或两种以上生态影响后果的,敏感程度按相对最高级别判定。

表 9.5 生态影响型建设项目敏感程度分级表

敏感程度	判别依据		
	盐 化	酸 化	碱 化
敏感	建设项目所在地干燥度[a]>2.5 且常年地下水位平均埋深<1.5 m 的地势平坦区域;或土壤含盐量>4 g/kg 的区域	pH≤4.5	pH≥9.0

敏感程度	判别依据		
	盐 化	酸 化	碱 化
较敏感	建设项目所在地干燥度>2.5且常年地下水位平均埋深≥1.5 m的,或 1.8<干燥度≤2.5且常年地下水位平均埋深<1.8 m的地势平坦区域;建设项目所在地干燥度>2.5或常年地下水位平均埋深<1.5 m的平原区;或 2 g/kg<土壤含盐量≤4 g/kg 的区域	4.5<pH≤5.5	8.5≤pH<9.0
不敏感	其 他	5.5<pH<8.5	
[a]是指采用 E601 型蒸发器观测的多年平均水面蒸发量与降水量的比值,即蒸降比值。			

根据表 9.1 识别的建设项目所属行业的土壤环境影响评价项目类别与敏感程度分级结果划分评价等级,详见表9.6。

表 9.6 生态影响型建设项目评价等级划分表

敏感程度	评价等级		
	I 类	II 类	III 类
敏感	一级	二级	三级
较敏感	二级	二级	三级
不敏感	二级	三级	/
注:"/"表示可不开展土壤环境影响评价工作。			

(2)污染影响型。

将建设项目占地规模分为大型(≥50 hm²)、中型(5~50 hm²)、小型(≤5 hm²),建设项目占地主要为永久占地。

建设项目所在地周边的土壤环境敏感程度分为敏感、较敏感、不敏感,判别依据见表9.7。

表 9.7 污染影响型建设项目敏感程度分级表

敏感程度	判别依据
敏 感	建设项目周边存在耕地、园地、牧草地、饮用水水源地或居民区、学校、医院、疗养院、养老院等土壤环境敏感目标的
较敏感	建设项目周边存在其他土壤环境敏感目标的
不敏感	其他情况

根据建设项目所属行业的土壤环境影响评价项目类别、占地规模与敏感程度划分评价等级,详见表9.8。

(3)建设项目同时涉及土壤环境生态影响型与污染影响型时,应分别判定评价等级,并按相应等级分别开展评价工作。

(4)当同一建设项目涉及两个或两个以上场地时,各场地应分别判定评价等级,并按相应等级分别开展评价工作。

（5）线性工程重点针对主要站场位置（如输油站、泵站、阀室、加油站、维修场所等）参照环境污染型分段判定评价等级，并按相应等级分别开展评价工作。

表 9.8　污染影响型建设项目评价等级划分表

敏感程度	I 类			II 类			III 类		
	评价等级								
	大	中	小	大	中	小	大	中	小
敏感	一级	一级	一级	二级	二级	二级	三级	三级	三级
较敏感	一级	一级	二级	二级	二级	三级	三级	三级	/
不敏感	一级	二级	二级	二级	三级	三级	三级	/	/

注："/"表示可不开展土壤环境影响评价工作。

第三节　土壤环境现状调查与评价

一、基本原则与要求

（1）土壤环境现状调查与评价工作应遵循资料收集与现场调查相结合、资料分析与现状监测相结合的原则。

（2）土壤环境现状调查与评价工作的深度应满足相应的评价等级要求，当现有资料不能满足要求时，应通过组织现场调查、监测等方法获取。

（3）建设项目同时涉及土壤环境生态影响型与污染影响型时，应分别按相应评价等级要求开展土壤环境现状调查，可根据建设项目特征适当调整、优化调查内容。

（4）工业园区内的建设项目，应重点在建设项目占地范围内开展现状调查工作，并兼顾其可能影响的园区外围土壤环境敏感目标。

二、调查评价范围

（1）调查评价范围应包括建设项目可能影响的范围，能满足土壤环境影响预测和评价要求；改、扩建类建设项目的现状调查评价范围还应兼顾现有工程可能影响的范围。

（2）建设项目（除线性工程外）土壤环境影响现状调查评价范围可根据建设项目影响类型、污染途径、气象条件、地形地貌、水文地质条件等确定并说明，或参考表 9.9 确定。

（3）建设项目同时涉及土壤环境生态影响与污染影响时，应各自确定调查评价范围。

（4）危险品、化学品或石油等输送管线应以工程边界两侧向外延伸 0.2 km 作为调查评价范围。

表 9.9 现状调查范围

评价等级	影响类型	调查范围[a]	
		占地[b]范围内	占地范围外
一级	生态影响型	全部	5 km 范围内
	污染影响型		1 km 范围内
二级	生态影响型		2 km 范围内
	污染影响型		0.2 km 范围内
三级	生态影响型		1 km 范围内
	污染影响型		0.05 km 范围内
[a]涉及大气沉降途径影响的，可根据主导风向下的最大落地浓度点适当调整。			
[b]矿山类项目指开采区与各场地的占地；改、扩建类指现有工程与拟建工程的占地。			

三、调查内容与要求

1. 资料收集

根据建设项目特点、可能产生的环境影响和当地环境特征，有针对性地收集调查评价范围内的相关资料，主要包括以下内容：

（1）土地利用现状图、土地利用规划图、土壤类型分布图。

（2）气象资料、地形地貌特征资料、水文及水文地质资料等。

（3）土地利用历史情况。

（4）与建设项目土壤环境影响评价相关的其他资料。

2. 理化特性调查内容

（1）在充分收集资料的基础上，根据土壤环境影响类型、建设项目特征与评价需要，有针对性地选择土壤理化特性调查内容，主要包括土体构型、土壤结构、土壤质地、阳离子交换量、氧化还原电位、饱和导水率、土壤容重、孔隙度等；土壤环境生态影响型建设项目还应调查植被、地下水位埋深、地下水溶解性总固体等，可参照表 9.10 填写。

表 9.10 土壤理化特性调查表

	点 号			时 间		
	经 度			纬 度		
	层 次					
现场记录	颜 色					
	结 构					
	质 地					
	砂砾含量					
	其他异物					

实验室测定	pH					
	阳离子交换量					
	氧化还原电位					
	饱和导水率/（cm/s）					
	土壤容重/（kg/m³）					
	孔隙度					

注 1：根据理化特性调查内容确定需要调查的理化特性并记录，土壤环境生态影响型建设项目还应调查植被、地下水位埋深、地下水溶解性总固体等。

注 2：点号为代表性检测点位。

（2）评价等级为一级的建设项目应参照表 9.11 填写土体构型（土壤剖面）调查表。

表 9.11　土体构型（土壤剖面）调查表

点　号	景观照片	土壤剖面照片	层　次[a]

注：应给出带标尺的土壤剖面照片及其景观照片。

[a]根据土壤分层情况描述土壤的理化特性。

3. 影响源调查

（1）应调查与建设项目产生同种特征因子或造成相同土壤环境影响后果的影响源。

（2）改、扩建的污染影响型建设项目，其评价等级为一级、二级的，应对现有工程的土壤环境保护措施情况进行调查，并重点调查主要装置或设施附近的土壤污染现状。

四、现状监测

1. 基本要求

建设项目土壤环境现状监测应根据建设项目的影响类型、影响途径，有针对性地开展监测工作，了解或掌握调查评价范围内土壤环境现状。

2. 布点原则

（1）土壤环境现状监测点布设应根据建设项目土壤环境影响类型、评价等级、土地利用类型确定，采用均布性与代表性相结合的原则，充分反映建设项目调查评价范围内的土壤环境现状，可根据实际情况优化调整。

（2）调查评价范围内的每种土壤类型应至少设置 1 个表层样监测点，应尽量设置在未受人为污染或相对未受污染的区域。

（3）生态影响型建设项目应根据建设项目所在地的地形特征、地面径流方向设置表层样监测点。

（4）涉及入渗途径影响的，主要产污装置区应设置柱状样监测点，采样深度需至装置底部与土壤接触面以下，根据可能影响的深度适当调整。

（5）涉及大气沉降影响的，应在占地范围外主导风向的上、下风向各设置 1 个表层样监测点，可在最大落地浓度点增设表层样监测点。

（6）涉及地面漫流途径影响的，应结合地形地貌，在占地范围外的上、下游各设置 1 个表层样监测点。

（7）线性工程应重点在站场位置（如输油站、泵站、阀室、加油站及维修场所等）设置监测点，涉及危险品、化学品或石油等输送管线的应根据评价范围内土壤环境敏感目标或厂区内的平面布局情况确定监测点布设位置。

（8）评价等级为一级、二级的改、扩建项目，应在现有工程厂界外可能产生影响的土壤环境敏感目标处设置监测点。

（9）涉及大气沉降影响的改、扩建项目，可在主导风向下风向适当增加监测点位，以反映降尘对土壤环境的影响。

（10）建设项目占地范围及其可能影响区域的土壤环境已存在污染风险的，应结合用地历史资料和现状调查情况，在可能受影响最重的区域布设监测点；取样深度根据其可能影响的情况确定。

（11）建设项目现状监测点设置应兼顾土壤环境影响跟踪监测计划。

3. 现状监测点数量要求

（1）各评价等级的建设项目监测点数不少于表 9.12 要求。

（2）生态影响型建设项目可优化调整占地范围内、外监测点数量，保持总数不变；占地范围超过 5 000 hm² 的，每增加 1 000 hm² 增加 1 个监测点。

（3）污染影响型建设项目占地范围超过 100 hm² 的，每增加 20 hm² 增加 1 个监测点。

表 9.12　现状监测布点类型与数量

评价等级		占地范围内	占地范围外
一级	生态影响型	5 个表层样点[a]	6 个表层样点
	污染影响型	5 个柱状样点[b]，2 个表层样点	4 个表层样点
二级	生态影响型	3 个表层样点	4 个表层样点
	污染影响型	3 个柱状样点，1 个表层样点	2 个表层样点
三级	生态影响型	1 个表层样点	2 个表层样点
	污染影响型	3 个表层样点	/
注："/" 表示无现状监测布点类型与数量的要求。			
[a]表层样应在 0~0.2 m 取样。			
[b]柱状样通常在 0~0.5 m、0.5~1.5 m、1.5~3 m 分别取样，3 m 以下每 3 m 取 1 个样，可根据基础埋深、土体构型适当调整。			

4. 现状监测取样方法

表层样监测点及土壤剖面的土壤监测取样方法一般参照《土壤环境监测技术规范》（HJ/T 166—2004）执行，柱状样监测点和污染影响型改、扩建项目的土壤监测取样方法还可参照《场地环境调查技术导则》（HJ 25.1—2014）、《场地环境监测技术导则》（HJ 25.2—2014）执行。

5. 现状监测因子

土壤环境现状监测因子分为基本因子和建设项目的特征因子。

（1）基本因子为《土壤环境质量　农用地土壤污染风险管控标准》（GB 15618—2018）、《土壤环境质量　建设用地土壤污染风险管控标准》（GB 36600—2018）中规定的基本项目，分别根据调查评价范围内的土地利用类型选取。

（2）特征因子为建设项目产生的特有因子，根据表9.2、表9.3、表9.4确定；既是特征因子又是基本因子的，按特征因子对待。

（3）布点原则中规定的点位须监测基本因子与特征因子；其他监测点位可仅监测特征因子。

6. 现状监测频次要求

（1）基本因子：评价等级为一级的建设项目，应至少开展 1 次现状监测；评价等级为二级、三级的建设项目，若掌握近 3 年至少 1 次的监测数据，可不再进行现状监测；引用监测数据应满足布点原则和现状监测点数量的相关要求，并说明数据的有效性。

（2）特征因子：应至少开展 1 次现状监测。

五、现状评价

1. 现状评价因子

评价因子同现状监测因子。

2. 现状评价标准

（1）根据调查评价范围内的土地利用类型，分别选取《土壤环境质量　农用地土壤污染风险管控标准》（GB 15618—2018）、《土壤环境质量　建设用地土壤污染风险管控标准》（GB 36600—2018）等标准中的筛选值进行评价，土地利用类型无相应标准的可只给出现状监测值。

（2）评价因子在《土壤环境质量　农用地土壤污染风险管控标准》（GB 15618—2018）、《土壤环境质量　建设用地土壤污染风险管控标准》（GB 36600—2018）等标准中未规定的，可参照行业、地方或国外相关标准进行评价，无可参照标准的可只给出现状监测值。

（3）土壤盐化、酸化、碱化等的分级标准参见表9.13和表9.14。

表9.13　土壤盐化分级标准

分　　级	土壤含盐量（SSC）/（g/kg）	
	滨海、半湿润和半干旱地区	干旱、半荒漠和荒漠地区
未盐化	SSC<1	SSC<2
轻度盐化	1≤SSC<2	2≤SSC<3

分　级	土壤含盐量（SSC）/（g/kg）	
	滨海、半湿润和半干旱地区	干旱、半荒漠和荒漠地区
中度盐化	2≤SSC<4	3≤SSC<5
重度盐化	4≤SSC<6	5≤SSC<10
极重度盐化	SSC≥6	SSC≥10

注：根据区域自然背景状况适当调整。

表9.14　土壤酸化、碱化分级标准

土壤pH	土壤酸化、碱化强度
pH<3.5	极重度酸化
3.5≤pH<4.0	重度酸化
4.0≤pH<4.5	中度酸化
4.5≤pH<5.5	轻度酸化
5.5≤pH<8.5	无酸化或碱化
8.5≤pH<9.0	轻度碱化
9.0≤pH<9.5	中度碱化
9.5≤pH<10.0	重度碱化
pH≥10.0	极重度碱化

注：土壤酸化、碱化强度指受人为影响后呈现的土壤pH，可根据区域自然背景状况适当调整。

3．现状评价方法

（1）土壤环境质量现状评价应采用标准指数法，并进行统计分析，给出样本数量、最大值、最小值、均值、标准差、检出率和超标率、最大超标倍数等。

（2）对照表9.13和表9.14给出各监测点位土壤盐化、酸化、碱化的级别，统计样本数量、最大值、最小值和均值，并评价均值对应的级别。

4．现状评价结论

（1）生态影响型建设项目应给出土壤盐化、酸化、碱化的现状。

（2）污染影响型建设项目应给出评价因子是否满足评价标准中相关标准要求的结论；当评价因子存在超标时，应分析超标原因。

第四节 土壤环境影响预测与评价

一、基本原则与要求

（1）根据影响识别结果与评价等级，结合当地土地利用规划确定影响预测的范围、时段、内容和方法。

（2）选择适宜的预测方法，预测评价建设项目各实施阶段不同环节与不同环境影响防控措施下的土壤环境影响，给出预测因子的影响范围与程度，明确建设项目对土壤环境的影响结果。

（3）应重点预测评价建设项目对占地范围外土壤环境敏感目标的累积影响，并根据建设项目特征兼顾对占地范围内的影响预测。

（4）土壤环境影响分析可定性或半定量地说明建设项目对土壤环境产生的影响及趋势。

（5）建设项目导致土壤潜育化、沼泽化、潴育化和土地沙漠化等影响的，可根据土壤环境特征，结合建设项目特点，分析土壤环境可能受到影响的范围和程度。

二、预测评价范围和时段

一般与现状调查评价范围一致。根据建设项目土壤环境影响识别结果，确定重点预测时段。在影响识别的基础上，根据建设项目特征设定预测情况。

三、预测与评价因子

（1）污染影响型建设项目应根据环境影响识别出的特征因子选取关键预测因子。

（2）可能造成土壤盐化、酸化、碱化影响的建设项目，分别选取土壤盐分含量、pH 等作为预测因子。

四、预测评价标准

《土壤环境质量　农用地土壤污染风险管控标准》（GB 15618—2018）、《土壤环境质量　建设用地土壤污染风险管控标准》（GB 36600—2018），见表9.13、表9.14、表9.15。

表 9.15　土壤盐化预测表

土壤盐化综合评分值（Sa）	Sa<1	1≤Sa<2	2≤Sa<3	3≤Sa<4.5	Sa≥4.5
土壤盐化综合评分预测结果	未盐化	轻度盐化	中度盐化	重度盐化	极重度盐化

五、预测与评价方法

（一）影响预测方法

1. 方法一

（1）适用范围。本方法适用于某种物质可概化为以面源形式进入土壤环境的影响预测，包括大气沉降、地面漫流以及盐、酸、碱类等物质进入土壤环境引起的土壤盐化、酸化、碱化等。

（2）一般方法和步骤。

① 可通过工程分析计算土壤中某种物质的输入量；涉及大气沉降影响的，可参照《环境影响评价技术导则　大气环境》（HJ 2.2—2018）相关技术方法给出。

② 土壤中某种物质的输出量主要包括淋溶或径流排出、土壤缓冲消耗等两部分；植物吸收量通常较小，不予考虑；涉及大气沉降影响的，可不考虑输出量。

③ 分析比较输入量和输出量，计算土壤中某种物质的增量。

④ 将土壤中某种物质的增量与土壤现状值进行叠加后，进行土壤环境影响预测。

（3）预测方法。

① 单位质量土壤中某种物质的增量可用下式计算：

$$\Delta S = n\,(I_s - L_s - R_s)\,/\,(\rho_b \times A \times D) \tag{9.1}$$

式中　ΔS——单位质量表层土壤中某种物质的增量，g/kg；或表层土壤中游离酸或游离碱浓度增量，mmol/kg；

　　　I_s——预测评价范围内单位年份表层土壤中某种物质的输入量，g；或预测评价范围内单位年份表层土壤中游离酸、游离碱输入量，mmol；

　　　L_s——预测评价范围内单位年份表层土壤中某种物质经淋溶排出的量，g；或预测评价范围内单位年份表层土壤中经淋溶排出的游离酸、游离碱的量，mmol；

　　　R_s——预测评价范围内单位年份表层土壤中某种物质经径流排出的量，g；或预测评价范围内单位年份表层土壤中经径流排出的游离酸、游离碱的量，mmol；

　　　ρ_b——表层土壤容重，kg/m³；

　　　A——预测评价范围，m²；

　　　D——表层土壤深度，一般取 0.2 m，可根据实际情况适当调整；

　　　n——持续年份，a。

② 单位质量土壤中某种物质的预测值可根据其增量叠加现状值进行计算，见公式（9.2）。

$$S = S_b + \Delta S \tag{9.2}$$

式中　S_b——单位质量土壤中某种物质的现状值，g/kg；

　　　S——单位质量土壤中某种物质的预测值，g/kg。

③ 酸性物质或碱性物质排放后表层土壤 pH 预测值，可根据表层土壤游离酸或游离碱浓

度的增量进行计算，见公式（9.3）。

$$pH = pH_b \pm \Delta S / BC_{pH}$$　　　　　　　　　　（9.3）

式中　pH_b——土壤 pH 现状值；

　　　BC_{pH}——缓冲容量，mmol/（kg.pH）；

　　　pH——土壤 pH 预测值。

④ 缓冲容量（BC_{pH}）测定方法：采集项目区土壤样品，样品加入不同量游离酸或游离碱后分别进行 pH 测定，绘制不同浓度游离酸或游离碱和 pH 之间的曲线，曲线斜率即为缓冲容量。

2. 方法二

（1）适用范围。本方法适用于某种污染物以点源形式垂直进入土壤环境的影响预测，重点预测污染物可能影响到的深度。

（2）一维非饱和溶质运移模型预测方法。

① 一维非饱和溶质垂向运移控制方程如下：

$$\frac{\partial(\theta c)}{\partial t} = \frac{\partial}{\partial z}\left(\theta D \frac{\partial c}{\partial z}\right) - \frac{\partial}{\partial z}(qc)$$　　　　　　　（9.4）

式中　c——污染物介质中的浓度，mg/L；

　　　D——弥散系数，m^2/d；

　　　q——渗流速率，m/d；

　　　z——沿 z 轴的距离，m；

　　　t——时间变量，d；

　　　θ——土壤含水率，%。

② 初始条件如下：

$$c(z, t) = 0 \quad\quad t = 0 \quad\quad L \leqslant z < 0$$　　　　　　（9.5）

③ 边界条件。

第一类 Dirichlet 边界条件，其中公式（9.6）适用于连续点源情景，公式（9.7）适用于非连续点源情景。

$$c(z, t) = c_0 \quad\quad t > 0, \ z = 0$$　　　　　　　　（9.6）

$$c(z, t) = \begin{cases} c_0 & 0 < t \leqslant t_0 \\ 0 & t > t_0 \end{cases}$$　　　　　　　　（9.7）

第二类 Neumann 零梯度边界，公式如下：

$$-\theta D \frac{\partial c}{\partial z} = 0 \quad\quad t > 0, \ z = L$$　　　　　　　（9.8）

（二）土壤盐化综合评分预测方法

1. 土壤盐化综合评分法

根据表9.16选取各项影响因素的分值与权重，采用公式（9.9）计算土壤盐化综合评分值（Sa），对照表9.15得出土壤盐化综合评分预测结果。

$$Sa = \sum_{i=1}^{n} Wx_i \times Ix_i \qquad\qquad (9.9)$$

式中　n——影响因素指标数目；

　　　Ix_i——影响因素 i 指标评分；

　　　Wx_i——影响因素 i 指标权重。

2. 土壤盐化影响因素赋值表

土壤盐化影响因素赋值见表9.16。

表9.16　土壤盐化影响因素赋值表

影响因素	分值				权重
	0分	2分	4分	6分	
地下水位埋深（GWD）/（m）	GWD≥2.5	1.5≤GWD<2.5	1.0≤GWD<1.5	GWD<1.0	0.35
干燥度（蒸腾比值）（EPR）	EPR<1.2	1.2≤EPR<2.5	2.5≤EPR<6	EPR≥6	0.25
土壤本底含盐量（SSC）/（g/kg）	SSC<1	1≤SSC<2	2≤SSC<4	SSC≥4	0.15
地下水溶解性总固体（TDS）/（g/L）	TDS<1	1≤TDS<2	2≤TDS<5	TDS≥5	0.15
土壤质地	黏土	砂土	壤土	砂壤、粉土、砂粉土	0.10

3. 土壤盐化预测表

土壤盐化预测见表9.15。

（三）具体要求

（1）土壤环境影响预测与评价方法应根据建设项目土壤环境影响类型与评价等级确定。

（2）可能引起土壤盐化、酸化、碱化等影响的建设项目，其评价等级为一级、二级的，预测方法可参照影响预测方法、土壤盐化综合评分预测方法或进行类比分析。

（3）污染影响型建设项目，其评价等级为一级、二级的，预测方法参照影响预测方法、土壤盐化综合评分预测方法或进行类比分析；占地范围内还应根据土体构型、土壤质地、饱和导水率等分析其可能影响的深度。

（4）评价等级为三级的建设项目，可采用定性描述或类比分析法进行预测。

六、预测评价结论

1. 以下情况可得出建设项目土壤环境影响可接受的结论

（1）建设项目各不同阶段，土壤环境敏感目标处且占地范围内各评价因子均满足预测评价标准中相关标准要求的。

（2）生态影响型建设项目各不同阶段，出现或加重土壤盐化、酸化、碱化等问题，但采取防控措施后，可满足相关标准要求的。

（3）污染影响型建设项目各不同阶段，土壤环境敏感目标处或占地范围内有个别点位、层位或评价因子出现超标，但采取必要措施后，可满足《土壤环境质量 农用地土壤污染风险管控标准》（GB 15618—2018）、《土壤环境质量 建设用地土壤污染风险管控标准》（GB 36600—2018）或其他土壤污染防治相关管理规定的。

2. 以下情况不能得出建设项目土壤环境影响可接受的结论

（1）生态影响型建设项目：土壤盐化、酸化、碱化等对预测评价范围内土壤原有生态功能造成重大不可逆影响的。

（2）污染影响型建设项目各不同阶段，土壤环境敏感目标处或占地范围内多个点位、层位或评价因子出现超标，采取必要措施后，仍无法满足《土壤环境质量 农用地土壤污染风险管控标准》（GB 15618—2018）、《土壤环境质量 建设用地土壤污染风险管控标准》（GB 36600—2018）或其他土壤污染防治相关管理规定的。

第五节　土壤环境保护措施与对策

一、基本要求

（1）土壤环境保护措施与对策应包括：保护的对象、目标，措施的内容、设施的规模及工艺、实施部位和时间、实施的保证措施、预期效果的分析等，在此基础上估算（概算）环境保护投资，并编制环境保护措施布置图。

（2）在建设项目可行性研究提出的影响防控对策基础上，结合建设项目特点、调查评价范围内的土壤环境质量现状，根据环境影响预测与评价结果，提出合理、可行、操作性强的土壤环境影响防控措施。

（3）改、扩建项目应针对现有工程引起的土壤环境影响问题，提出"以新带老"措施，有效减轻影响程度或控制影响范围，防止土壤环境影响加剧。

（4）涉及取土的建设项目，所取土壤应满足占地范围对应的土壤环境相关标准要求，并说明其来源；弃土应按照固体废物相关规定进行处理处置，确保不产生二次污染。

二、建设项目土壤环境保护措施

1. 土壤环境质量现状保障措施

对于建设项目占地范围内的土壤环境质量存在点位超标的，应依据土壤污染防治相关管理办法、规定和标准，采取有关土壤污染防治措施。

2. 源头控制措施

（1）生态影响型建设项目应结合项目的生态影响特征、按照生态系统功能优化的理念、坚持高效适用的原则提出源头防控措施。

（2）污染影响型建设项目应针对关键污染源、污染物的迁移途径提出源头控制措施，并与《环境影响评价技术导则　大气环境》（HJ 2.2—2018）、《环境影响评价技术导则　地表水环境》（HJ 2.3—2018）、《环境影响评价技术导则　生态影响》（HJ 19—2011）、《建设项目环境风险　评价技术导则》（HJ 169—2018）、《环境影响评价技术导则　地下水环境》（HJ 610—2016）等标准要求相协调。

3. 过程防控措施

（1）建设项目根据行业特点与占地范围内的土壤特性，按照相关技术要求采取过程阻断、污染物削减和分区防控措施。

（2）生态影响型建设项目可采取如下措施：

① 涉及酸化、碱化影响的可采取相应措施调节土壤 pH，以减轻土壤酸化、碱化的程度。

② 涉及盐化影响的，可采取排水排盐或降低地下水位等措施，以减轻土壤盐化的程度。

（3）污染影响型建设项目可采取如下措施：

① 涉及大气沉降影响的，占地范围内应采取绿化措施，以种植具有较强吸附能力的植物为主。

② 涉及地面漫流影响的，应根据建设项目所在地的地形特点优化地面布局，必要时设置地面硬化、围堰或围墙，以防止土壤环境污染。

③ 涉及入渗途径影响的，应根据相关标准规范要求，对设备设施采取相应的防渗措施，以防止土壤环境污染。

三、跟踪监测

土壤环境跟踪监测措施包括制订跟踪监测计划、建立跟踪监测制度，以便及时发现问题，采取措施。

土壤环境跟踪监测计划应明确监测点位、监测指标、监测频次以及执行标准等。

（1）监测点位应布设在重点影响区和土壤环境敏感目标附近。

（2）监测指标应选择建设项目特征因子。

（3）评价等级为一级的建设项目一般每 3 年内开展 1 次监测工作，二级的每 5 年内开展 1 次，三级的必要时可开展跟踪监测。

（4）生态影响型建设项目跟踪监测应尽量在农作物收割后开展。

（5）执行标准同现状评价标准。

监测计划应包括向社会公开的信息内容。

第六节 评价结论

参照表 9.17 填写土壤环境影响评价自查表,概括建设项目的土壤环境现状、预测评价结果、防控措施及跟踪监测计划等内容,从土壤环境影响的角度,总结项目建设的可行性。

表 9.17 土壤环境影响评价自查表

<table>
<tr><th colspan="2">工作内容</th><th colspan="4">完成情况</th><th>备 注</th></tr>
<tr><td rowspan="9">影响识别</td><td>影响类型</td><td colspan="4">污染影响型□;生态影响型□;两种兼有□</td><td rowspan="2">土地利用类型图</td></tr>
<tr><td>土地利用类型</td><td colspan="4">建设用地□;农用地□;未利用地□</td></tr>
<tr><td>占地规模</td><td colspan="4">( ) hm²</td><td></td></tr>
<tr><td>敏感目标信息</td><td colspan="4">敏感目标( )、方位( )、距离( )</td><td></td></tr>
<tr><td>影响途径</td><td colspan="4">大气沉降□;地面漫流□;垂直入渗□;地下水位□;其他( )</td><td></td></tr>
<tr><td>全部污染物</td><td colspan="4"></td><td></td></tr>
<tr><td>特征因子</td><td colspan="4"></td><td></td></tr>
<tr><td>所属土壤环境影响评价项目类别</td><td colspan="4">I 类□;II 类□;III 类□;IV 类□</td><td></td></tr>
<tr><td>敏感程度</td><td colspan="4">敏感□;较敏感□;不敏感□</td><td></td></tr>
<tr><td colspan="2">评价等级</td><td colspan="4">一级□;二级□;三级□</td><td></td></tr>
<tr><td rowspan="5">现状调查内容</td><td>资料收集</td><td colspan="4">(1)□;(2)□;(3)□;(4)□</td><td></td></tr>
<tr><td>理化特性</td><td colspan="4"></td><td>同表 9.10、表 9.11</td></tr>
<tr><td rowspan="2">现状监测点位</td><td></td><td>占地范围内</td><td>占地范围外</td><td>深度</td><td rowspan="2">点位布置图</td></tr>
<tr><td>表层样点数
柱状样点数</td><td></td><td></td><td></td></tr>
<tr><td>现状监测因子</td><td colspan="4"></td><td></td></tr>
<tr><td rowspan="3">现状评价</td><td>评价因子</td><td colspan="4"></td><td></td></tr>
<tr><td>评价标准</td><td colspan="4">GB 15618□;GB 36600□;表 9.13□;表 9.14□;其他( )</td><td></td></tr>
<tr><td>现状评价结论</td><td colspan="4"></td><td></td></tr>
<tr><td rowspan="4">影响预测</td><td>预测因子</td><td colspan="4"></td><td></td></tr>
<tr><td>预测方法</td><td colspan="4">技术导则附录E□;技术导则附录F□;其他( )</td><td></td></tr>
<tr><td>预测分析内容</td><td colspan="4">影响范围( );
影响程度( )</td><td></td></tr>
<tr><td>预测结论</td><td colspan="4">达标结论:a)□;b)□;c)□
不达标结论:a)□;b)□</td><td></td></tr>
<tr><td rowspan="4">防治措施</td><td>防控措施</td><td colspan="4">土壤环境质量现状保障□;源头控制□;过程防控□;其他( )</td><td></td></tr>
<tr><td rowspan="2">跟踪监测</td><td>监测点数</td><td colspan="2">监测指标</td><td>监测频次</td><td></td></tr>
<tr><td></td><td colspan="2"></td><td></td><td></td></tr>
<tr><td>信息公开指标</td><td colspan="4"></td><td></td></tr>
<tr><td colspan="2">评价结论</td><td colspan="4"></td><td></td></tr>
</table>

注 1:"□"为勾选项,可√;"( )"为内容填写项;"备注"为其他补充内容。

注 2:需要分别开展土壤环境影响评级工作的,分别填写自查表。

思考与练习

1. 简述土壤环境质量的定义。
2. 开发行动对土壤环境的影响有哪些方面？
3. 简述土壤环境影响评价工作程序。
4. 土壤环境影响评价等级确定的方法是什么？
5. 土壤环境现状调查的内容和要求是什么？
6. 土壤环境现状监测的需要注意哪些问题？
7. 土壤环境影响评价的标准是什么？
8. 什么情况下可得出建设项目土壤环境影响可接受的结论？
9. 建设项目土壤环境保护措施有哪些？
10. 基于一份建设项目环境影响评价文件，填写土壤环境影响评价自查表。

第十章 生态影响评价

第一节 基础知识

一、生态学

生物圈或生命世界是十分复杂的，研究生物生存与其环境关系的学科称作生态学。

从人类角度考察生物与人类的关系或考虑对生物进行保护时，总是把生物与其生存的环境作为一个整体看待，因而生态影响评价要依赖生态学的知识和方法。

生态学在研究生物与其生存环境关系时，将其分为不同的层次，分别为个体生态学、种群生态学、群落生态学和生态系统生态学。进行影响评价时，主要涉及后三个层次的问题。

二、种群

种群是指某一地区中同种个体的集合群体，种群密度（单位体积或单位空间内的个体数目）和生物量是描述种群动态的常用参数。生态影响评价较少涉及个体生态学问题，但对种群的数量动态和空间分布特征十分关注。种群中生物的迁入迁出、繁殖率和死亡率、栖息地条件和人类干扰等因素，都影响种群的动态。

三、群落

群落是生活在某一地区中所有种群的集合体，可分为植物群落、动物群落和微生物群落三大类。群落不是生物物种的简单相加，而是一个由各种关系联系在一起的整体。群落的外部形态特征常被作为划分类型的依据。群落的结构特征已被用作判别其完整性的指标。陆地植物群落中起主导和控制作用的物种称作优势种，可用重要值和优势度表征。群落的生物量和物种多样性常作为评价其优劣或重要性的指标。

四、生态系统

（一）基本概念

生态系统是指在自然界的一定的空间内，生物与环境构成的统一整体，在这个统一整体中，生物与生物、生物与环境、各个环境因子之间相互联系、相互影响、相互制约，通过能量流动、物质循环和信息传递等联结成一个完整的、动态平衡的、开放的综合体系。生态系统的层次见表10.1。

表10.1　生态系统的层次

层次	名　称	定　义
1	生物体（organism）	单个生物，包括动物、植物或微生物个体
2	物种（species）	具有一定形态和生理特征以及一定自然分布区的生物种群
3	种群（population）	由任何一个生物物种的个体组成的群体
4	群落（community）	一定区域内不同物种种群的总和
5	生态系统（ecosystem）	一定区域内的群落及其生存环境的总和
6	生物圈（ecosphere）	地球上所有生态系统及其生存环境的总和

生态系统是个广义的名词，它小可指一段朽木内的微生物和周围的生物，大可指一个湖泊、森林乃至生物圈。生态系统不是永久的和一成不变的。在一个成熟的生态系统中生物的数量及其生长速率和生长方式取决于能量和关键化学元素的可获取性和利用性，例如氮、磷是农业生态系统的限制因素。生态系统不是一下子迸发出来的，而是分阶段发展（生态演替）而来的，这些阶段随纬度、气候、地势、动植物混杂情况，构成非常广泛的多样性。

（二）生态系统的结构

生态系统的结构是指系统内的生物群落和非生物（环境）成分的组成及其相互作用关系。生态系统的组成见图10.1。

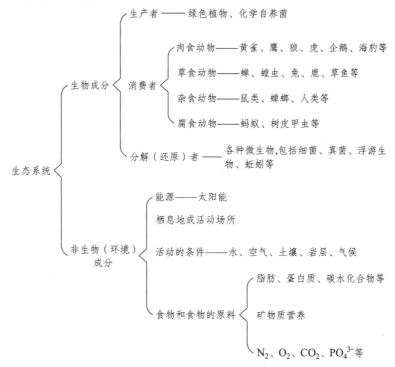

图10.1　生态系统的组成图

（三）生态系统的功能

生态系统推动地球上能量的流动、物质的循环和保存丰富的物种及其基因，是人类可持续发展的基础。

1. 生态系统的能量流动

能量流动是生态系统的基本功能之一。绿色植物的叶部在太阳光照射下，将从环境中吸收的水、二氧化碳和矿物质通过光合作用转变为有机质储存并用于生长繁殖，从而将太阳光能转变为化学能储存起来。这种化学能以食物的形式沿着生态系统的食物链的各个环节，也即在各营养级中依次流动。在流动过程中有一部分能量会被生物的呼吸作用消耗掉，这种消耗通常以热能形式散失；还有一部分能量则作为不能被利用的废物消费掉。生态系统中的能量是单方向流动的，不能全部被反复循环利用，因为各个营养级中的生物所能利用的能量是逐级减少的。绿色植物将光能转变为化学能储存于体内的效率一般为 0.2% 左右，捕食动物能保存摄取能量的 5%~20%。

食物链是生态系统中生产者、消费者和分解者之间存在的、把取自绿色植物的食物能量经过一连串的摄食和被食的关系传递和转化。食物链的各个环节叫营养级，例如，绿色植物为第一营养级，草食动物为第二营养级，肉食动物为第三营养级。食物链之间互相交叉和联系构成"食物网"。

2. 生态系统的物质循环

构成生物的元素至少有 40 余种，其中最主要的是碳、氢、氧、氮、磷、硫。它们都来自环境，构成生态系统中的个体和生物群落，并经由生产者、消费者和分解者所组成的营养级依次转化；从环境中吸收的 H_2O、CO_2 和其他无机物合成为植物机体，通过食物链变为动物机体；动、植物死亡后又由微生物等分解者将动植物机体的有机物转化为无机物，回归环境，由此构成物质循环。可见，生态系统中的物质流动与能量流动不同，是循环的。生态系统的物质循环是地球化学大循环的重要组成部分，也是人类赖以生存的基础。

3. 生态演替

生态演替是指生物随着时间发生的变化导致群落内物种结构的变更。通过若干演替阶段，生态系统达到一个成熟、相对不变的稳定阶段，称为"顶级阶段"。大多数生态演替过程具有以下趋势：

（1）形成一个深厚的、有机质含量不断增加、有不同成熟程度的土层，能培育出"顶级阶段"的群落。

（2）植物的高度增加，植物种类的层次变得明显。

（3）生物质量和生产率提高。

（4）物种多样性增加，从早期演替的简单群落发展到后期演替的丰富群落。

（5）由于地上植被高度和密度的增长，在群落内的"微气候"日益由群落自身的特征所决定。

（6）不同种群的盛衰和互相更替以及这种更替的速率，由于小和短寿命的物种为大而长寿命物种所替代而趋于变慢。

（7）最后的群落通常比早期群落更稳定，而且形成非常紧密的营养循环。

4. 生物多样性

几十亿年来，环境条件不断变化，许多物种消失，又出现许多新的物种。这种自然演化的结果造成了地球上生物的多样性。它是由现有的、能最好地适应不同环境条件的各式各样物种组成的，包括基因多样性、物种多样性和生态系统多样性。在一个单一物种内部的个体之间组合是具有变动性的。生态系统的多样性反映在森林、草原、沙漠、河流、湖泊、海洋和其他的生物群落的多样性，也反映在群落内部的生物互相作用并且与其所处的非生物环境互相作用。

生物多样性包含以下四个层次：

（1）地区性生态系统多样性。是指跨越地形和景观限制的各种地方生态系统的式样，有时指"地形景观多样性"或"大生态系统多样性"。

（2）地方的生态系统多样性。是指在一个给定区域内全体有生命和无生命组分及其相互联系的多样性。生态系统是自然界重要的生物生态运作单元，与其相关的名词是"群落多样性"，它指各种各样植物和动物种群的独特的集合。各个物种和植物种群是作为地方性生态系统的组成要素存在的，通过演替和捕食等过程联结在一起。

（3）物种多样性。是指单个物种的多样性，包括各种动物、植物、真菌和微生物等。

（4）基因多样性。是指物种内的变化性。基因多样性使物种能在各种各样不同环境中存活，并使其能对环境条件的改变做出反应。

这四个层次的关系是：地区性生态系统式样构成基本的母体，因此对地方的生态系统有重要影响；反之，地方性生态系统构成了物种和基因多样性的机体，它也能反过来影响生态系统和地区的生态系统式样。生物多样性使地球上的物质能够循环，人类排放的废物能得以清理和净化；各种使人和生物致病的因素能得到自然控制。

（四）生态系统类型

按生态形成和性质将生态系统分为自然生态系统、人工生态系统和半自然生态系统。

1. 自然生态系统

指未受人类干扰或人工扶持，在一定空间和时间范围内依靠生物及其环境本身的自我调节来维持相对稳定的生态系统，典型的自然生态系统是森林、草原、荒漠和陆地水域（淡水）以及海洋生态系统，还有介于水陆之间的湿地生态系统。

2. 人工生态系统

指按照人类需求建立起来的，或受人类活动强烈干扰的生态系统，典型的人工生态系统是城市生态系统。

3. 半自然生态系统

它是介于人工和自然生态系统之间，农业生态系统可视为半自然生态系统，人类从事的林业、畜牧业和各种养殖业也属于这类系统。

五、生态影响及评价

生态影响是指人类经济社会活动对生态系统及其生物因子、非生物因子所产生的任何有益或有害的作用。

生态影响评价是指通过定量或定性揭示和预测人类活动的生态影响，提出防护、恢复、补偿及替代方案的过程。

生态影响评价的主要目的是认识区域生态系统的特点与环境服务功能，识别与预测开发建设项目对生态系统影响的性质、程度、范围以及生态系统对影响的反应和敏感程度；确定应采取的减少影响或改善生态环境的相应对策与保护措施，维持区域生态环境功能和自然资源的可持续利用；明确开发建设者的环境责任，为区域生态环境管理提供科学依据，为改善区域生态环境提供建设性的意见。

第二节　生态环境影响评价概述

一、评价原则

坚持重点与全面相结合的原则。既要突出评价项目所涉及的重点区域、关键时段和主导生态因子，又要从整体上兼顾评价项目所涉及的生态系统和生态因子在不同时空等级尺度上结构与功能的完整性。

坚持预防与恢复相结合的原则。预防优先，恢复补偿为辅。恢复、补偿等措施必须与项目所在地的生态功能区划的要求相适应。

坚持定量与定性相结合的原则。生态影响评价应尽量采用定量方法进行描述和分析，当现有科学方法不能满足定量需要或因其他原因无法实现定量测定时，生态影响评价可通过定性或类比的方法进行描述和分析。

二、评价等级划分

依据影响区域的生态敏感性和评价项目的工程占地（含水域）范围，包括永久占地和临时占地，将生态影响评价等级划分为一级、二级和三级，如表 10.2 所示。位于原厂界（或永久用地）范围内的工业类改、扩建项目，可做生态影响分析。

表 10.2　生态影响评价等级划分表

影响区域生态敏感性	工程占地（水域）范围		
	面积≥20 km² 或 长度≥100 km	面积为 2~20 km² 或 长度为 50~100 km	面积≤2 km² 或 长度≤50 km
特殊生态敏感区	一级	一级	一级
重要生态敏感区	一级	二级	三级
一般区域	二级	三级	三级

当工程占地（含水域）范围的面积或长度分别属于两个不同评价等级时，原则上应按其中较高的评价等级进行评价。改、扩建工程的占地范围以新增占地（含水域）面积或长度计算。

在矿山开采可能导致矿区土地利用类型明显改变，或拦河闸坝建设可能明显改变水文情势等情况下，评价等级应上调一级。

三、评价范围

生态影响评价应能够充分体现生态完整性，涵盖评价项目全部活动的直接影响区域和间接影响区域。评价范围应依据评价项目对生态因子的影响方式、影响程度和生态因子之间的相互影响和相互依存关系确定。可综合考虑评价项目与项目区的气候过程、水文过程、生物过程等生物地球化学循环过程的相互作用关系，以评价项目影响区域所涉及的完整气候单元、水文单元、生态单元、地理单元界限为参照边界。

四、生态影响判定依据

（1）国家、行业和地方已颁布的资源环境保护等相关法规、政策、标准、规划和区划等确定的目标、措施与要求。

（2）科学研究判定的生态效应或评价项目实际的生态监测、模拟结果。

（3）评价项目所在地区及相似区域生态背景值或本底值。

（4）已有性质、规模以及区域生态敏感性相似项目的实际生态影响类比。

（5）相关领域专家、管理部门及公众的咨询意见。

五、工程分析

1. 工程分析内容

工程分析内容应包括：项目所处的地理位置、工程的规划依据和规划环境影响评价依据、工程类型、项目组成、占地规模、总平面及现场布置、施工方式、施工时序、运行方式、替代方案、工程总投资与环境保护投资、设计方案中的生态保护措施等。

工程分析时段应涵盖勘察期、施工期、运营期和退役期，以施工期和运营期为调查分析的重点。

2. 工程分析重点

根据评价项目自身特点、区域的生态特点以及评价项目与影响区域生态系统的相互关系，确定工程分析的重点，分析生态影响源及其强度。主要内容应包括：

（1）可能产生重大生态影响的工程行为。

（2）与特殊生态敏感区和重要生态敏感区有关的工程行为。

（3）可能产生间接、累积生态影响的工程行为。

（4）可能造成重大资源占用和配置的工程行为。

第三节　生态现状调查与评价

一、生态现状调查

（一）生态现状调查的要求

生态现状调查是生态现状评价、影响预测的基础和依据，调查的内容和指标应能反映评价范围内的生态背景特征和现存的主要生态问题。在有敏感生态保护目标（包括特殊生态敏感区和重要生态敏感区）或其他特别保护要求对象时，应做专题调查。

生态现状调查应在收集资料基础上开展现场工作，生态现状调查的范围应不小于评价范围。

一级评价应给出采样地样方实测、遥感等方法测定的生物量、物种多样性等数据，给出主要生物物种名录、受保护的野生动植物物种等调查资料。

二级评价的生物量和物种多样性调查可依据已有资料推断，或实测一定数量的、具有代表性的样方予以验证。

三级评价可充分借鉴已有资料进行说明。图件收集和编制要求遵照生态现状评价部分。

（二）生态现状调查的方法

1. 资料收集法

即收集现有的能反映生态现状或生态背景的资料，从表现形式上分为文字资料和图形资料，从时间上可分为历史资料和现状资料，从收集行业类别上可分为农、林、牧、渔和环境保护部门，从资料性质上可分为环境影响报告书（表）、有关污染源调查、生态保护规划、规定、生态功能区划、生态敏感目标的基本情况以及其他生态调查材料等。使用资料收集法时，应保证资料的时限性，引用资料必须建立在现场校验的基础上。

2. 现场勘察法

应遵循整体与重点相结合的原则，在综合考虑主导生态因子结构与功能的完整性的同时，突出重点区域和关键时段的调查，并通过对影响区域的实际踏勘，核实收集资料的准确性，以获取实际资料和数据。

3. 专家和公众咨询法

是对现场勘察的有益补充。通过咨询有关专家，收集评价工作范围内的公众、社会团体和相关管理部门对项目影响的意见，发现现场踏勘中遗漏的生态问题。专家和公众咨询应与资料收集和现场勘察同步开展。

4. 生态监测法

当资料收集、现场勘察、专家和公众咨询提供的数据无法满足评价的定量需要，或项目可能产生潜在的或长期累积效应时，可考虑选用生态监测法。生态监测应根据监测因子的生态学特点和干扰活动的特点确定监测位置和频次，有代表性地布点。生态监测方法与技术要求须符合国家现行的有关生态监测规范和监测标准分析方法；对于生态系统生产力的调查，必要时需现场采样、实验室测定。

5. 遥感调查法

当涉及区域范围较大或主导生态因子的空间等级尺度较大，通过人力踏勘较为困难或难以完成评价时，可采用遥感调查法。遥感调查过程中必须辅助必要的现场勘察工作。

6. 海洋生态调查方法

方法见《海洋生态调查指南》（GB/T 12763.9—2007）。

7. 水库渔业资源调查方法

方法见《水库渔业资源调查规范》（SL 167—1996）。

（三）生态现状调查的内容

1. 生态背景调查

根据生态影响的空间和时间尺度特点，调查影响区域内涉及的生态系统类型、结构、功能和过程，以及相关的非生物因子特征（如气候、土壤、地形地貌、水文及水文地质等），重点调查受保护的珍稀濒危物种、关键种、土著种、建群种和特有种，天然的重要经济物种等。如涉及国家级和省级保护物种、珍稀濒危物种和地方特有物种时，应逐个或逐类说明其类型、分布、保护级别、保护状况等；如涉及特殊生态敏感区和重要生态敏感区时，应逐个说明其类型、等级、分布、保护对象、功能区划、保护要求等。

2. 主要生态问题调查

调查影响区域内已经存在的制约本区域可持续发展的主要生态问题，如水土流失、沙漠化、石漠化、盐渍化、自然灾害、生物入侵和污染危害等，指出其类型、成因、空间分布、发生特点等。

二、生态现状评价

（一）评价要求

在区域生态基本特征现状调查的基础上，对评价范围的生态现状进行定量或定性的分析评价，评价应采用文字和图件相结合的表现形式，图件制作应遵照下面规定。

1. 一般原则

（1）生态影响评价图件是指以图形、图像的形式，对生态影响评价有关空间内容的描述、表达或定量分析。生态影响评价图件是生态影响评价报告的必要组成内容，是评价的主要依据和成果的重要表示形式，是指导生态保护措施设计的重要依据。

（2）本要求主要适用于生态影响评价工作中表达地理空间信息的地图，应遵循有效、实用、规范的原则，根据评价等级和成图范围以及所表达的主题内容选择适当的成图精度和图件构成，充分反映出评价项目、生态因子构成、空间分布以及评价项目与影响区域生态系统的空间作用关系、途径或规模。

2. 图件构成

（1）根据评价项目自身特点、评价等级以及区域生态敏感性不同，生态影响评价图件由基本图件和推荐图件构成，如表 10.3 所示。

表 10.3　生态影响评价图件构成要求

评价等级	基本图件	推荐图件
一级	（1）项目区域地理位置图； （2）工程平面图； （3）土地利用现状图； （4）地表水系图； （5）植被类型图； （6）特殊生态敏感区和重要生态敏感区空间分布图； （7）主要评价因子的评价成果和预测图； （8）生态监测布点图； （9）典型生态保护措施平面布置示意	（1）当评价范围内涉及山岭重丘区时，可提供地形地貌图、土壤类型图和土壤侵蚀分布图； （2）当评价范围内涉及河流、湖泊等地表水时，可提供水环境功能区划图；当涉及地下水时，可提供水文地质图件等； （3）当评价范围涉及海洋和海岸带时，可提供海域岸线图、海洋功能区划图，根据评价需要选做海洋渔业资源分布图、主要经济鱼类产卵分布图、滩涂分布现状图； （4）当评价范围内已有土地利用规划时，可提供已有土地利用规划图和生态功能分区图； （5）当评价范围内涉及地表塌陷时，可提供塌陷等值线图； （6）此外，可根据评价范围内涉及的不同生态系统类型，选作动植物资源分布图、珍稀濒危物种分布图、基本农田分布图、绿化布置图、荒漠化土地分布图等
二级	（1）项目区域地理位置图； （2）工程平面图； （3）土地利用现状图； （4）地表水系图； （5）特殊生态敏感区和重要生态敏感区空间分布图； （6）主要评价因子的评价成果和预测图； （7）典型生态保护措施平面布置示意图	（1）当评价范围内涉及山岭重丘区时，可提供地形地貌图和土壤侵蚀分布图； （2）当评价范围内涉及河流、湖泊等地表水时，可提供水环境功能区划图；当涉及地下水时，可提供水文地质图件； （3）当评价范围内涉及海域时，可提供海域岸线图和海洋功能区划图； （4）当评价范围内已有土地利用规划时，可提供已有土地利用规划图和生态功能分区图； （5）评价范围内，陆域可根据评价需要选做植被类型图或绿化布置图
三级	（1）项目区域地理位置图； （2）工程平面图； （3）土地利用或水体利用现状图； （4）典型生态保护措施平面布置示意图	（1）评价范围内，陆域可根据评价需要选做植被类型图或绿化布置图； （2）当评价范围内涉及山岭重丘区时，可提供地形地貌图； （3）当评价范围内涉及河流、湖泊等地表水时，可提供地表水系图； （4）当评价范围内涉及海域时，可提供海洋功能区划图； （5）当涉及重要生态敏感区时，可提供关键评价因子的评价成果图

（2）基本图件是指根据生态影响评价等级不同，各级生态影响评价工作需提供的必要图件。当评价项目涉及特殊生态敏感区域和重要生态敏感区时，必须提供能反映生态敏感特征的专题图，如保护物种空间分布图；当开展生态监测工作时，必须提供相应的生态监测点位图。

（3）推荐图件是在现有技术条件下可以以图形图像形式表达的、有助于阐明生态影响评价结果的选作图件。

3. 图件制作规范与要求

（1）数据来源与要求。

生态影响评价图件制作基础数据来源包括：已有图件资料、采样、实验、地面勘测和遥感信息等。

图件基础数据来源应满足生态影响评价的时效要求，选择与评价基准时段相匹配的数据源。当图件主题内容无显著变化时，制图数据源的时效要求可在无显著变化期内适当放宽，但必须经过现场勘验校核。

（2）制图与成图精度要求。

生态影响评价制图的工作精度一般不低于工程可行性研究制图精度，成图精度应满足生态影响的判别和生态保护措施的实施。

生态影响评价成图应能准确、清晰地反映评价主题内容，成图比例不应低于表 10.4 中的规范要求（项目区域地理位置图除外）。当成图范围过大时，可采用点线面相结合的方式，分幅成图；当涉及敏感生态保护目标时，应分幅单独成图，以提高成图精度。

表 10.4　生态影响评价图件成图比例规范要求

成图范围		成图比例尺		
		一级评价	二级评价	三级评价
面积	≥100 km²	≥1：10 万	≥1：10 万	≥1：25 万
	20~100 km²	≥1：5 万	≥1：5 万	≥1：10 万
	2~20 km²	≥1：1 万	≥1：1 万	≥1：2.5 万
	≤2 km²	≥1：5 000	≥1：5 000	≥1：1 万
长度	≥100 km	≥1：25 万	≥1：25 万	≥1：25 万
	50~100 km	≥1：10 万	≥1：10 万	≥1：25 万
	10~50 km	≥1：5 万	≥1：10 万	≥1：10 万
	≤10 km	≥1：1 万	≥1：1 万	≥1：5 万

（3）图形整饬规范。

生态影响评价图件应符合专题地图制图的整饬规范要求，成图应包括图名、比例尺、方向标/经纬度、图例、注记、制图数据源（调查数据、实验数据、遥感信息源或其他）、成图时间等要素。

（二）评价方法

1. 列表清单法

（1）列表清单法的特点是简单明了、针对性强。

（2）列表清单法的基本做法是，将拟实施的开发建设活动的影响因素与可能受影响的环境因子分别列在同一张表格的行与列内，逐点进行分析，并逐条阐明影响的性质、强度等，由此分析开发建设活动的生态影响。

（3）应用如下：

① 进行开发建设活动对生态因子的影响分析；

② 进行生态保护措施的筛选；

③ 进行物种或栖息地重要性或优先度比选。

2. 图形叠置法

图形叠置法是把两个以上的生态信息叠合到一张图上，构成复合图，用以表示生态变化的方向和程度。本方法的特点是直观、形象、简单明了。

图形叠置法有两种基本制作手段：指标法和3S叠图法。

（1）指标法内容如下：

① 确定评价区域范围。

② 进行生态调查，收集评价范围与周边地区自然环境、动植物等的信息，同时收集社会经济和环境污染及环境质量信息。

③ 进行影响识别并筛选拟评价因子，其中包括识别和分析主要生态问题。

④ 研究拟评价生态系统或生态因子的地域分异特点与规律，对拟评价的生态系统、生态因子或生态问题建立表征其特性的指标体系，并通过定性分析或定量方法对指标赋值或分级，再依据指标值进行区域划分。

⑤ 将上述区划信息绘制在生态图上。

（2）3S叠图法内容如下：

① 选用地形图或正式出版的地理地图，或经过精校正的遥感影像作为工作底图，底图范围应略大于评价范围。

② 在底图上描绘主要生态因子信息，如植被覆盖、动物分布、河流水系、土地利用和特别保护目标等。

③ 进行影响识别与筛选评价因子。

④ 运用3S技术，分析评价因子的不同影响性质、类型和程度。

⑤ 将影响因子图和底图叠加，得到生态影响评价图。

（3）图形叠置法应用如下：

① 主要用于区域生态质量评价和影响评价。

② 用于具有区域性影响的特大型建设项目评价中，如大型水利枢纽工程、新能源基地建设、矿业开发项目等。

③ 用于土地利用开发和农业开发中。

3. 生态机理分析法

生态机理分析法是根据建设项目的特点和受其影响的动、植物的生物学特征，依照生态学原理分析、预测工程生态影响的方法。生态机理分析法的工作步骤如下：

（1）调查环境背景现状和搜集工程组成和建设等有关资料。

（2）调查植物和动物分布，动物栖息地和迁徙路线。

（3）根据调查结果分别对植物或动物种群、群落和生态系统进行分析，描述其分布特点、结构特征和演化等级。

（4）识别有无珍稀濒危物种及重要经济、历史、景观和科研价值的物种。

（5）预测项目建成后该地区动物、植物生长环境的变化。

（6）根据项目建成后的环境（水、气、土和生命组分）变化，对照无开发项目条件下动物、植物或生态系统演替趋势，预测项目对动物和植物个体、种群和群落的影响，并预测生态系统演替方向。

评价过程中有时要根据实际情况进行相应的生物模拟试验，如环境条件、生物习性模拟试验、生物毒理学试验、实地种植或放养试验等；或进行数学模拟，如种群增长模型的应用。

该方法需与生物学、地理学、水文学、数学及其他多学科合作评价，才能得出较为客观的结果。

4. 景观生态学法

景观生态学法是通过研究某一区域、一定时段内的生态系统类群的格局、特点、综合资源状况等自然规律，以及人为干预下的演替趋势，揭示人类活动在改变生物与环境方面的作用的方法。景观生态学对生态质量状况的评判是通过两个方面进行的：一是空间结构分析，二是功能与稳定性分析。景观生态学认为，景观的结构与功能是相当匹配的，且增加景观异质性和共生性也是生态学和社会学整体论的基本原则。

空间结构分析基于景观是高于生态系统的自然系统，是一个清晰的和可度量的单位。景观由斑块、基质和廊道组成，其中基质是景观的背景地块，是景观中一种可以控制环境质量的组分。因此，基质的判定是空间结构分析的重要内容。判定基质有三个标准，即相对面积大、连通程度高、有动态控制功能。基质的判定多借用传统生态学中计算植被重要值的方法。决定某一斑块类型在景观中的优势，也称优势度值（Do）。优势度值由密度（Rd）、频率（Rf）和景观比例（Lp）三个参数计算得出。其数学表达式如下：

$$Rd = （斑块\ i\ 的数目／斑块总数）×100\% \tag{10.1}$$

$$Rf = （斑块\ i\ 出现的样方数／总样方数）×100\% \tag{10.2}$$

$$Lp = （斑块\ i\ 的面积／样地总面积）×100\% \tag{10.3}$$

$$Do = 0.5×[0.5×（Rd + Rf）+ Lp]×100\% \tag{10.4}$$

上述分析同时反映自然组分在区域生态系统中的数量和分布，因此能较准确地表示生态系统的整体性。

景观的功能和稳定性分析包括如下四个方面内容：

（1）生物恢复力分析：分析景观基本元素的再生能力或高亚稳定性元素能否占主导地位。

（2）异质性分析：基质为绿地时，由于异质化程度高的基质很容易维护它的基质地位，从而达到增强景观稳定性的作用。

（3）种群源的持久性和可达性分析：分析动、植物物种能否持久保持能量流、养分流，分析物种流可否顺利地从一种景观元素迁移到另一种元素，从而增强共生性。

（4）景观组织的开放性分析：分析景观组织与周边生境的交流渠道是否畅通。开放性强的景观组织可以增强抵抗力和恢复力。景观生态学方法既可以用于生态现状评价，也可以用于生境变化预测，目前是国内外生态影响评价学术领域中较先进的方法。

5. 单因子指数法与综合指数法

（1）单因子指数法是利用同度量因素的相对值来表明因素变化状况的方法。选定合适的评价标准，采集拟评价项目所在区域的现状资料，可进行生态因子现状评价，例如以同类型立地条件的森林植被覆盖率为标准，可评价项目建设区的植被覆盖现状情况；也可进行生态因子的预测评价，如以评价区现状植被盖度为评价标准，可评价建设项目建成后植被盖度的变化率。其简明扼要，且符合人们所熟悉的环境污染影响评价思路，但困难之处在于需明确建立表征生态质量的标准体系，且难以赋权和准确定量。

（2）综合指数法是从确定同度量因素出发，把不能直接对比的事物变成能够同度量的方法。内容如下：

① 分析研究评价的生态因子的性质及变化规律。

② 建立表征各生态因子特性的指标体系。

③ 确定评价标准。

④ 建立评价函数曲线，将评价的环境因子的现状值（开发建设活动前）与预测值（开发建设活动后）转换为统一的无量纲的环境质量指标。用 0~1 表示优劣（"1"表示最佳的、顶级的、原始或人类干预甚少的生态状况；"0"表示最差的、极度破坏的、几乎无生物性的生态状况），由此计算出开发建设活动前后环境因子质量的变化值。

⑤ 根据各评价因子的相对重要性赋予权重。

⑥ 将各因子的变化值综合，提出综合影响评价值，公式如下：

$$\Delta E = \sum (E_{hi} E_{qi}) \times W_i \qquad (10.5)$$

式中　ΔE——开发建设活动日前后生态质量变化值；

　　　E_{hi}——开发建设活动后 i 因子的质量指标；

　　　E_{qi}——开发建设活动前 i 因子的质量指标；

　　　W_i——i 因子的权值。

（3）指数法应用如下：

① 可用于生态单因子质量评价。

② 可用于生态多因子综合质量评价。

③ 可用于生态系统功能评价。

（4）说明。建立评价函数曲线须根据标准规定的指标值确定曲线的上、下限。对于大气和水这些已有明确质量标准的因子，可直接用不同级别的标准值作上、下限；对于无明确标准的生态因子，需根据评价目的、评价要求和环境特点选择相应的环境质量标准值，再确定上、下限。

6. 类比分析法

类比分析法是一种比较常用的定性和半定量评价方法，一般有生态整体类比、生态因子类比和生态问题类比等。

（1）方法如下：

根据已有的开发建设活动对生态系统产生的影响来分析或预测拟进行的开发建设活动可能产生的影响。选择好类比对象是进行类比分析或预测评价的基础，也是该法成败的关键。

类比对象的选择条件是：工程性质、工艺和规模与拟建项目基本相当，生态因子（地理、地质、气候、生物因素等）相似，项目建成已有一定时间，所产生的影响已基本全部显现。

类比对象确定后，则需选择和确定类比因子及指标，并对类比对象开展调查与评价，再分析拟建项目与类比对象的差异。根据类比对象与拟建项目的比较，做出类比分析结论。

（2）应用如下：

① 进行生态影响识别和评价因子筛选。

② 以原始生态系统作为参照，可评价目标生态系统的质量。

③ 进行生态影响的定性分析与评价。

④ 进行某一个或几个生态因子的影响评价。

⑤ 预测生态问题的发生与发展趋势及其危害。

⑥ 确定环境保护目标和寻求最有效、可行的生态环境保护措施。

7. 系统分析法

系统分析法是指把要解决的问题作为一个系统，对系统要素进行综合分析，找出解决问题的可行方案的咨询方法。具体步骤包括：限定问题、确定目标、调查研究、收集数据、提出备选方案和评价标准、备选方案评估和提出最可行方案。

系统分析法因其能妥善地解决一些多目标动态性问题，目前已广泛应用于各行各业，尤其在进行区域开发或解决优化方案选择问题时，系统分析法显示出其他方法所不能达到的效果。

在生态系统质量评价中使用系统分析的具体方法有专家咨询法、层次分析法、模糊综合评判法、综合排序法、系统动力学、灰色关联等方法，这些方法原则上都适用于生态影响评价。

8. 生物多样性评价方法

生物多样性评价是指通过实地调查，分析生态系统和物种的历史变迁、现状和存在主要问题的方法，评价目的是有效保护生物多样性。

生物多样性通常用香农-威纳指数表征如下：

$$H = -\sum_{i=1}^{s} P_i \ln(P_i) \tag{10.6}$$

式中　　H——样品的信息含量（彼得/个体）＝群落的多样性指数；

　　　　S——种数；

　　　　P_i——样品中属于第 i 种的个体比例，如样品总个体数为 N，第 i 种个体数为 n_i，则 $P_i = n_i/N$。

9. 海洋及水生生物资源影响评价方法

海洋生物资源影响评价技术方法参见《建设项目对海洋生物资源影响评价技术规程》（SC/T 9110—2007），以及其他推荐的生态影响评价和预测适用方法；水生生物资源影响评价技术方法，可适当参照该技术规程及其他推荐的适用方法进行。

10. 土壤侵蚀预测方法

土壤侵蚀预测方法参见《开发建设项目水土保持技术规范》（GB 40433—2008）。

（三）评价内容

（1）在阐明生态系统现状的基础上，分析影响建设项目所在区域内生态系统状况的主要原因。评价生态系统的结构与功能状况（如水源涵养、防风固沙、生物多样性保护等主导生态功能）、生态系统面临的压力和存在的问题、生态系统的总体变化趋势等。

（2）分析和评价受影响区域内动、植物等生态因子的现状组成、分布；当评价区域涉及受保护的敏感物种时，应重点分析该敏感物种的生态学特征；当评价区域涉及特殊生态敏感区或重要生态敏感区时，应分析其生态现状、保护现状和存在的问题等。

第四节　生态影响预测与评价

一、生态影响预测与评价内容

生态影响预测与评价内容应与现状评价内容相对应，依据区域生态保护的需要和受影响生态系统的主导生态功能选择评价预测指标。

（1）评价范围内涉及的生态系统及其主要生态因子的影响评价。通过分析影响作用的方式、范围、强度和持续时间来判别生态系统受影响的范围、强度和持续时间；预测生态系统组成和服务功能的变化趋势，重点关注其中的不利影响、不可逆影响和累积生态影响。

（2）敏感生态保护目标的影响评价应在明确保护目标的性质、特点、法律地位和保护要求的情况下，分析评价项目的影响途径、影响方式和影响程度，预测潜在的后果。

（3）预测评价项目对区域现存主要生态问题的影响趋势。

二、生态影响预测与评价方法

生态影响预测与评价方法应根据评价对象的生态学特性，在调查、判定该区主要的、辅助的生态功能以及完成功能必需的生态过程的基础上，分别采用定量分析与定性分析相结合的方法进行预测与评价。常用的方法包括列表清单法、图形叠置法、生态机理分析法、景观生态学法、单因子指数法与综合指数法、类比分析法、系统分析法和生物多样性评价等，可参见第三节中的生态影响评价和预测方法。

第五节　生态影响评价的结论和建议

一、生态影响的防护、恢复与补偿原则

应按照避让、减缓、补偿和重建的次序提出生态影响防护与恢复的措施；所采取措施的效果应有利于修复和增强区域生态功能。

凡涉及不可替代、极具价值、极敏感、被破坏后很难恢复的敏感生态保护目标（如特殊生态敏感区、珍稀濒危物种）时，必须提出可靠的避让措施或替代方案。

涉及采取措施后可恢复或修复的生态目标时，也应尽可能提出避让措施；否则，应制定恢复、修复和补偿措施。各项生态保护措施应按项目实施阶段分别提出，并提出实施时限和估算经费。

二、替代方案

替代方案主要指项目中的选线、选址替代方案，项目的组成和内容替代方案，工艺和生产技术的替代方案，施工和运营方案的替代方案，生态保护措施的替代方案。

评价应对替代方案进行生态可行性论证，优先选择生态影响最小的替代方案，最终选定的方案至少应该是生态保护可行的方案。

三、生态保护措施

生态保护措施应包括保护对象和目标，内容、规模及工艺，实施空间和时序，保障措施和预期效果分析，绘制生态保护措施平面布置示意图和典型措施设施工艺图。估算或概算环境保护投资。

对可能具有重大、敏感生态影响的建设项目，区域、流域开发项目，应提出长期的生态监测计划、科技支撑方案，明确监测因子、方法、频次等。

明确施工期和运营期管理原则与技术要求。可提出环境保护工程分标与招投标原则，施工期工程环境监理，环境保护阶段验收和总体验收、环境影响后评价等环保管理技术方法。

四、结论与建议

从生态影响及生态恢复、补偿等方面，对项目建设的可行性提出结论与建议。

思考与练习

1. 简述生态、生态影响的定义。
2. 简述生态影响评价等级的确定方法。
3. 简述生态现状调查的方法有哪些？
4. 生态现状评价的方法有哪些？
5. 生态影响防护与恢复的措施有哪些？

第十一章 环境风险评价

第一节 基本知识

一、风险

风险一词有着广泛的应用，由于对风险的理解和认识程度不同，或对风险的研究角度不同，不同学者对风险概念有着不同的解释，但从众多对"风险"的定义中能够得到比较集中的定义是：风险是指人类不希望的，对人类生命、健康和环境产生有害结果的可能性。风险最通用的定义是：风险是指人员遭受死亡、受伤或环境遭到破坏的可能性。由于风险描述的是一种可能性，因此，也可将风险定义为不良结果发生的概率。

任何一种风险，都具有二重性：其一，风险具有发生或出现人们不期望后果的可能性；其二，风险的某些方面具有不确定性或不肯定性。

风险是由风险因素、风险事故和风险损失三者构成的统一体。风险因素是指引起或增加风险事故发生的机会或扩大风险损失幅度的条件，是风险事故发生的潜在原因；风险事故是造成生命财产损失的偶发事件，是造成损失的直接或外在原因，是风险损失的媒介；风险损失是指非故意的、非预期的和非计划的某种价值的减少。风险因素引起或增加风险事故；风险事故发生可能造成风险损失。

风险分类有多种方法，常用的有以下几种。

1. 按照风险的性质

（1）纯粹风险：只有损失机会而没有获利可能的风险。

（2）投机风险：既有损失机会也有获利可能的风险。

2. 按照产生风险的环境

（1）静态风险：社会、经济、科技或政治环境正常的情况下，自然力的不规则变动或人们的过失行为导致的风险，如地震、洪水、飓风等自然灾害，交通事故、火灾、工业伤害等意外事故。

（2）动态风险：社会、经济、科技或政治变动产生的风险。

3. 按照风险发生的原因

（1）自然风险：自然因素和物理现象所造成的风险。

（2）社会风险：个人或团体在社会上的行为导致的风险。

（3）经济风险：经济活动过程中，因市场因素影响或者经营管理不善导致经济损失的风险。

4. 按照风险致损的对象

（1）财产风险：各种财产损毁、灭失或者贬值的风险。

（2）人身风险：个人的疾病、意外伤害等造成残疾、死亡的风险。

（3）责任风险：法律或者有关合同规定，因行为人的行为或不作为导致他人财产损失或人身伤亡，行为人所负经济赔偿责任的风险。

二、环境风险

环境风险是指突发性事故对环境造成的危害程度及可能性。环境风险通常用风险值（也称风险度）R 表征，定义为事故发生概率 P 与事故造成的环境（或健康）后果 C 的乘积。

（一）环境风险的特点

环境风险具有不确定性和危害性两个特点。

1. 不确定性

不确定性是指人们对环境风险事件发生的时间、地点、强度等事先很难预测。

2. 危害性

危害性是指具有环境风险的事件对风险的承受者会造成损失或危害，包括对人身健康、经济财产、社会福利以及生态系统等带来不同程度的危害。

（二）环境风险的分类

环境风险广泛存在于人类的生产和其他各项活动中，其性质和表现方式多种多样，可从以下两方面进行分类。

1. 按风险源

可分为化学风险、物理风险和自然灾害引发的风险。

（1）化学风险是指对人类、动物和植物能产生毒害或其他不利作用的化学物品的排放、泄漏，或是易燃易爆材料的泄漏所引发的风险。

（2）物理风险是指因机械设备或机械结构的故障所引发的风险。

（3）自然灾害引发的风险是指地震、洪水、台风、火山等自然灾害所带来的化学性和物理性的风险。显然，自然灾害引发的风险具有综合性特点。

2. 按承受风险的对象

可分为人群风险、设施风险和生态风险。

（1）人群风险是指因危害性事件而导致人病、伤、残、死等损失的风险。

（2）设施风险是指危害性事件对人类社会的经济活动的依托设施（如水库大坝、房屋、桥梁等）造成破坏的风险。

（3）生态风险是指危害性事件对生态系统中的某些要素或生态系统本身造成破坏的风险。

三、环境风险评价

（一）定义

环境风险评价广义上讲是指对由于人类的各种社会经济活动、开发行为所引发的或面临的危害（包括自然灾害）人体健康、社会经济发展和生态系统等可能造成的损失进行评估，并据此进行管理和决策的过程。狭义上讲是指对有毒有害物质危害人体健康和影响生态系统的程度进行概率估计，并提出减小环境风险的方案和对策。

环境风险评价主要评价人为环境风险，即预测人类活动引起的危害生态环境事件发生的概率以及在不同概率下事件后果的严重性，并决定采取适宜的对策。其最终目的是确定什么样的风险是社会可接受的，需花多大合理的代价才能将风险降至社会可接受的水平。因此，环境风险评价也可以说是评判环境风险的概率及其后果可接受性的过程。判断一种环境风险是否能被接受，通常采用比较的方法，即将这个环境风险同已经存在的其他风险、承担风险所带来的效益、减缓风险所消耗的成本进行适当的比较。

（二）分类

依据不同的分类方法，环境风险评价的类型有以下几种。

1. 根据评价工作与事件发生的时间关系

分为概率风险评价和事故后果实时评价。

（1）概率风险评价：是指在环境风险事件发生前，预测某风险单元可能发生的环境事故及其可能造成的健康风险或生态风险。

（2）事故后果实时评价：是指在环境事故发生期间给出实时的有毒有害物质的迁移轨迹及实时浓度分布，以便做出正确的防护决策，减少事故的危害。

2. 根据评价范围

分为微观风险评价、系统风险评价和宏观风险评价。

（1）微观风险评价：是指对环境中某单一风险单元进行环境风险评价。

（2）系统风险评价：是指对整个系统中所包含的各个风险单元进行环境风险评价，它可以包含系统中不同环节（如运输、储藏、加工等），涉及不同的活动（如建造、运行、拆除等），包含不同的风险种类（如致癌、事故损伤等）；限定评价范围的四个要素是相关联的空间范围、相关联的时间长度、相关联的人群和相关联的效应。

（3）宏观风险评价：是指从国家、政府和环境管理部门层面上进行的环境风险评价，如针对某一特定产业或行业的环境风险评价。

3. 根据评价内容

分为环境化学品的风险评价和建设项目的环境风险评价。

（1）环境化学品的风险评价：是确定某种化学品从生产、运输、消耗直至最终进入环境的整个过程中乃至进入环境后，对人体健康、生态系统造成危害的可能性及其后果。对化学品的环境风险评价，要从化学品的生产技术、产量、化学品的毒理性质等方面进行综合考虑，同时应考虑人体健康效应、生态效应、环境效应。

（2）建设项目的环境风险评价：是指针对建设项目本身引起的环境风险进行评价，主要考虑建设项目引发环境事故发生的概率及其危害后果。危害范围包括工程项目在建设阶段和生产运行阶段所产生的各种事故及其引发的急性和慢性危害；人为事故、自然灾害等外界因素对工程项目的破坏所引发的各种事故及其急性和慢性危害。

4. 根据影响受体

分为健康风险评价与生态风险评价。

（1）健康风险评价：主要是指通过有害因子对人体不良影响发生概率的估算，评价暴露于该有害因子的个体健康受到影响的风险。20世纪60年代科学家开始使用一些数学模型预测健康效应，进入80年代后，随着毒理学及相关科学研究的深入，对化学物质危害的评定开始由定性向定量发展。美国国家科学院和国家研究委员会经过反复研究，认为健康风险评价是保护公众免受化学物质的危害以及为危险管理提供重要科学依据的最合适方法，并在1983年提出了健康风险评价的基本步骤，即"四步法"。健康风险评价首先是从致癌物的风险评价开始的，因此，致癌风险评价是研究最多、程序相对成熟的风险评价方法。健康风险评价对环境保护、轻化工产品、农药、医学管理、食品监督及职业安全等行业也有着极其重要的意义。

（2）生态风险评价：是在健康风险评价的基础上发展起来的，1992年美国《生态风险评价框架》将原健康风险评价的"四步法"过程整合成了三步，用问题提出代替了危害识别，将暴露评价和效应描述整合成了问题分析，从而使评价过程更简洁。1992年以后的准则都采用"三步法"，即问题提出、问题分析和风险表征。

生态风险评价是环境风险评价的重要组成部分，从不同角度理解，可以有不同的定义。从生态系统整体考虑，生态风险评价可以研究一种或多种压力形成或可能形成不利生态效应可能性的过程，也可以是主要评价干扰对生态系统或生态系统组分产生不利影响的概率以及干扰作用效果。从评价对象考虑，生态风险评价可以重点评价污染物排放、自然灾害及环境变迁等环境事故对动植物和生态系统产生不利作用的大小和概率，也可以主要评价人类活动或自然灾害产生负面影响的概率和作用。从方法学角度来看，生态风险评价可以视为一种解决环境问题的实践和哲学方法，或被看作收集、整理表达科学信息以服务于管理决策过程。

生态风险评价的主要对象是生态系统或生态系统中不同生态水平的组分，健康风险评价则主要侧重于人群的健康风险。人群是生态系统的特殊种群，可把人体健康风险评价看成个体或种群水平的生态风险评价。

第二节　环境风险评价概述

一、一般性原则

环境风险评价应以突发性事故导致的危险物质环境急性损害防控为目标，对建设项目的环境风险进行分析、预测和评估，提出环境风险预防、控制和减缓措施，明确环境风险监控及应急建议要求，为建设项目环境风险防控提供科学依据。

二、评价工作程序

环境风险评价工作程序见图 11.1。

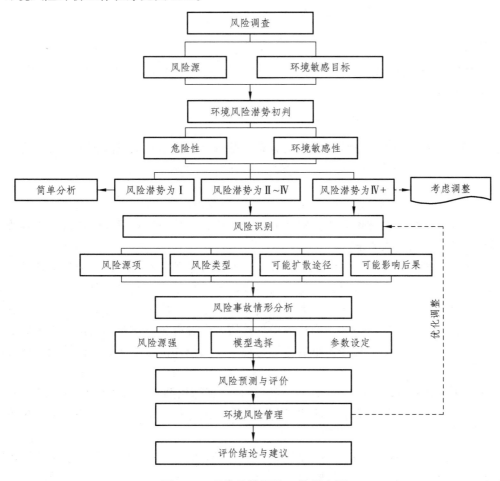

图 11.1 环境风险评价工作程序图

三、评价等级划分

环境风险评价等级划分为一级、二级、三级。根据建设项目涉及的物质及工艺系统危险性和所在地的环境敏感性确定环境风险潜势,按照表 11.1 确定评价等级。风险潜势为Ⅳ及以上,进行一级评价;风险潜势为Ⅲ,进行二级评价;风险潜势为Ⅱ,进行三级评价;风险潜势为Ⅰ,可开展简单分析。

表 11.1 评价等级划分

环境风险潜势	Ⅳ、Ⅳ+	Ⅲ	Ⅱ	Ⅰ
评价等级	一	二	三	简单分析[a]
[a] 是相对于详细评价工作内容而言,在描述危险物质、环境影响途径、环境危害后果、风险防范措施等方面给出定性的说明。				

四、评价基本内容

环境风险评价基本内容包括：风险调查、环境风险潜势初判、风险识别、风险事故情形分析、风险预测评价和环境风险管理等。

1. 评价等级

基于风险调查，分析建设项目物质及工艺系统危险性和环境敏感性，进行风险潜势判断，确定环境风险评价等级。

2. 风险识别及风险事故情形分析

应明确危险物质在生产系统中的主要分布，筛选具有代表性的风险事故情形，合理设定事故源项。

3. 环境风险预测评价

各环境要素按确定的评价等级分别开展预测评价，分析说明环境风险危害范围与程度，提出环境风险防范的基本要求。

（1）大气环境风险预测。一级评价需选取最不利气象条件和事故发生地的最常见气象条件，选择适用的数值方法进行分析预测，给出风险事故情形下危险物质释放可能造成的大气环境影响范围与程度。对于存在极高大气环境风险的项目，应进一步开展关系点概率分析。二级评价需选取最不利气象条件，选择适用的数值方法进行分析预测，给出风险事故情形下危险物质释放可能造成的大气环境影响范围与程度。三级评价应定性分析说明大气环境影响后果。

（2）地表水环境风险预测。一级、二级评价应选择适用的数值方法预测地表水环境风险，给出风险事故情形下可能造成的影响范围与程度；三级评价应定性分析说明地表水环境影响后果。

（3）地下水环境风险预测。一级评价应优先选择适用的数值方法预测地下水环境风险，给出风险事故情形下可能造成的影响范围与程度；低于一级评价的，风险预测分析与评价要求参照《环境影响评价技术导则　地下水环境》（HJ 610—2016）执行。

4. 环境风险管理

提出环境风险管理对策，明确环境风险防范措施及突发环境事件应急预案编制要求。

5. 环境风险评价结论

综合环境风险评价过程，给出评价结论与建议。

五、评价范围

（1）大气环境风险评价范围：一级、二级评价距建设项目边界一般不低于 5 km；三级评价距建设项目边界一般不低于 3 km。油气、化学品输送管线项目一级、二级评价距管道中心线两侧一般均不低于 200 m；三级评价距管道中心线两侧一般不低于 100 m。当大气毒性终点浓度预测到达距离超出评价范围时，应根据预测到达距离进一步调整评价范围。

（2）地表水环境风险评价范围参照《环境影响评价技术导则　地表水环境》（HJ 2.3—2018）确定。

（3）地下水环境风险评价范围参照《环境影响评价技术导则　地下水环境》（HJ 610—2016）确定。

（4）环境风险评价范围应根据环境敏感目标分布情况、事故后果预测可能对环境产生危害的范围等综合确定。项目周边所在区域，评价范围外存在需要特别关注的环境敏感目标，评价范围需延伸至所关心的目标。

第三节　环境风险调查与环境风险潜势划分

一、建设项目风险源调查

调查建设项目危险物质数量和分布情况、生产工艺特点，收集危险物质安全技术说明书等基础资料。

二、环境敏感目标调查

根据危险物质可能的影响途径，明确环境敏感目标，给出环境敏感目标区位分布图，列表明确调查对象、属性、相对方位及距离等信息。

三、环境风险潜势划分

建设项目环境风险潜势划分为Ⅰ、Ⅱ、Ⅲ、Ⅳ/Ⅳ$^+$级。

根据建设项目涉及的物质和工艺系统的危险性及其所在地的环境敏感程度，结合事故情形下环境影响途径，对建设项目潜在环境危害程度进行概化分析，按照表 11.2 确定环境风险潜势。

表 11.2　建设项目环境风险潜势划分

环境敏感程度（E）	危险物质及工艺系统危险性（P）			
	极高危害（P1）	高度危害（P2）	中度危害（P3）	轻度危害（P4）
环境高度敏感区（E1）	Ⅳ$^+$	Ⅳ	Ⅲ	Ⅲ
环境中度敏感区（E2）	Ⅳ	Ⅲ	Ⅲ	Ⅱ
环境低度敏感区（E3）	Ⅲ	Ⅲ	Ⅱ	Ⅰ
注：Ⅳ$^+$为极高环境风险				

四、危险物质及工艺系统危险性的分级确定

分析建设项目生产、使用、储存过程中涉及的有毒有害、易燃易爆物质，依据突发环境事件风险物质及临界量和其他危险物质临界量推荐值确定危险物质的临界量。定量分析危险物质数量与临界量的比值（Q）和所属行业及生产工艺特点（M），按下述方法对危险物质及工艺系统危险性（P）等级进行判断。

1. 危险物质数量与临界量比值

计算所涉及的每种危险物质在厂界内的最大存在总量与其临界量的比值 Q。在不同厂区的同一种物质，按其在厂界内的最大存在总量计算。对于长输管线项目，按照两个截断阀室之间管段危险物质最大存在总量计算。

当只涉及一种危险物质时，计算该物质的总量与其临界量比值，即为 Q。

当存在多种危险物质时，则按公式（11.1）计算物质总量与其临界量比值（Q）。

$$Q = \frac{q_1}{Q_1} + \frac{q_2}{Q_2} + \cdots + \frac{q_n}{Q_n} \tag{11.1}$$

式中　q_1，q_2，$\cdots$，q_n——每种危险物质的最大存在总量，t；

　　　Q_1，Q_2，$\cdots$，Q_n——每种危险物质的临界量，t。

当 $Q<1$ 时，该项目环境风险潜势为 I。

当 $Q \geqslant 1$ 时，将 Q 值划分为：（1）$1 \leqslant Q<10$；（2）$10 \leqslant Q<100$；（3）$Q \geqslant 100$。

2. 行业及生产工艺特点

分析项目所属行业及生产工艺特点，按照表 11.3 评估生产工艺情况。具有多套工艺单元的项目，对每套生产工艺分别评分并求和。将 M 划分为（1）$M>20$；（2）$10<M \leqslant 20$；（3）$5<M \leqslant 10$；（4）$M=5$，分别以 $M1$、$M2$、$M3$ 和 $M4$ 表示。

表 11.3　行业及生产工艺

行　业	评估依据	分　值
石化、化工、医药、轻工、化纤、有色冶炼等	涉及光气及光气化工艺、电解工艺（氯碱）、氯化工艺、硝化工艺、合成氨工艺、裂解（裂化）工艺、氟化工艺、加氢工艺、重氮化工艺、氧化工艺、过氧化工艺、胺基化工艺、磺化工艺、聚合工艺、烷基化工艺、新型煤化工工艺、电石生产工艺、偶氮化工艺	10/套
	无机酸制酸工艺、焦化工艺	5/套
	其他高温或高压，且涉及危险物质的工艺过程[a]、危险物质储存罐区	5/套（罐区）
管道、港口/码头等	涉及危险物质管道运输项目、港口/码头等	10
石油天然气	石油、天然气、页岩气开采（含净化），气库（不含加气站的气库），油库（不含加气站的油库）、油气管线[b]（不含城镇燃气管线）	10
其他	涉及危险物质使用、储存的项目	5
[a]高温指工艺温度 $\geqslant 300$ ℃，高压指压力容器的设计压力 $P \geqslant 10.0$ MPa； [b]长输管道运输项目应按站场、管线分段进行评价。		

3. 危险物质及工艺系统危险性分级

根据危险物质数量与临界量比值（Q）和行业及生产工艺（M），按照表 11.4 确定危险物质及工艺系统危险性等级（P），分别以 $P1$、$P2$、$P3$ 和 $P4$ 表示。

表 11.4　危险物质及工艺系统危险性等级判断（P）

危险物质数量与临界量比值（Q）	行业及生产工艺（M）			
	$M1$	$M2$	$M3$	$M4$
$Q \geqslant 100$	$P1$	$P1$	$P2$	$P3$
$10 \leqslant Q < 100$	$P1$	$P2$	$P3$	$P4$
$1 \leqslant Q < 10$	$P2$	$P3$	$P4$	$P4$

五、环境敏感程度的分级确定

分析危险物质在事故情形下的环境影响途径，如大气、地表水、地下水等，按照下述方法对建设项目各要素环境敏感程度（E）等级进行判断。

1. 大气环境

依据环境敏感目标环境敏感性及人口密度划分环境风险受体的敏感性，共分为三种类型：E1 为环境高度敏感区，E2 为环境中度敏感区，E3 为环境低度敏感区，分级原则见表 11.5。

表 11.5　大气环境敏感程度分级

分　级	大气环境敏感性
E1	周边 5 km 范围内居住区、医疗卫生、文化教育、科研、行政办公等机构人口总数大于 5 万人，或其他需要特殊保护区域；或周边 500 m 范围内人口总数大于 1 000 人；油气、化学品输送管线管段周边 200 m 范围内，每千米管段人口数大于 200 人
E2	周边 5 km 范围内居住区、医疗卫生、文化教育、科研、行政办公等机构人口总数大于 1 万人，小于 5 万人；或周边 500 m 范围内人口总数大于 500 人，小于 1 000 人；油气、化学品输送管线管段周边 200 m 范围内，每千米管段人口数大于 100 人，小于 200 人
E3	周边 5 km 范围内居住区、医疗卫生、文化教育、科研、行政办公等机构人口总数小于 1 万人；或周边 500 m 范围内人口总数小于 500 人；油气、化学品输送管线管段周边 200 m 范围内，每千米管段人口数小于 100 人

2. 地表水环境

依据事故情况下危险物质泄漏到水体的排放点受纳地表水体功能敏感性，与下游环境敏感目标情况，共分为三种类型：E1 为环境高度敏感区，E2 为环境中度敏感区，E3 为环境低度敏感区，分级原则见表 11.6。其中地表水功能敏感性分区和环境敏感目标分级分别见表 11.7 和表 11.8。

表 11.6   地表水环境敏感程度分级

环境敏感目标	地表水功能敏感性		
	F1	F2	F3
S1	E1	E1	E2
S2	E1	E2	E3
S3	E1	E2	E3

表 11.7   地表水功能敏感性分区

敏感性	地表水环境敏感特性
敏感 F1	排放点进入地表水水域环境功能为Ⅱ类及以上，或海水水质分类第一类；或以发生事故时，危险物质泄漏到水体的排放点算起，排放进入受纳河流最大流速时，24 h 流经范围内涉跨国界的
较敏感 F2	排放点进入地表水水域环境功能为Ⅲ类，或海水水质分类第二类；或以发生事故时，危险物质泄漏到水体的排放点算起，排放进入受纳河流最大流速时，24 h 流经范围内涉跨省界的
低敏感 F3	上述地区之外的其他地区

表 11.8   环境敏感目标分级

分 级	环境敏感目标
S1	发生事故时，危险物质泄漏到内陆水体的排放点下游（顺水流向）10 km 范围内、近岸海域一个潮周期水质点可能达到的最大水平距离的两倍范围内，有如下一类或多类环境风险受体：集中式地表水饮用水水源保护区（包括一级保护区、二级保护区及准保护区）；农村及分散式饮用水水源保护区；自然保护区；重要湿地；珍稀濒危野生动植物天然集中分布区；重要水生生物的自然产卵场及索饵场、越冬场和洄游通道；世界文化和自然遗产地；红树林、珊瑚礁等滨海湿地生态系统；珍稀、濒危海洋生物的天然集中分布区；海洋特别保护区；海上自然保护区；盐场保护区；海水浴场；海洋自然历史遗迹；风景名胜区；或其他特殊重要保护区域
S2	发生事故时，危险物质泄漏到内陆水体的排放点下游（顺水流向）10 km 范围内、近岸海域一个潮周期水质点可能达到的最大水平距离的两倍范围内，有如下一类或多类环境风险受体的：水产养殖区；天然渔场；森林公园；地质公园；海滨风景游览区；具有重要经济价值的海洋生物生存区域
S3	排放点下游（顺水流向）10 km 范围、近岸海域一个潮周期水质点可能达到的最大水平距离的两倍范围内无上述类型 1 和类型 2 包括的敏感保护目标

3. 地下水环境

依据地下水功能敏感性与包气带防污性能，共分为三种类型，E1 为环境高度敏感区，E2

为环境中度敏感区，E3 为环境低度敏感区，分级原则见表 11.9。其中地下水功能敏感性分区和包气带防污性能分级分别见表 11.10 和表 11.11。当同一建设项目涉及两个 G 分区或 D 分级及以上的，取相对高值。

表 11.9　地下水环境敏感程度分级

包气带防污性能	地下水功能敏感性		
	G1	G2	G3
D1	E1	E1	E2
D2	E1	E2	E3
D3	E2	E3	E3

表 11.10　地下水功能敏感性分区

敏感性	地下水功能敏感特性
敏感 G1	集中式饮用水水源（包括已建成的在用、备用、应急水源，在建和规划的饮用水水源）准保护区；除集中式饮用水水源以外的国家或地方政府设定的与地下水环境相关的其他保护区，如热水、矿泉水、温泉等特殊地下水资源保护区
较敏感 G2	集中式饮用水水源（包括已建成的在用、备用、应急水源，在建和规划的饮用水水源）准保护区以外的补给径流区；未划定准保护区的集中式饮用水水源，其保护区以外的补给径流区；分散式饮用水水源地；特殊地下水资源（如热水、矿泉水、温泉等）保护区以外的分布区等其他未列入上述敏感分级的环境敏感区[a]
不敏感 G3	上述地区之外的其他地区
[a] "环境敏感区"是指《建设项目环境影响评价分类管理名录》中所界定的涉及地下水的环境敏感区。	

表 11.11　包气带防污性能分级

分　级	包气带岩土的渗透性能
D3	$Mb \geq 1.0$ m，$K \leq 10 \times 10^{-6}$ cm/s，且分布连续、稳定
D2	0.5 m $\leq Mb < 1.0$ m，$K \leq 1.0 \times 10^{-6}$ cm/s，且分布连续、稳定 $Mb \geq 1.0$ m，1.0×10^{-6} cm/s $< K \leq 1.0 \times 10^{-4}$ cm/s，且分布连续、稳定
D1	岩（土）层不满足上述"表 12.6"和"表 12.7"条件
Mb 为岩土层单层厚度；K 为渗透系数。	

六、建设项目环境风险潜势判断

建设项目环境风险潜势综合等级取各要素等级的相对高值。

第四节　环境风险识别

一、环境风险识别内容

1. 物质危险性识别

包括主要原辅材料、燃料、中间产品、副产品、最终产品、污染物、火灾和爆炸伴生/次生物等。

2. 生产系统危险性识别

包括主要生产装置、储运设施、公用工程和辅助生产设施，以及环境保护设施等。

3. 危险物质向环境转移的途径识别

包括分析危险物质特性及可能的环境风险类型，识别危险物质影响环境的途径，分析可能影响的环境敏感目标。

二、环境风险识别方法

1. 资料收集和准备

根据危险物质泄漏、火灾、爆炸等突发性事故可能造成的环境风险类型，收集和准备建设项目工程资料，周边环境资料，国内外同行业、同类型事故统计分析及典型事故案例资料。对已建工程应收集环境管理制度，操作和维护手册，突发环境事件应急预案，应急培训、演练记录，历史突发环境事件及生产安全事故调查资料，设备失效统计数据等。

2. 物质危险性识别

按照重点关注的危险物质及临界量识别出的危险物质，以图表的方式给出其易燃易爆、有毒有害危险特性，明确危险物质的分布。

3. 生产系统危险性识别

（1）按工艺流程和平面布置功能区划，结合物质危险性识别，以图表的方式给出危险单元划分结果及单元内危险物质的最大存在量。按生产工艺流程分析危险单元内潜在的风险源。

（2）按危险单元分析风险源的危险性、存在条件和转化为事故的触发因素。

（3）采用定性或定量分析方法筛选确定重点风险源。

4. 环境风险类型及危害分析

（1）环境风险类型包括危险物质泄漏，以及火灾、爆炸等引发的伴生/次生污染物排放。

（2）根据物质及生产系统危险性识别结果，分析环境风险类型、危险物质向环境转移的可能途径和影响方式。

三、环境风险识别结果

在风险识别的基础上，图示危险单元分布。给出建设项目环境风险识别汇总，包括危险单元、风险源、主要危险物质、环境风险类型、环境影响途径、可能受影响的环境敏感目标等，说明风险源的主要参数。

第五节　环境风险事故情形分析

一、环境风险事故情形设定

1. 设定内容

在风险识别的基础上，选择对环境影响较大并具有代表性的事故类型，设定风险事故情形。风险事故情形设定内容应包括环境风险类型、风险源、危险单元、危险物质和影响途径等。

2. 设定原则

（1）同一种危险物质可能有多种环境风险类型。风险事故情形应包括危险物质泄漏，以及火灾、爆炸等引发的伴生/次生污染物排放情形。对不同环境要素产生影响的风险事故情形，应分别进行设定。

（2）对于火灾、爆炸事故，需将事故中未完全燃烧的危险物质在高温下迅速挥发释放至大气，以及燃烧过程中产生的伴生/次生污染物对环境的影响作为风险事故情形设定的内容。

（3）设定的风险事故情形发生可能性应处于合理的区间，并与经济技术发展水平相适应。一般而言，发生频率小于 10^{-6}/年的事件是极小概率事件，可作为代表性事故情形中最大可信事故设定的参考。

（4）风险事故情形设定的不确定性与筛选。由于事故触发因素具有不确定性，因此事故情形的设定并不能包含全部可能的环境风险，但通过具有代表性的事故情形分析可为风险管理提供科学依据。事故情形的设定应在环境风险识别的基础上筛选，设定的事故情形应具有危险物质、环境危害、影响途径等方面的代表性。

二、源项分析

（一）源项分析方法

源项分析应基于风险事故情形的设定，合理估算源强。泄漏频率可参考表 11.12 的推荐方法确定，也可采用事故树、事件数分析法或类比法等确定。

表 11.12　泄漏频率表

部件类型	泄漏模式	泄漏频率
反应器/工艺储罐/气体储罐/塔器	泄漏孔径为 10 mm	$1.00×10^{-4}$/a
	10 min 内储罐泄漏完	$5.00×10^{-6}$/a
	储罐全破裂	$5.00×10^{-6}$/a
常压单包容储罐	泄漏孔径为 10 mm	$1.00×10^{-4}$/a
	10 min 内储罐泄漏完	$5.00×10^{-6}$/a
	储罐全破裂	$5.00×10^{-6}$/a
常压双包容储罐	泄漏孔径为 10 mm	$1.00×10^{-4}$/a
	10 min 内储罐泄漏完	$1.25×10^{-8}$/a
	储罐全破裂	$1.25×10^{-8}$/a
常压全包容储罐	储罐全破裂	$1.00×10^{-8}$/a
内径≤75 mm 的管道	泄漏孔径为10%孔径	$5.00×10^{-6}$/（m·a）
	全管径泄漏	$1.00×10^{-6}$/（m·a）
75 mm<内径≤150 mm 的管道	泄漏孔径为10%孔径	$2.00×10^{-6}$/（m·a）
	全管径泄漏	$3.00×10^{-7}$/（m·a）
内径>150 mm 的管道	泄漏孔径为10%孔径（最大 50 mm）	$2.40×10^{-6}$/（m·a）*
	全管径泄漏	$1.00×10^{-7}$/（m·a）
泵体和压缩机	泵体和压缩机最大连接管泄漏孔径为10%孔径（最大 50 mm）	$5.00×10^{-4}$/a
	泵体和压缩机最大连接管全管径泄漏	$1.00×10^{-4}$/a
装卸臂	装卸臂连接管泄漏孔径为10%孔径（最大 50 mm）	$3.00×10^{-7}$/h
	装卸臂全管径泄漏	$3.00×10^{-8}$/h
装卸软管	装卸软管连接管泄漏孔径为10%孔径(最大 50 mm）	$4.00×10^{-5}$/h
	装卸软管全管径泄漏	$4.00×10^{-6}$/h

注：以上数据来源于荷兰 TNO 紫皮书（Guidelines for Quantitative）以及 Reference Manual Bevi Risk Assessments；

　　*来源于国际油气协会（International Association of Oil ＆ Gas Producers）发布的 Risk Assessment Data Directory。

（二）事故源强的确定

事故源强是为事故后果预测提供分析模拟情形。事故源强设定可采用计算方法和经验估算法。计算法适用于以腐蚀或应力作用等引起的泄漏型为主的事故；经验估算法适用于以火灾、爆炸等突发事故伴生/次生的污染物释放。

1. 物质泄漏量的计算

液体、气体和两相流泄漏速率的计算参见导则事故源强推荐的方法。

泄漏时间应结合建设项目探测和隔离系统的设计原则确定。一般情况下，设置紧急隔离系统的单元，泄漏时间可设定为 10 min；未设置紧急隔离系统的单元，泄漏时间可设定为 30 min。

泄漏液体的蒸发速率计算可采用导则事故源强推荐的方法。蒸发时间应结合物质特性、气象条件、工况等综合考虑，一般情况下，可按 15~30 min 计；泄漏物质形成的液池面积以不超过泄漏单元的围堰（堤）内面积计。

2. 经验法估算物质释放量

火灾、爆炸事故在高温下迅速挥发释放至大气的未完全燃烧危险物质，以及在燃烧过程中产生的伴生/次生污染物，可参照导则事故源强采用经验法估算释放量。

3. 其他估算方法

（1）装卸事故，泄漏量按装卸物质流速和管径及失控时间计算，失控时间一般可按 5~30 min 计。

（2）油气长输管线泄漏事故，按管道截面 100%断裂估算泄漏量，应考虑截断阀启动前、后的泄漏量。截断阀启动前，泄漏量按实际工况确定；截断阀启动后，泄漏量以管道泄压至与环境压力平衡所需要时间计。

（3）水体污染事故源强应结合污染物释放量、消防用水量及雨水量等因素综合确定。

4. 源强参数确定

根据风险事故情形确定事故源参数（如泄漏点高度、温度、压力、泄漏液体蒸发面积等）、释放/泄漏速率、释放/泄漏时间、释放/泄漏量、泄漏液体蒸发量等，给出源强汇总。

第六节　环境风险预测与评价

一、环境风险预测

（一）有毒有害物质在大气中的扩散

1. 预测模型筛选

（1）预测计算时，应区分重质气体与轻质气体排放，选择合适的大气风险预测模型。其中重质气体和轻质气体的判断依据可采用理查德森数进行判定。

（2）采用下列推荐模型进行气体扩散后果预测。

① SLAB 模型适用于平坦地形下重质气体排放的扩散模拟。处理的排放类型包括地面水平挥发池、抬升水平喷射、烟囱或抬升垂直喷射以及瞬时体源。SLAB 模型可以在一次运行中模拟多组分气象条件，但模型不适用于实时气象数据输入。

② AFTOX 模型适用于平坦地形下中性气体和轻质气体排放以及液池蒸发气体的扩散模

拟，可模拟连续排放或瞬时排放，液体或气体，地面源或高架源，点源或面源的指定位置浓度、下风向最大浓度及其位置等。

模型选择应结合模型的适用范围、参数要求等说明模型选择的依据。

（3）选用推荐模型以外的其他技术成熟的大气风险预测模型时，需说明模型选择理由及适用性。

2. 预测范围与计算点

（1）预测范围即预测物质浓度达到评价标准时的最大影响范围，通常由预测模型计算获取。预测范围一般不超过 10 km。

（2）计算点分特殊计算点和一般计算点。特殊计算点指大气环境敏感目标等关心点，一般计算点指下风向不同距离点。一般计算点的设置应具有一定分辨率，距离风险源 500 m 范围内可设置 10~50 m 间距，大于 500 m 范围内可设置 50~100 m 间距。

3. 事故源参数

根据大气风险预测模型的需要，调查泄漏设备类型、尺寸、操作参数（压力、温度等），泄漏物质理化特性（摩尔质量、沸点、临界温度、临界压力、比热容比、气体定压比热容、液体定压比热容、液体密度、汽化热等）。

4. 气象参数

（1）一级评价，需选取最不利气象条件及事故发生地的最常见气象条件分别进行后果预测。其中最不利气象条件取 F 类稳定度，1.5 m/s 风速，温度 25 ℃，相对湿度 50%；最常见气象条件由当地近 3 年内的至少连续 1 年气象观测资料统计分析得出，包括出现频率最高的稳定度、该稳定度下的平均风速（非静风）、日最高平均气温、年平均湿度。

（2）二级评价，需选取最不利气象条件进行后果预测。最不利气象条件取 F 类稳定度，1.5 m/s 风速，温度 25 ℃，相对湿度 50%。

5. 大气毒性终点浓度值选取

大气毒性终点浓度即预测评价标准。大气毒性终点浓度值选取参见《建设项目环境风险评价技术导则》（HJ 169—2018）附录 H，分为 1、2 级。其中 1 级为当大气中危险物质浓度低于该限值时，绝大多数人员暴露 1 h 不会对生命造成威胁，当超过该限值时，有可能对人群造成生命威胁；2 级为当大气中危险物质浓度低于该限值时，暴露 1 h 一般不会对人体造成不可逆的伤害，或出现的症状一般不会损伤该个体采取有效防护措施的能力。

6. 预测结果表述

（1）给出下风向不同距离处有毒有害物质的最大浓度，以及预测浓度达到不同毒性终点浓度的最大影响范围。

（2）给出各关心点的有毒有害物质浓度随时间变化情况，以及关心点的预测浓度超过评价标准时对应的时刻和持续时间。

（3）对于存在极高大气环境风险的建设项目，应开展关心点概率分析，即有毒有害气体（物质）剂量负荷对个体的大气伤害概率、关心点处气象条件的频率、事故发生概率的乘积，以反映关心点处人员在无防护措施条件下受到伤害的可能性。

暴露于有毒有害物质气团下、无任何防护的人员，因物质毒性而导致死亡的概率可按表 11.13 取值，或者按下式（11.2）估算。

$$P_E = 0.5 \times \left[1 + \mathrm{erf}\left(\frac{Y-5}{\sqrt{2}} \right) \right] \qquad (Y \geqslant 5) \qquad （11.2）$$

$$P_E = 0.5 \times \left[1 - \mathrm{erf}\left(\frac{|Y-5|}{\sqrt{2}} \right) \right] \qquad (Y < 5) \qquad （11.3）$$

式中 P_E——人员吸入毒性物质而导致急性死亡的概率；

     Y——中间量，量纲为 1。可采用下式（11.4）估算。

$$Y = A_t + B_t \ln\left[C^n \cdot t_e \right] \qquad （11.4）$$

式中 A_t、B_t 和 n——与毒物性质有关的参数，见表 11.14；

     C——接触的质量浓度，mg/m^3；

     t_e——接触 C 质量浓度的时间，min。

表 11.13 毒性计算中各 Y 值所对应的死亡百分率

死亡率/%	0	1	2	3	4	5	6	7	8	9
0		2.67	2.95	3.12	3.25	3.36	3.45	3.52	3.59	3.66
10	3.72	3.77	3.82	3.87	3.92	3.96	4.01	4.05	4.08	4.12
20	4.16	4.19	4.23	4.26	4.29	4.33	4.26	4.39	4.42	4.45
30	4.48	4.50	4.53	4.56	4.59	4.61	4.64	4.67	4.69	4.72
40	4.75	4.77	4.80	4.82	4.85	4.87	4.90	4.92	4.95	4.97
50	5.00	5.03	5.05	5.08	5.10	5.13	5.15	5.18	5.20	5.23
60	5.25	5.28	5.31	5.33	5.36	5.39	5.41	5.44	5.47	5.50
70	5.52	5.55	5.58	5.61	5.64	5.67	5.71	5.74	5.77	5.81
80	5.84	5.88	5.92	5.95	5.99	6.04	6.08	6.13	6.18	6.23
90	6.28	6.34	6.41	6.48	6.55	6.64	6.75	6.88	7.05	7.33
99	0.0	0.1	0.2	0.3	0.4	0.5	0.6	0.7	0.8	0.9
	7.33	7.37	7.41	7.46	7.51	7.58	7.58	7.65	7.88	8.09

表 11.14 几种物质的参数

物　　质	A_t	B_t	n
丙烯醛	−4.1	1	1
丙烯腈	−8.6	1	1.3
烯丙醇	−11.7	1	2

物　质	A_t	B_t	n
氨	−15.6	1	2
甲基谷硫磷（Azinphos-methyl）	−4.8	1	2
溴	−12.4	1	2
一氧化氮	−7.4	1	1
氯	−6.35	0.5	2.75
环氧乙烷	−6.8	1	1
氯化氢	−37.3	3.69	1
氰化氢	−9.8	1	2.4
氟化氢	−8.4	1	1.5
硫化氢	−11.5	1	1.9
溴甲烷	−7.3	1	1.1
异氰酸甲酯（Methyl isocyanate）	−1.2	1	0.7
二氧化氮	−18.6	1	3.7
对硫磷（Parathion）	−6.6	1	2
光气	−10.6	2	1
磷酰胺酮（Phosphamidon）	−2.8	1	0.7
磷化氢	−6.8	1	1
二氧化硫	−19.2	1	2.4
四乙基铅（Tetraethyl lead）	−9.8	1	2

注：单位为 mg/m^3，有毒物质接触时间单位为 min，以上数据来源于荷兰 TNO 紫皮书（Guidelines for Quantitative）。

（二）有毒有害物质在地表水、地下水环境中的迁移扩散

1. 有毒有害物质进入水环境的方式

有毒有害物质进入水环境，包括事故直接导致和事故处理处置过程间接导致的情况，一般为瞬时排放源和有限时段内排放源。

2. 预测模型

（1）地表水。根据风险识别结果，有毒有害物质进入水体的方式、水体类别及特征，以及有毒有害物质的溶解性，选择适用的预测模型。

对于油品类泄漏事故，流场计算按《环境影响评价技术导则　地表水环境》（HJ 2.3—2018）中的相关要求，选取适用的预测模型，溢油漂移扩散过程按《海洋工程环境影响评价技术导则》（GB/T 19485—2014）中的溢油粒子模型进行溢油轨迹预测。

其他事故，地表水风险预测模型及参数参照《环境影响评价技术导则　地表水环境》（HJ 2.3—2018）。

（2）地下水。地下水风险预测模型及参数参照《环境影响评价技术导则　地下水环境》（HJ

610—2016）。

3. 终点浓度值选取

终点浓度即预测评价标准。终点浓度值根据水体分类及预测点水体功能要求，按照《地表水环境质量标准》（GB 3838—2002）、《生活饮用水卫生标准》（GB 5749—2006）、《海水水质标准》（GB 3097—1997）或《地下水质量标准》（GB/T 14848—2017）选取。对于未列入上述标准，但确需进行分析预测的物质，其终点浓度值选取可参照《环境影响评价技术导则　地表水环境》（HJ 2.3—2018）、《环境影响评价技术导则　地下水环境》（HJ 610—2016）。

对于难以获取终点浓度值的物质，可按质点运移得出判定。

4. 预测结果表述

（1）地表水。根据风险事故情形对水环境的影响特点，预测结果可采用以下表述方式：

① 给出有毒有害物质进入地表水体最远超标距离及时间。

② 给出有毒有害物质经排放通道到达下游（按水流方向）环境敏感目标处的到达时间、超标时间、超标持续时间及最大浓度，对于在水体中漂移类物质，应给出漂移轨迹。

（2）地下水。给出有毒有害物质进入地下水体到达下游厂区边界和环境敏感目标处的到达时间、超标时间、超标持续时间及最大浓度。

二、环境风险评价

结合各要素风险预测，分析说明建设项目环境风险的危害范围与程度。大气环境风险的影响范围和程度由大气毒性终点浓度确定，明确影响范围内的人口分布情况；地表水、地下水对照功能区质量标准浓度（或参考浓度）进行分析，明确对下游环境敏感目标的影响情况。环境风险可采用后果分析、概率分析等方法开展定性或定量评价，以避免急性损害为重点，确定环境风险防范的基本要求。

第七节　环境风险管理

一、环境风险管理目标

环境风险管理目标是采用最低合理可行原则管控环境风险。采取的环境风险防范措施应与社会经济技术发展水平相适应，运用科学的技术手段和管理方法，对环境风险进行有效的预防、监控和响应。

二、环境风险防范措施

（1）大气环境风险防范应结合风险源状况明确环境风险的防范、减缓措施，提出环境风险监控要求，并结合环境风险预测分析结果、区域交通道路和安置场所位置等，提出事故状态下人员的疏散通道及安置等应急建议。

（2）事故废水环境风险防范应明确"单元—厂区—园区/区域"的环境风险防控体系要求，设置事故废水收集（尽可能以非动力自流方式）和应急储存设施，以满足事故状态下收集泄漏物料、污染消防水和污染雨水的需要，明确并图示防止事故废水进入外环境的控制、封堵系统。应急储存设施应根据发生事故的设备容量、发生事故时消防用水量及可能进入应急储存设施的雨水量等因素综合确定。应急储存设施内的事故废水，应及时进行有效处置，做到回用或达标排放。结合环境风险预测分析结果，提出实施监控和启动相应的园区/区域突发环境事件应急预案的建议要求。

（3）地下水环境风险防范应重点采取源头控制和分区防渗措施，加强地下水环境的监控、预警，提出事故应急减缓措施。

（4）针对主要风险源，提出设立风险监控及应急监测系统，实现事故预警和快速应急监测、跟踪，提出应急物资、人员等的管理要求。

（5）对于改、扩建和技术改造项目，应分析依托企业现有环境风险防范措施的有效性，提出完善意见和建议。

（6）环境风险防范措施应纳入环保投资和建设项目竣工环境保护验收内容。

（7）考虑事故触发具有不确定性，厂内环境风险防控系统应纳入园区/区域环境风险防控体系，明确风险防控设施、管理的衔接要求。极端事故风险防控及应急处置应结合所在园区/区域环境风险防控体系统筹考虑，按分级响应要求及时启动园区/区域环境风险防控措施，实现厂内与园区/区域环境风险防控设施及管理有效联动，有效防控环境风险。

三、突发环境事件应急预案编制要求

（1）按照国家、地方和相关部门要求，提出企业突发环境事件应急预案编制或完善的原则要求，包括预案适用范围、环境事件分类与分级、组织机构与职责、监控和预警、应急响应、应急保障、善后处置、预案管理与演练等内容。

（2）明确企业、园区/区域、地方政府环境风险应急体系。企业突发环境事件应急预案应体现分级响应、区域联动的原则，与地方政府突发环境事件应急预案相衔接，明确分级响应程序。

第八节 环境风险评价结论与建议

一、项目危险因素

简要说明主要危险物质、危险单元及其分布，明确项目危险因素，提出优化平面布局、调整危险物质储存量及危险性控制的建议。

二、环境敏感性及事故环境影响

简要说明项目所在区域环境敏感目标及其特点，根据预测分析结果，明确突发性事故可能造成环境影响的区域和涉及的环境敏感目标，提出保护措施及要求。

三、环境风险防范措施和应急预案

结合区域环境条件和园区/区域环境风险防控要求，明确建设项目环境风险防控体系，重点说明防止危险物质进入环境及进入环境后的控制、消减、监测等措施，提出优化调整风险防范措施建议及突发环境事件应急预案原则要求。

四、环境风险评价结论与建议

综合环境风险评价专题的工作过程，明确给出建设项目环境风险是否可防控的结论。根据建设项目环境风险可能影响的范围与程度，提出缓解环境风险的建议措施。

对存在较大环境风险的建设项目，须提出环境影响后评价的要求。

五、环境风险评价自查表

环境风险评价完成后，应对环境风险评价主要内容与结论进行自查。建设项目环境风险评价自查表内容与格式见表11.15。

表11.15　环境风险评价自查表

工作内容			完成情况			
风险调查	危险物质	名称				
		存在总量/t				
	环境敏感性	大气	500 m 范围内人口数＿＿人		5 km 范围内人口数＿＿人	
			每千米管段周边 200 m 范围内人口数（最大）			＿＿人
		地表水	地表水功能敏感性	F1□	F2□	F3□
			环境敏感目标分级	S1□	S2□	S3□
		地下水	地下水功能敏感性	G1□	G2□	G3□
			包气带防污性能	D1□	D2□	D3□
物质及工艺系统危险性		Q 值	$Q<1$□	$1\leq Q<10$□	$10\leq Q<100$□	$Q>100$□
		M 值	$M1$□	$M2$□	$M3$□	$M4$□
		P 值	$P1$□	$P2$□	$P3$□	$P4$□

工作内容	完成情况			
环境敏感程度	大气	E1□	E2□	E3□
	地表水	E1□	E2□	E3□
	地下水	E1□	E2□	E3□
环境风险潜势	IV⁺□	IV□	III□	II□	I□
评价等级	一级□	二级□	三级□	简单分析□
风险识别	物质危险性	有毒有害□		易燃易爆□	
	环境风险类型	泄漏□		火灾、爆炸引发伴生/次生污染物排放□	
	影响途径	大气□		地表水□	地下水□
事故情形分析	源强设定方法	计算法□	经验估算法□	其他估算法□
风险预测与评价	大气	预测模型	SLAB□	AFTOX□	其他□
		预测结果	大气毒性终点浓度-1 最大影响范围____m		
			大气毒性终点浓度-2 最大影响范围____m		
	地表水	最近环境敏感目标_____，到达时间____h			
	地下水	下游厂区边界到达时间____d			
		最近环境敏感目标_____，达到时间____d			
重点风险防范措施				
评价结论与建议				
注："□"为勾选项，"____"为填写项。				

思考与练习

1. 简述环境风险、环境风险评价的定义。
2. 简述环境风险评价的分类。
3. 简述环境风险评价的工作程序。
4. 环境风险评价等级判定的依据是什么？
5. 环境风险评价基本内容包括哪些？
6. 简述环境风险潜势划分的方法。
7. 简述环境风险识别的内容和方法。
8. 如何预测有毒有害物质在大气中的扩散？
9. 环境风险防范的措施有哪些？

第十二章　环境影响经济损益分析

第一节　环境影响经济损益分析概述

环境影响经济损益分析，也称环境影响经济评价，是要估算某一建设项目、规划或政策所引起环境影响的经济价值，并将环境影响的价值纳入建设项目、规划或政策的经济分析（费用效益分析）中去，以判断这些环境影响对该项目、规划或政策的可行性会产生多大的影响。其中，对负面的环境影响，估算出的是环境成本或环境费用；对正面的环境影响，估算出的是环境效益。

一、环境影响经济评价的必要性

1. 法律依据

《中华人民共和国环境影响评价法》第十七条明确规定，要对建设项目的环境影响进行经济损益分析。

2. 政策工具

世界银行、亚洲开发银行等国际金融组织以及美国等较早开展环境影响评价的国家，都要求在其环境评价中要进行环境影响经济评价。如世界银行在其政策指令 OP4.01 和 OP10.04中，明确要求在环境评价中"尽可能地以货币化价值量化环境成本和环境效益，并将环境影响价值纳入项目的经济分析中去"。亚洲开发银行（1996）为此还发行了《环境影响的经济评价工作手册》，指导对环境影响的经济评价。

我国政府开始实行绿色 GDP，将环境损益计入国民经济计量体系中，标志着一种新的发展战略的贯彻实施。

二、建设项目环境影响经济损益分析

建设项目环境影响经济损益分析，是以大气、水、声、土壤、生态等环境影响评价为基础的，只有在得到各环境要素影响评价结果以后，才可能在此基础上进行环境影响经济损益分析。

建设项目环境影响经济损益分析包括环境影响经济损益分析和环境保护措施经济损益分析两部分。

环境保护措施经济损益分析，是要估算环境保护措施的投资费用、运行费用、取得的效益，用于多种环境保护措施的比较，以选择费用比较合理的环境保护措施。

第二节　环境价值评估

一、环境价值

环境价值包括环境的使用价值和非使用价值。

环境的使用价值，是指环境被生产者或消费者使用时所表现出的价值。环境的使用价值通常包含直接使用价值、间接使用价值和选择价值。如森林的旅游价值就是森林的直接使用价值，森林涵养水分就是森林的间接使用价值，森林的选择价值就是人们虽然现在不使用，但希望保留它，也即保留了人们将来选择使用它的机会（见图 12.1）。有的研究者将选择价值看作是环境的非使用价值的一部分。

环境的非使用价值，是指人们虽然不使用某一环境物品，但该环境物品仍具有的价值。根据不同动机，环境的非使用价值又可分为遗赠价值和存在价值（见图 12.1）。如物种的存在本身就是有价值的，这种价值与人们是否利用该物种谋取经济利益无关。

无论使用价值或非使用价值，价值的恰当量度都是人们的最大支付意愿，即一个人为获得某件物品（服务）而愿意付出的最大货币量。影响支付意愿的因素有：收入、替代品价格、年龄、教育、个人独特偏好以及对该物品的了解程度等。

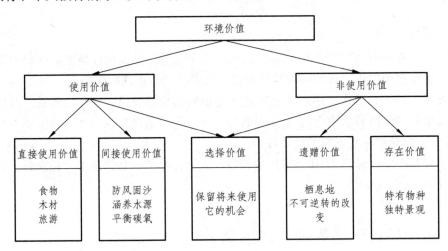

图 12.1　一片森林环境价值的构成

市场价格在有些情况下（如对市场物品）可以近似地衡量物品的价值，但它不能准确地度量一个物品的价值。市场价格是由物品的总供给和总需求关系来决定的，它通常低于消费者的最大支付意愿，二者之差是消费者剩余。三者关系为：

价值=支付意愿=价格×消费量+消费者剩余

人们在消费许多环境服务或物品时，常常没有进行支付，因为这些环境服务或物品没有市场价格，如游览许多户外景观时，环境服务价值就等于人们享受这些环境服务时所获得的消费者剩余。有些环境价值评估方法，就是通过计算这一消费者剩余，来评估环境价值。

环境价值也可以根据人们对某种特定的环境退化而表示的最低补偿意愿来度量。

二、环境价值评估方法

面对千差万别的环境对象，人们使用过许多方法来评估环境价值，同时又在不断发明新的环境价值评估方法。目前，环境价值评估方法可分为三组：

第Ⅰ组评估方法：旅行费用法；隐含价格法；调查评价法；成果参照法。

第Ⅱ组评估方法：医疗费用法；人力资本法；生产力损失法；恢复或重置费用法；影子工程法；防护费用法。

第Ⅲ组评估方法：反向评估法；机会成本法。

三组评估方法各有特点，我们在环境价值评估中可能会用到任何一种方法。这里简要介绍几种常用价值评估方法。

（一）第Ⅰ组评估方法

1. 旅行费用法

旅行费用法，一般用来评估户外游憩地的环境价值，如森林公园、城市公园、自然景观等的游憩价值。其基本思想是到该地旅游要付出代价，这一代价即旅行费用。所以，旅行费用成了旅游地环境服务价格的替代物。据此，可以求出人们在消费该旅游地环境服务时获得的消费者剩余。旅游地门票为零时，消费者剩余就是这一景观的游憩价值。

2. 隐含价格法

可用于评估大气质量改善的环境价值，也可用于评估大气污染、水污染、环境舒适性和生态系统环境服务功能等的环境价值。其基本思想是环境因素会影响房地产的价格。市场中形成的房地产价格，包含了人们对其环境因素的评估。通过回归分析，可以分析出人们对环境因素的估价。隐含价格法对环境质量的估价一般需要以下两个步骤：

（1）第一步，建立隐含价格方程将房地产价格与房屋的各种特点联系起来。房地产价格一般受三类变量的影响：① 自身的建筑特点，如房屋的面积、房间数、建成时间等；② 所在的社区特点，如距商店远近、当地学校质量、交通状况、犯罪率等；③ 周围环境质量状况，如大气污染程度、水污染状况等。以房产价格为因变量，以上述三类变量为自变量，可以建立回归方程如下：

$$P = P(S, N, Q) \tag{12.1}$$

式中 P——房屋市场价格；

S——一组建筑特点变量；

N——一组社区特点变量；

Q——一组环境质量变量。

收集各变量的实际数据，确定恰当的方程形式，可以求出隐含价格方程。根据这一方程可以求出环境质量的隐含价格（对环境质量的边际支付意愿），用 W 表示，计算公式如下：

$$W = \frac{\partial P}{\partial Q} \tag{12.2}$$

如果公式（12.1）具有线性形式，则 W 是一个常数；否则，W 是环境质量的函数，计算公式如下：

$$W = W(Q) \tag{12.3}$$

这时，我们已经求出了环境质量边际变化的价值。假设该房地产市场的所有消费者具有同样的收入和偏好，则环境质量非边际变化（$Q_0 \sim Q_1$）的价值可通过对公式（12.3）积分得到公式（12.4）：

$$V = \int_{Q_0}^{Q_1} W(Q)\,\mathrm{d}Q = \int_{Q_0}^{Q_1} \frac{\partial P}{\partial Q}\mathrm{d}Q \tag{12.4}$$

如果上述假设与现实相差甚远，这时我们就需要进行隐含价格法的第二步。

（2）第二步，建立环境质量需求方程。公式（12.3）给出的是在固定收入和偏好下对环境质量的边际支付意愿，而消费者的收入、偏好等常常相差很大，这时就需要利用公式（12.3）和房地产消费者的社会经济变量，拟合出消费者对环境质量的需求方程，见式（12.5）：

$$W = W(Q, IN, S) \tag{12.5}$$

式中 IN——消费者收入；

S——消费者的其他社会经济变量，如家庭人口数、平均年龄等。

收集消费者的变量数据，确定恰当的方程形式，结合公式（12.3）就可以求出公式（12.5）。环境质量从 Q_0 提高到 Q_1 的经济价值 V，可通过对公式（12.5）积分得到公式（12.6）。

$$V = \int_{Q_0}^{Q_1} W(Q, IN, S)\mathrm{d}Q \tag{12.6}$$

隐含价格法应用条件：① 房地产价格在市场中自由形成；② 可获得完整的、大量的市场交易记录以及长期的环境质量记录。

3. 调查评价法

可用于评估几乎所有的环境对象，如大气污染的环境损害、户外景观的游憩价值、环境污染的健康损害、特有环境的非使用价值。其中环境的非使用价值，只能使用调查评价法来评估。

调查评价法通过构建模拟市场来揭示人们对某种环境物品的支付意愿，从而评价环境价值。它通过人们在模拟市场中的行为，而不是在现实市场中的行为来进行价值评估，通常不发生实际的货币支付。

人们对环境质量变化 $\Delta q = q_2 - q_1$ 的支付意愿，可以通过两种方式求得：① 在方法设计中，直接调查人们对 Δq 的支付意愿，这种方法直接明了，但难以推及超过 Δq 的支付意愿；② 在方法设计中，建立支付意愿方程，据方程求出环境质量某种变化的价值。对环境质量变化的支付意愿方程的一般方式是如下：

$$W = W(q, IN, S) \tag{12.7}$$

式中　W——环境质量消费者对环境质量从原水平 q_0 变化到 q 的支付意愿；

q——变化后的环境质量水平；

IN——消费者收入水平；

S——一组代表消费者偏好的其他社会经济变量。

通过调查获得有关数据，确定方程形式（代表消费者的偏好结构），就可以求得任一环境质量变化 Δq 的价值 V：

$$V = \int_{q_1}^{q_2} \frac{\partial W}{\partial q} dq \tag{12.8}$$

坚实的理论基础为调查评价法准确评估环境价值提供了可能性，要实现这种可能性，在很大程度上依赖于在调查评价法实施步骤中努力避免各种偏差。

调查评价法应用的关键在于受到严格检验的实施步骤。从市场设计、提问方式、市场操作、抽样调查，一直到结果分析，每一步都需要精心设计，成功的设计要依靠实验经济学、认知心理学、行为科学以及调查研究技术的指导。

（1）模拟市场设计。目的是要构建一个合理的环境物品交易机制，包括准确描述环境物品的性质和数量、环境物品的供给机制、购买环境物品的支付手段等，尽量做到模拟市场真实可信，并能被人们所理解。如果不能准确描述环境物品的性质和数量，就有可能出现偏差，即所要评估的是一个小的环境物品，而被调查者可能给出的是对一个包括这个小的环境物品和大的环境物品的支付意愿。如果不能准确描述环境物品的供给机制，许多人可能成为"免费乘客"而低估自己的支付意愿，造成策略偏差。

调查评价法已经能够识别所有这些偏差，并通过精心设计把偏差控制在能被接受的范围内。

（2）提问方式的选择。在模拟市场中，可以有不同方式去揭示人们对环境质量的支付意愿。主要有四种方式：

① 直接提问，即直接提问被调查者对所指环境物品的支付意愿。

② 投标博弈，即首先问被调查者是否愿意为某环境物品支付 X（元）。如果回答愿意，则提高 X 的值，继续提问，直到回答不愿意；如果回答不愿意，则降低 X 的值，继续提问，直到回答愿意。最后得到的 X 值即支付意愿。投标博弈可能带来起点偏差，即 X 的起点值可能会对最后的支付意愿值产生影响。

③ 支付卡，是为避免起点偏差而设计的提问方式，让被调查者在一个支付卡上打钩。

④ 0~1 选择，即指定一个对某环境物品的支付值 Y（元），问被调查者是否愿意支付 Y。对回答"是"与"否"的结果，通过一个离散模型求得人们的支付意愿值。以上方式的选择与评估对象、评估要求有关。

（3）模拟市场操作。实施这一模拟市场可以有三种方式：

① 当面陈述与提问；

② 通过电话陈述与提问；

③ 通过信函陈述与提问。

三种方式各有利弊，当面调查可以更好地把握模拟市场，调动人们参与，但费用较高；电话调查把握市场的能力次之，无法展示视觉材料以准确定义环境物品；信函方式费用最低，但把握市场能力差，不回信者会造成抽样偏差。一般根据研究预算决定操作方式。

（4）抽样调查。抽样调查可以使评价结果能从部分推知全体。必须保证所抽总体是某一环境物品的全部消费者，而总体中的每一个个体都有相同且已知的被抽中概率。正式调查前一般要进行预调查，以改进整个方法的设计。

（5）结果分析。调查结果要进行纠正性分析，消除因样本特性与总体不符所带来的偏差。一般通过回归方程进行纠正。

4. 成果参照法

成果参照法是把旅行费用法、隐含价格法、调查评价法的实际评价结果作为参照对象，用于评价一个新的环境物品。该方法类似于环境影响评价中常用的类比分析法。最大优点是节省时间和费用。做一个完整的旅行费用法、隐含价格法或调查评价法实例研究，通常要花费 6~8 个月、5 万~10 万美元（在发达国家）。因此，环境影响经济损益分析中最常用的就是成果参照法。成果参照法有三种类型：

（1）直接参照单位价值，如引用某人评估某地的游憩价值：15 美元/（人·d）。

（2）参照已有案例研究的评估函数，代入要评估的项目区变量，得到项目环境价值。

（3）进行 Meta 分析，以环境价值为因变量，以环境质量特性、人口特性、研究模型等为自变量，进行 Meta 回归分析。计算公式如下：

$$V = f(E, P, M, \cdots) \tag{12.9}$$

成果参照法的步骤，见图 12.2。

综上所述，第 I 组评估方法均有完善的理论基础，是对环境价值（以支付意愿衡量）的正确度量，可以称为标准的环境价值评估方法。该组方法已广泛应用于对非市场物品的价值评估。

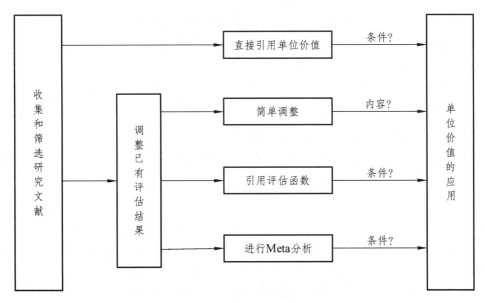

图 12.2　成果参照法的步骤

（二）第 II 组评估方法

1. 医疗费用法

用于评估环境污染引起的健康影响（疾病）的经济价值。

如果环境污染引起某种疾病发病率的增加，治疗该疾病的费用，可以作为人们为避免该环境影响所具有的支付意愿的底线值。

例如，大气 SO_2 污染会使哮喘发病率增加，一例哮喘发病的治疗费用若是 150 元/天，每次发病若持续 7 天，则避免该疾病一次发病的支付意愿最少是 1 050 元。这里需要建立剂量-反应关系才能完成评估。

医疗费用法的缺陷是，它无视疾病给人们带来的痛苦，人们避免疾病，一方面是为了避免医疗费用，另一方面是为了避免疾病带来的痛苦，医疗费用法没有捕捉到健康影响的这一方面。

2. 人力资本法

用于评估环境污染的健康影响（收入损失、死亡）的经济价值。

环境污染引起误工、收入能力降低、某种疾病死亡率的增加，由此引起的收入减少，可以作为人们为避免该环境影响所具有的支付意愿的底线值。

人力资本法把人作为生产财富的资本，用一个人生产财富的多少来定义这个人的价值。由于劳动力的边际产量等于工资，所以用工资表示一个人的边际价值，用一个人工资的总和（经贴现）表示这个人的总价值。

人力资本法计算的是环境污染的健康损害对社会造成的损失价值，这是其价值计量的基本点。基于这一社会角度，标准的人力资本法采取如下做法：

① 只计算工资收入，不计算非工资收入，因为劳动力只创造工资。

② 无工资收入者，价值取为零，包括退休者（年金收入者）、无工作者、未成年期间。

③ 采用税前工资。

④ 工资不能反映劳动力边际产量时则采用影子工资。

⑤ 严格的人力资本法从工资收入中还要减去个人的消费，从早逝造成的工资丧失中还要减去医药费的节省。

⑥ 贴现未来工资收入时，采用社会贴现率。

如儿童铅中毒可降低智商，从而减少预期收入（流行病学、社会学），则所减少的预期收入可作为这一环境污染造成健康危害的损害价值。

3. 生产力损失法

用于评估环境污染和生态破坏造成的工农业等生产力的损失。该方法用环境破坏造成的产量损失，乘以该产品的市场价格，来表示该环境问题所导致的损失价值。这种方法也称市场价值法。例如，粉尘对作物的影响、酸雨对作物和森林产量的影响、湖泊富营养化对渔业的影响等都常用生产力损失法来评估。

应用生产力损失法，需要依据受控实验，或野外调查后进行生物统计分析，来确定污染和损失的剂量-反应关系。

4. 恢复或重置费用法

用于评估水土流失、重金属污染、土地退化等环境破坏造成的损失。

用恢复被破坏的环境（或重置相似环境）的费用来表示该环境的价值。例如：水土流失的小流域治理费用是 50 万元/km²，那么，水土流失这一环境影响的损失价值就是 50 万元/km²。

如果这种恢复或重置行为的确会发生，则该费用一定小于该环境价值，该费用只能作为环境价值的最低估计值。如果这种恢复或重置行为不会发生，则该费用可能大于或小于环境价值。

5. 影子工程法

用于评估水污染造成的损失、森林生态功能价值等。

用复制具有相似环境功能的工程的费用来表示该环境价值，是重置费用法的特例。

如森林具有涵养水源的生态功能，假如一片森林涵养水源量是 100 万 m³，在当地建造一个 100 万 m³ 库容的水库的费用是 150 万元，那么，可以用这 150 万元的水库建造费用来表示这片森林涵养水源的价值。

如果这种复制行为确会发生，则该费用一定小于该环境价值，因此，只能作为该环境价值的最低估计值。如果这种行为不会发生，则该费用可能大于或小于环境价值。

6. 防护费用法

用于评估噪声、危险品和其他污染造成的损失。

用避免某种污染所需付出的费用来表示该环境污染造成损失的价值。

如用购买桶装净化水作为对水污染的防护措施，由此引起的额外费用，可视为水污染的损害价值。同样，购买空气净化器以防大气污染，安装隔声设施以防噪声污染，都可用相应的防护费用来表示环境影响的损害价值。

如果这种防护行为确会发生，则该费用一定小于该损失的价值，只能作为该损失的最低估计值。如果这种行为不会发生，则该费用可能大于或小于损失价值。

第Ⅱ组评估方法：都是基于费用或价格的。它们虽然不等于价值，但据此得到的评估结果，通常可作为环境影响价值的最低限值。该组方法的优点是，所依据的费用或价格数据比较容易获得、数据变异小、易被管理者理解。缺点是，在理论上，这组方法评估出的结果并不是以支付意愿衡量的环境价值。

（三）第Ⅲ组评估方法

1. 反向评估

反向评估不是直接评估环境价值，而是根据项目的内部收益率或净现值反推，推算出项目的环境成本不超过多少时，该项目才是可行的（数据严重不足时，可考虑用）。

例如，根据可研报告，项目成本是 120 万元，收益是 150 万元，当环境成本不超过 30 万元时，该项目才是可行的。

2. 机会成本法

机会成本法是一种反向评估法。它对项目只进行财务分析，先不考虑外部环境影响，计算出该项目的净收益。这时，提出这样一个问题：该项目占用的环境资源的价值，大于还是小于该收益？

例如，20 世纪 70 年代，新西兰有一个水电开发计划，但需提高一个风景湖区的水位。该湖的景观价值和野生生物栖息地价值难以估价。项目财务分析的结果是，该项目的净现值是 2 000 万~2 500 万新西兰元（1973 年），在项目计算期内，新西兰平均每人每年净得益约合 0.62 新西兰元。这就是保护该湖区的机会成本。

问题：该湖区的风景、生态及野生生物栖息地的价值，大到使国民年人均放弃 0.62 新西兰元的程度吗？

这可以通过民意调查来了解："你愿意每年放弃 0.62 新西兰元的收入而保护该湖区的风景、生态及野生生物栖息地吗？"

上述三组环境价值评估方法的选择优先序（在可能情况下）应为：

首选：第Ⅰ组评估方法，因其理论基础完善，是标准的环境价值评估方法。

再选：第Ⅱ组评估方法，可作为最低限值，但有时具有不确定性。

后选：第Ⅲ组评估方法，有助于项目决策。

第三节　费用效益分析

费用效益分析主要是运用经济学、数学和系统科学等方面的知识，按照一定程序、准则分析项目，规划和决策将给社会带来的效益与费用（净贡献），为决策的做出或进一步改进提供科学依据。费用效益分析是环境影响经济损益分析中使用的另一个重要的经济评价方法。

一、费用效益分析与财务分析的差别

费用效益分析和财务分析的主要不同体现在以下四个方面。

1. 分析的角度不同

财务分析，是从厂商（以营利为目的的生产商品或劳务的经济单位）的角度出发，分析某一项目的赢利能力。费用效益分析则是从全社会的角度出发，分析某一项目对整个国民经济净贡献的大小。

2. 使用的价格不同

财务分析中所使用的价格，是预期的现实中要发生的价格；而费用效益分析中所使用的价格，则是反映整个社会资源供给与需求状况的均衡价格。

3. 对项目的外部影响的处理不同

财务分析只考虑厂商自身对某一项目方案的直接支出和收入；而费用效益分析除了考虑这些直接收支外，还要考虑该项目引起的间接的、未发生实际支付的费用和效益，如环境成本和环境效益。

4. 对税收、补贴等项目的处理不同

在费用效益分析中，补贴和税收不再被列入企业的收支项目中。

二、费用效益分析的步骤

费用效益分析有两个步骤：

第一步，基于财务分析中的财务现金流量表，编制用于费用效益分析的经济现金流量表。实际上是按照费用效益分析和财务分析的差别，来调整财务现金流量表，使之成为经济现金流量表。要把估算出的环境成本（环境损害、外部费用等）计入现金流出项，并把估算出的环境效益计入现金流入项。表 12.1 是经济现金流量表的一般结构。

表 12.1　经济现金流量表

编号	名　称	建设期			投产期		生产期						合 计
		1	2	3	4	5	6	7	8	9…23	24	25	
（一）	现金流入												
	1. 销售收入				50	60	80	…		80…	80	80	
	2. 回收固定资产残值											20	
	3. 回收流动资金											20	
	4. 项目外部效益				8	8	8		…	8…	8	8	
	流入合计				58	68	88		…	88…	88	128	
（二）	现金流出												
	1. 固定资产投资	7	20	5									
	2. 流动资金				10	10							
	3. 经营成本				20	20	20		…	20…	20	20	
	4. 土地费用	1	1	1	1	1	1		…	1…	1	1	
	5. 项目外部费用	10	10	10					…	10…	10	10	
	流出合计	18	31	16	41	41	31			31…	31	31	
（三）	净现金流量	−18	−31	−16	17	27	57		…	57…	57	97	

第二步，计算项目可行性指标。

在费用效益分析中，判断项目的可行性，有两个最重要的判定指标：经济净现值、经济内部收益率。

1. 经济净现值

计算公式如下：

$$ENPV = \sum_{t=i}^{n}(CI - CO)_t(1+r)^{-t} \qquad (12.10)$$

式中　CI——现金流入量；

CO——现金流出量；

$(CI - CO)_t$——第 t 年的净现金流量；

n——项目计算期（寿命期）；

r——贴现率。

经济净现值（$ENPV$）是反映项目对国民经济所做贡献的绝对量指标。它是用社会贴现率将项目计算期内各年的净效益折算到建设起点的现值之和。当经济净现值大于零时，表示该项目的建设能为社会做出净贡献，即项目是可行的。

2. 经济内部收益率

计算公式如下：

$$\sum_{t=i}^{n}(CI-CO)_t(1+EIRR)^{-t}=0 \qquad (12.11)$$

经济内部收益率（*EIRR*）是反映项目对国民经济贡献的相对量指标。它是使项目计算期内的经济净现值等于零时的贴现率。国家公布有各行业的基准内部收益率。当项目的经济内部收益率大于行业基准内部收益率时，表明该项目是可行的。

贴现率，是将发生于不同时间的费用或效益折算成同一时间点上（基年）可以比较的费用或效益的折算比率，又称折现率。之所以要贴现，是因为现在的资金比一年以后等量的资金更有价值。项目的费用发生在近期，效益发生在若干年后的将来，为使费用与效益能够比较，必须把费用和效益贴现到基年。

$$PV = FV/(1+r)^t \qquad (12.12)$$

式中　　*PV*——现值（Present Value）；

　　　　FV——未来值（Future Value）；

　　　　r——贴现率；

　　　　t——项目期第 *t* 年。

若取贴现率 *r*=10%，则 10 年后的 100 元钱，只相当于现在的 38.5 元；60 年后的 100 元钱，只相当于现在的 0.33 元。

由上式可见，选择一个高的贴现率时，未来的环境效益对现在来说就变小了；同样，未来的环境成本的重要性也下降了。这样，一个对未来环境造成长期破坏的项目就容易通过可行性分析；一个对未来环境起到长期保护作用的项目就不容易通过可行性分析。高贴现率不利于环境保护。

但是，高贴现率对环境保护也有正面作用，因为高贴现率的另一个影响是限制了投资总量。任何投资项目都要消耗资源，在一定程度上破坏环境。降低投资总量在一定程度上有利于环境的保护。理论上，合理的贴现率取决于人们的时间偏好率和资本的机会收益率。

进行项目费用效益分析时，只能使用一个贴现率。为考察环境影响对贴现率的敏感性，可在敏感性分析中选取不同的贴现率加以分析。

三、敏感性分析

敏感性分析，是通过分析和预测一个或多个不确定性因素的变化所导致的项目可行性指标的变化幅度，判断该因素变化对项目可行性的影响程度。在项目评价中改变某一指标或参数的大小，分析这一改变对项目可行性的影响。

财务分析中进行敏感性分析的指标或参数有：生产成本、产品价格、税费豁免等。

费用效益分析中，考察项目对环境影响的敏感性时，可以考虑分析的指标或参数有：

（1）贴现率（10%，8%，5%）。

（2）环境影响的价值（上限、下限）。

（3）市场边界（受影响人群的规模大小）。

（4）环境影响持续的时间（超出项目计算期时）。

（5）环境计划执行情况（好、坏）。

例如，在进行费用效益分析时使用 10%的贴现率，计算出项目的一组可行性指标；再分别使用 8%、5%的贴现率，重新计算一下项目的可行性指标，看看在使用不同的贴现率时，项目的经济净现值和经济内部收益率是否有很大的变化，也就是判断一下项目的可行性对贴现率的选择是否很敏感。

分析项目可行性对环境计划执行情况的敏感性。也许当环境计划执行得好时，计算出项目的可行性指标很高（因为环境影响小，环境成本低）；当环境计划执行得不好时，项目的可行性指标变得很低（因为环境影响大，环境成本高），甚至经济净现值小于零，使项目变得不可行了。这是帮助项目决策和管理的很重要的评价信息。

第四节　环境影响经济损益分析的步骤

一、环境影响的筛选

需要筛选环境影响，因为并不是所有环境影响都需要或可能进行经济评价。一般从以下四个方面来筛选环境影响。

（1）影响是否是内部的或已被控抑？

环境影响经济损益分析只考虑项目的外部影响，即未被纳入项目财务核算的影响，内部影响将被排除。环境影响经济损益分析也只考虑项目未被控抑的影响。按项目设计已被环境保护措施治理掉的影响也将被排除，因为计算已被控抑的环境影响的价值在这里是毫无意义的。

（2）影响是小的或不重要的？

建设项目造成的环境影响通常是纷繁复杂的，环境影响经济损益分析只关注大的、重要的环境影响，其中小的、轻微的环境影响将被排除。环境影响的大小轻重，需要评价者做出判断。

（3）影响是否不确定或过于敏感？

有些环境影响可能是比较大的，但也许这些环境影响本身是否发生存在很大的不确定性，或人们对该影响的认识存在较大的分歧，这样的影响将被排除。另外，对有些环境影响的评估可能涉及政治、军事禁区，在政治上过于敏感，这些影响也将被排除。

（4）影响能否被量化和货币化？

由于认知限制、时间限制、数据限制、评估技术限制或者预算限制，有些大的环境影响难以量化，有的环境影响难以货币化，这些影响将被排除，不再对它们进行环境影响经济损益分析。例如，一片森林破坏引起当地社区在文化、心理或精神上的损失很可能是巨大的，但因为太难以量化，所以不再对此进行环境影响经济损益分析。

经过筛选后，全部环境影响将被分成三大类，第一类环境影响是被剔除、不再做任何评价分析的影响，如那些内部的、小的以及能被控抑的环境影响等；第二类环境影响是需要做定性说明的影响，如那些大的但可能很不确定的影响、显著但难以量化的影响等；第三类环境影响就是那些需要并且能够量化和货币化的影响。

二、环境影响的量化

环境影响的量化，应该在环境影响评价的前面阶段已经完成。但是：

（1）环境影响的已有量化方式，不一定适合于进行下一步的价值评估。如对健康的影响，可能被量化为健康风险水平的变化，而不是死亡率、发病率的变化。

（2）在许多情况下，前部分环境影响评价报告只给出项目排放污染物（SO_2，TSP，COD 等）的数量或浓度，而不是这些污染物对受体影响的大小。

例如，利用剂量-反应关系将污染物的排放数量或浓度与它对受体产生的影响联系起来：

上海大气 SO_2 质量浓度每增加 $10\ \mu g/m^3$，则呼吸系统疾病死亡人数将增加 5%。

中国城市大气 PM_{10} 质量浓度每升高 $10\ \mu g/m^3$，则支气管炎患病率在儿童人群中升高 0.93%，在成人人群中升高 0.51%；感冒时，咳嗽的发生率在儿童人群中升高 1.19%，在成人人群中升高 0.48%。

三、环境影响的价值评估

价值评估是对量化的环境影响进行货币化的过程，这是环境影响经济损益分析部分中最关键的一步，也是环境影响经济损益分析的核心。具体的环境影响的价值评估方法，即前述的"环境价值评估方法"。

四、将环境影响货币化价值纳入项目经济分析

环境影响经济损益分析的最后一步，是要将环境影响的货币化价值纳入项目的整体经济分析（费用效益分析）当中去，以判断项目的这些环境影响将在多大程度上影响项目、规划或政策的可行性。

在这里，需要对项目进行经济分析（费用效益分析），其中关键是将估算出的环境价值（环境成本或环境效益）纳入经济现金流量表。

计算出项目的经济净现值和经济内部收益率后，可以做出判断：将环境影响的价值纳入项目经济分析后计算出的净现值和内部收益率，是否显著改变了项目可行性报告中财务分析得出的项目评价指标？在多大程度上改变了原有的可行性评价指标？将环境成本纳入项目的经济分析后，是否使得项目变得不可行了？以此判断目的环境影响在多大程度上影响了项目的可行性。

在费用效益分析之后，通常需要做一个感性分析，分析项目的可行性对项目环境计划执行情况的敏感性、对环境成本变动幅度的敏感性、对贴现率选择的敏感性等。

思考与练习

1. 简述环境价值的定义和构成。
2. 环境价值评估方法有哪些？具体怎么操作？
3. 简述费用效益分析的步骤。
4. 环境影响的筛选应该考虑哪些方面？
5. 环境影响经济损益分析的步骤有哪些？

第十三章 竣工环境保护验收

第一节 竣工环境保护验收概述

建设项目从筹建到竣工投产全过程可以分为项目建议书、可行性研究、设计、建设和试生产五个阶段。正式生产运行前，环境管理的重要内容是要完成环境保护检查和竣工环境保护验收。环境保护设施的建设和投产前的环境保护验收，是环境影响评价制度的延伸，环境影响评价文件的审批、环境保护设施的设计、建设和施工期的环境保护监督检查以及竣工环境保护验收，构成了建设项目全过程环境管理。

一、竣工环境保护验收和"三同时"制度

"三同时"是我国特有的环境管理制度，国际上通常在环境影响评价概念中，把根据环境影响评价提出的防治环境污染和生态破坏的措施、设施的建设和落实及建成后的监督监测，看作是环境影响评价的一部分。我国由于"三同时"制度先于环境影响评价制度建立，建设项目环境管理就人为地分成了两个阶段。"三同时"管理制度与环境影响评价制度是有效贯彻"预防为主、防治结合"方针，防止环境污染和生态破坏，实施可持续发展的两大根本性措施。

"三同时"指建设项目需要配套建设的环境保护设施，必须与主体工程同时设计、同时施工、同时投产使用。"三同时"制度的核心是"同时投产使用"，只有环境保护设施与生产设施同时投产使用，才能预防和减轻建设项目对环境造成不良影响。竣工环境保护验收则是当建设项目竣工后，建设单位按照国务院生态环境主管部门规定的标准和程序，对配套建设的环境保护设施进行验收，并编制验收报告。因此，竣工环境保护验收作为"三同时"制度的具体体现，是建设项目环境影响评价制度实施和环境影响评价文件中各项环境保护措施落实的保证。

二、竣工环境保护验收的主体

建设单位是建设项目竣工环境保护验收的责任主体，建设单位应当按照《建设项目竣工环保验收暂行办法》（国环规环评〔2017〕4号）规定的程序和相关验收标准，组织对配套建设的环境保护设施进行验收，编制验收报告，公开相关信息，接受社会监督，确保建设项目

需要配套建设的环境保护设施与主体工程同时投产使用，并对验收内容、结论和所公开信息的真实性、准确性和完整性负责，不得在验收过程中弄虚作假。

《建设项目竣工环境保护验收暂行办法》第五条第三款规定：

建设单位不具备编制验收监测（调查）报告能力的，可以委托有能力的技术机构编制。建设单位对受委托的技术机构编制的验收监测（调查）报告结论负责。建设单位与受委托的技术机构之间的权利义务关系，以及受委托的技术机构应当承担的责任，可以通过合同形式约定。

三、验收的分类管理

《建设项目竣工环境保护验收暂行办法》第五条第二款规定：

以排放污染物为主的建设项目，参照《建设项目竣工环境保护验收技术指南　污染影响类》编制验收监测报告；主要对生态造成影响的建设项目，按照《建设项目竣工环境保护验收技术规范　生态影响类》编制验收调查报告；火力发电、石油炼制、水利水电、核与辐射等已发布行业验收技术规范的建设项目，按照行业验收技术规范编制验收监测报告或者验收调查报告。

四、验收时限

《建设项目竣工环境保护验收暂行办法》第十二条规定：

除需要取得排污许可证的水和大气污染防治设施外，其他环境保护设施的验收期限一般不超过 3 个月；需要对该类环境保护设施进行调试或者整改的，验收期限可以适当延期，但最长不超过 12 个月。验收期限是指自建设项目环境保护设施竣工之日起至建设单位向社会公开验收报告之日止的时间。

五、信息公开

《建设项目竣工环境保护验收暂行办法》第十一条规定：

除按照国家需要保密的情形外，建设单位应当通过其网站或其他便于公众知晓的方式，向社会公开下列信息：

（一）建设项目配套建设的环境保护设施竣工后，公开竣工日期；

（二）对建设项目配套建设的环境保护设施进行调试前，公开调试的起止日期；

（三）验收报告编制完成后 5 个工作日内，公开验收报告，公示的期限不得少于 20 个工作日。

建设单位公开上述信息的同时，应当向所在地县级以上环境保护主管部门报送相关信息，并接受监督检查。

六、验收结论

《建设项目竣工环境保护验收暂行办法》第八条规定：

建设项目环境保护设施存在下列情形之一的，建设单位不得提出验收合格的意见：

（一）未按环境影响报告书（表）及其审批部门审批决定要求建成环境保护设施，或者环境保护设施不能与主体工程同时投产或者使用的；

（二）污染物排放不符合国家和地方相关标准、环境影响报告书（表）及其审批部门审批决定或者重点污染物排放总量控制指标要求的；

（三）环境影响报告书（表）经批准后，该建设项目的性质、规模、地点、采用的生产工艺或者防治污染、防止生态破坏的措施发生重大变动，建设单位未重新报批环境影响报告书（表）或者环境影响报告书（表）未经批准的；

（四）建设过程中造成重大环境污染未治理完成，或者造成重大生态破坏未恢复的；

（五）纳入排污许可管理的建设项目，无证排污或者不按证排污的；

（六）分期建设、分期投入生产或者使用依法应当分期验收的建设项目，其分期建设、分期投入生产或者使用的环境保护设施防治环境污染和生态破坏的能力不能满足其相应主体工程需要的；

（七）建设单位因该建设项目违反国家和地方环境保护法律法规受到处罚，被责令改正，尚未改正完成的；

（八）验收报告的基础资料数据明显不实，内容存在重大缺项、遗漏，或者验收结论不明确、不合理的；

（九）其他环境保护法律法规规章等规定不得通过环境保护验收的。

对照上述规定逐一进行核查，提出验收是否合格的意见。

若验收不合格，应在验收结论中明确项目存在的主要问题，并提出有针对性的整改要求或建议。

第二节 污染影响类建设项目竣工环境保护验收

一、基本概念

1. 污染影响类建设项目

污染影响类建设项目是指主要因污染物排放对环境产生污染和危害的建设项目。

2. 建设项目竣工环境保护验收监测

建设项目竣工环境保护验收监测是指在建设项目竣工后，依据相关管理规定及技术规范，对建设项目环境保护设施建设、调试、管理及其效果和污染物排放情况开展的查验、监测等工作，是建设项目竣工环境保护验收的主要技术依据。

3. 环境保护设施

环境保护设施是指防治环境污染和生态破坏以及开展环境监测所需的装置、设备和工程（含生物）设施等，包括生态保护工程和设施、污染防治和处置设施以及其他环境保护设施。

4. 环境保护措施

环境保护措施是指预防或减轻对环境产生不良影响的管理或技术等措施。

5. 验收监测报告

验收监测报告是依据相关管理规定和技术要求，对监测数据和检查结果进行分析、评价得出结论的技术文件。

6. 验收报告

验收报告是记录建设项目竣工环境保护验收过程和结果的文件，包括验收监测报告、验收意见和其他需要说明的事项三项内容。

二、验收工作程序

验收工作主要包括验收监测工作和后续工作，其中验收监测工作可分为启动、自查、编制验收监测方案、实施监测与检查、编制验收监测报告五个阶段。后续工作则包括提出验收意见、形成验收报告、公开验收报告、登录全国建设项目竣工环境保护验收信息平台填报相关信息、建立档案。具体工作程序见图 13.1。

三、启动

建设项目竣工后，建设单位或者委托技术机构启动验收工作。通过现场踏勘、了解工程概况和周边区域环境特点、明确有关环境保护要求，制订验收初步工作方案。

四、自查

（一）环保手续履行情况

主要包括环境影响报告书（表）及其审批部门审批文件、初步设计（环境保护篇章）等文件，国家与地方生态环境部门对项目的督查、整改要求的落实情况，建设过程中的重大变动及相应手续履行情况，是否按排污许可相关管理规定申领了排污许可证，是否按辐射安全许可管理办法申领了辐射安全许可证。

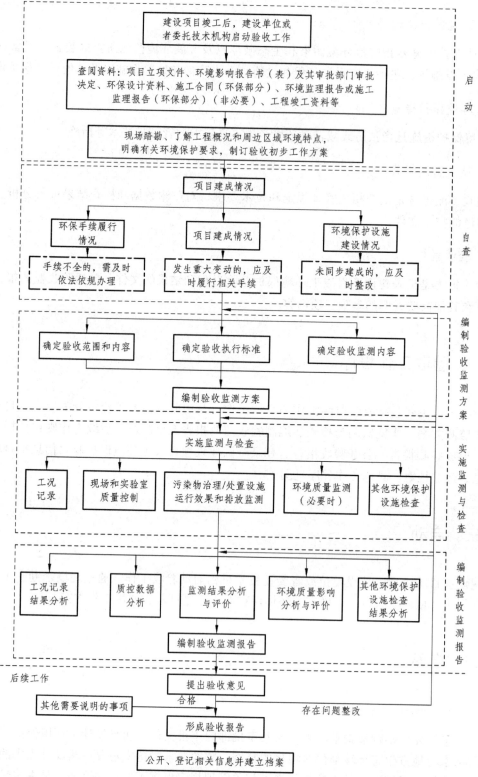

图 13.1　污染影响类建设项目竣工环境保护验收工作程序图

（二）项目建成情况

对照环境影响报告书（表）及其审批部门审批决定等文件，自查项目建设性质、规模、地点，主要生产工艺、产品及产量、原辅材料消耗，项目主体工程、辅助工程、公用工程、储运工程和依托工程内容及规模等情况。

（三）环境保护设施建设情况

1. 建设过程

施工合同中是否涵盖环境保护设施的建设内容和要求，是否有环境保护设施建设进度和资金使用内容，项目实际环境保护投资总额占项目实际总投资额的百分比。

2. 污染物治理/处置设施

按照废气、废水、噪声、固体废物的顺序，逐项自查环境影响报告书（表）及其审批部门审批决定中的污染物治理/处置设施建成情况，如废水处理设施类别、规模、工艺及主要技术参数，排放口数量及位置；废气处理设施类别、处理能力、工艺及主要技术参数，排气筒数量、位置及高度；主要噪声源的防噪降噪设施；辐射防护设施类别及防护能力；固体废物的储运场所及处置设施等。

3. 其他环境保护设施

按照环境风险防范、在线监测和其他设施的顺序，逐项自查环境影响报告书（表）及其审批部门审批文件中的其他环境保护设施建成情况，如装置区围堰、防渗工程、事故池；规范化排污口及监测设施、在线监测装置；"以新带老"改造工程、关停或拆除现有工程（旧机组或装置）、淘汰落后生产装置；生态恢复工程、绿化工程、边坡防护工程等。

4. 整改情况

自查发现未落实环境影响报告书（表）及其审批部门审批文件要求的环境保护设施的，应及时整改。

（四）重大变动情况

自查发现项目性质、规模、地点、采用的生产工艺或者防治污染、防止生态破坏的措施发生重大变动，且未重新报批环境影响报告书（表）或环境影响报告书（表）未经批准的，建设单位应及时依法依规履行相关手续。

五、验收监测方案与验收监测报告编制

（一）验收监测方案编制

1. 验收监测方案编制目的及要求

编制验收监测方案是根据自查结果，明确工程实际建设情况和环境保护设施落实情况，在此基础上确定验收工作范围、验收评价标准，明确监测期间工况记录方法，确定验收监测点位、监测因子、监测方法、监测频次等，确定其他环境保护设施验收检查内容，制订验收监测质量保证和质量控制工作方案。

验收监测方案作为实施验收监测与检查的依据，有助于验收监测与检查工作开展得更加规范、全面和高效。石化、化工、冶炼、印染、造纸、钢铁等重点行业编制环境影响报告书的项目推荐编制验收监测方案。建设单位也可根据建设项目的具体情况，自行决定是否编制验收监测方案。

2. 验收监测方案推荐内容

验收监测方案内容可包括：建设项目概况、验收依据、项目建设情况、环境保护设施、验收执行标准、验收监测内容、现场监测注意事项、其他环境保护设施检查内容、质量保证和质量控制方案等。

（二）验收监测报告编制

编制验收监测报告是在实施验收监测与检查后，对监测数据和检查结果进行分析、评价并得出结论。结论应明确环境保护设施调试、运行效果，包括污染物排放达标情况、环境保护设施处理效率达到设计指标情况、主要污染物排放总量核算结果与总量指标符合情况，建设项目对周边环境质量的影响情况，其他环境保护设施落实情况等。

1. 报告编制基本要求

验收监测报告编制应规范、全面，必须如实、客观、准确地反映建设项目对环境影响报告书（表）及审批部门审批决定要求的落实情况。

2. 验收监测报告内容

验收监测报告内容应包括但不限于以下内容：

建设项目概况、验收依据、项目建设情况、环境保护设施、环境影响报告书（表）主要结论与建议及审批部门审批决定、验收执行标准、验收监测内容、质量保证和质量控制、验收监测结果、验收监测结论、建设项目环境保护"三同时"竣工验收登记表等。

编制环境影响报告书的建设项目应编制建设项目竣工环境保护验收监测报告书，编制环境影响报告表的建设项目可视情况自行决定编制建设项目竣工环境保护验收监测报告书或表。

六、验收监测技术要求

（一）工况记录要求

验收监测应当在确保主体工程工况稳定、环境保护设施运行正常的情况下进行，并如实记录监测时的实际工况以及决定或影响工况的关键参数，如实记录能够反映环境保护设施运行状态的主要指标。

（二）验收执行标准

1. 污染物排放标准

建设项目竣工环境保护验收污染物排放标准原则上执行环境影响报告书（表）及其审批部门审批决定所规定的标准。在环境影响报告书（表）审批之后发布或修订的标准对建设项目执行该标准有明确时限要求的，按新发布或修订的标准执行。特别排放限值的实施地域范围、时间，按国务院生态环境主管部门或省级人民政府规定执行。

建设项目排放环境影响报告书（表）及其审批部门审批决定中未包括的污染物，执行相应的现行标准。

对国家和地方标准以及环境影响报告书（表）审批决定中尚无规定的特征污染因子，可按照环境影响报告书（表）和工程初步设计（环境保护篇）等的设计指标进行参照评价。

2. 环境质量标准

建设项目竣工环境保护验收期间的环境质量评价执行现行有效的环境质量标准。

3. 环境保护设施处理效率

环境保护设施处理效率按照相关标准、规范、环境影响报告书（表）及其审批部门审批决定的相关要求进行评价，也可参照工程初步设计（环境保护篇）中的要求或设计指标进行评价。

（三）监测内容

1. 环保设施调试运行效果监测

（1）环境保护设施处理效率监测内容包括：

① 各种废水处理设施的处理效率。

② 各种废气处理设施的去除效率。

③ 固（液）体废物处理设备的处理效率和综合利用率等。

④ 用于处理其他污染物的处理设施的处理效率。

⑤ 辐射防护设施屏蔽能力及效果。

若不具备监测条件，无法进行环保设施处理效率监测的，需在验收监测报告书（表）中说明具体情况及原因。

（2）污染物排放监测内容包括：

① 排放到环境中的废水，以及环境影响报告书（表）及其审批部门审批决定中有回用或间接排放要求的废水。

② 排放到环境中的各种废气，包括有组织排放和无组织排放。

③ 产生的各种有毒有害固（液）体废物，需要进行危险废物鉴别的，按照相关危险废物鉴别技术规范和标准执行。

④ 厂（场、边）界环境噪声。

⑤ 环境影响报告书（表）及其审批部门审批决定、排污许可证规定的总量控制污染物的排放总量。

⑥ 场所辐射水平。

2. 环境质量影响监测

环境质量影响监测主要针对环境影响报告书（表）及其审批部门审批决定中关注的环境敏感保护目标的环境质量，包括地表水、地下水、海水、环境空气、声环境、土壤环境、辐射环境质量等的监测。

3. 监测因子确定原则

监测因子确定的原则如下：

（1）环境影响报告书（表）及其审批部门审批决定中确定的污染物。

（2）环境影响报告书（表）及其审批部门审批决定中未涉及，但属于实际生产可能产生的污染物。

（3）环境影响报告书（表）及其审批部门审批决定中未涉及，但现行相关国家或地方污染物排放标准中有规定的污染物。

（4）环境影响报告书（表）及其审批部门审批决定中未涉及，但现行国家总量控制规定的污染物。

（5）其他影响环境质量的污染物，如调试过程中已造成环境污染的污染物，国家或地方生态环境部门提出的、可能影响当地环境质量、需要关注的污染物等。

4. 验收监测频次确定原则

为使验收监测结果全面真实地反映建设项目污染物排放和环境保护设施的运行效果，采样频次应能充分反映污染物排放和环境保护设施的运行情况，因此，监测频次一般按以下原则确定：

（1）对有明显生产周期、污染物稳定排放的建设项目，污染物的采样和监测频次一般为2~3个周期，每个周期为3到多次（不应少于执行标准中规定的次数）。

（2）对无明显生产周期、污染物稳定排放、连续生产的建设项目，废气采样和监测频次一般不少于2天，每天不少于3个样品；废水采样和监测频次一般不少于2天，每天不少于4次；厂界噪声监测一般不少于2天，每天不少于昼夜各1次；场所辐射监测运行和非运行两种状态下每个测点测试数据一般不少于5个；固体废物（液）采样一般不少于2天，每天不少于3个样品，分析每天的混合样，需要进行危险废物鉴别的，按照相关危险废物鉴别技术规范和标准执行。

（3）对污染物排放不稳定的建设项目，应适当增加采样频次，以便能够反映污染物排放的实际情况。

（4）对型号、功能相同的多个小型环境保护设施处理效率监测和污染物排放监测，可采用随机抽测方法进行。抽测的原则为：同样设施总数大于5个且小于20个的，随机抽测设施数量比例应不小于同样设施总数量的50%；同样设施总数大于20个的，随机抽测设施数量比例应不小于同样设施总数量的30%。

（5）进行环境质量监测时，地表水和海水环境质量监测一般不少于2天，监测频次按相关监测技术规范并结合项目排放口废水排放规律确定；地下水监测一般不少于2天，每天不少于2次，采样方法按相关技术规范执行；环境空气质量监测一般不少于2天，采样时间按相关标准规范执行；环境噪声监测一般不少于2天，监测量及监测时间按相关标准规范执行；土壤环境质量监测至少布设3个采样点，每个采样点至少采集1个样品，采样点布设和样品采集方法按相关技术规范执行。

（6）对设施处理效率的监测，可选择主要因子并适当减少监测频次，但应考虑处理周期并合理选择处理前、后的采样时间，对于不稳定排放的，应关注最高浓度排放时段。

（四）质量保证和质量控制要求

验收监测采样方法、监测分析方法、监测质量保证和质量控制要求均按照《排污单位自行监测技术指南　总则》（HJ 819—2017）执行。

第三节　生态影响类建设项目竣工环境保护验收

一、基本概念

1. 生态影响类建设项目

生态影响类建设项目是指以生态影响为主的开发建设项目。

2. 建设项目竣工环境保护设施验收调查

建设项目竣工环境保护设施验收调查是指生态影响类建设项目竣工后，依据相关管理规定及技术规范，为进行建设项目竣工环境保护设施验收，对建设项目环境保护设施建设、调试、管理及其效果和环境影响而开展的技术调查工作。

3. 验收调查报告

依据相关管理规定和技术要求，对验收调查数据和检查结果进行分析、评价得出结论的技术文件，是建设项目竣工环境保护设施验收的主要技术依据。

4. 验收报告

记录建设项目竣工环境保护设施验收过程和结果的文件，包括验收调查报告、验收意见和其他需要说明的事项三项内容。

二、验收工作程序

验收工作主要包括验收调查工作和后续工作，其中验收调查工作可分为启动、自查、编制验收调查方案、实施调查与检查、编制验收调查报告五个阶段。后续工作则包括成立验收工作组、现场核查、提出验收意见、形成验收报告、建立档案。具体工作程序见图13.2。

三、启动

建设项目竣工后，建设单位或者委托技术机构启动验收工作。通过现场踏勘、了解工程概况和周边区域环境特点、明确有关环境保护要求，制订验收初步工作方案。

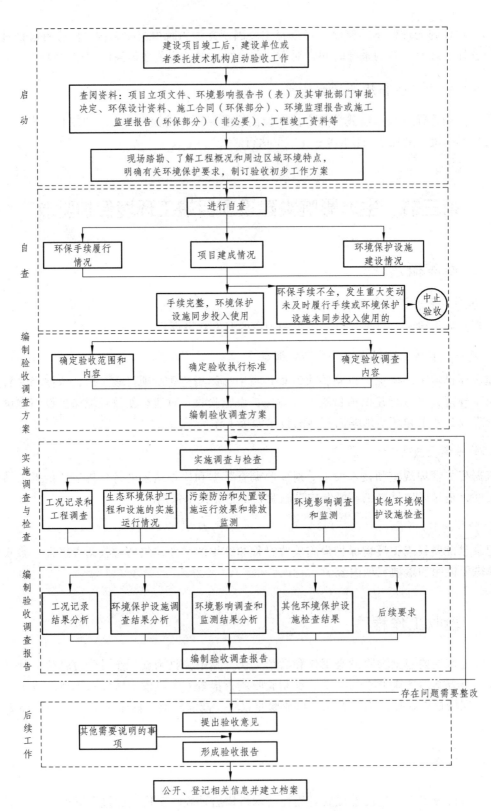

图 13.2　生态影响类建设项目竣工环境保护验收工作程序图

四、自查

（一）环境保护手续履行情况

主要包括环境影响报告书（表）及其审批部门审批决定，环境保护设计文件，国家与地方生态环境行政主管部门对项目的督查、整改要求的落实情况，建设过程中的重大变动及相应手续履行情况，按照排污许可相关管理规定申领排污许可证情况，按照辐射安全许可管理办法申领辐射安全许可证情况，按照环境影响报告书（表）及其审批部门审批决定要求编制突发事件环境应急预案及备案情况。

（二）项目建成情况

对照环境影响报告书（表）及其审批部门审批决定等文件，自查项目所处的地理位置、项目组成、工程规模及特性、工程量、主要生产工艺及流程、工程运行状况等。

（三）环境保护设施建设情况

1. 建设过程

根据环境影响报告书（表）及其审批部门审批决定的要求，自查项目环境保护"三同时"制度执行情况，自查内容包括：开展环境保护设计情况，施工合同中涵盖环境保护设施的建设内容和要求情况，环境保护设施与主体工程同时投入使用情况，环境保护设施建设进度和资金使用情况，项目实际环境保护投资执行情况等。

2. 生态保护工程和设施

逐项自查环境影响报告书（表）及其审批部门审批决定中的生态保护工程和设施建成情况，包括但不限于工程占地及恢复工程、野生生物保护工程和设施、生态系统恢复工程和设施、绿化工程、生态治理工程、生态监测设施等。

3. 污染防治和处置设施

按照大气、水、噪声、振动、固（液）体废物、辐射、电磁等顺序，逐项自查环境影响报告书（表）及其审批部门审批决定中的污染防治和处置设施的建成情况。

4. 其他环境保护设施

逐项自查环境影响报告书（表）及其审批部门审批决定中的其他环境保护设施建成情况，如环境风险防范设施，规范化排污口及监测设施、在线监测装置，"以新带老"改造工程、关停或拆除现有工程、淘汰落后生产装置，施工期环境保护设施等。

5. 整改情况

如自查发现存在未落实环境影响报告书（表）及其审批部门审批决定要求的环境保护设施的情况，应及时整改。

（四）重大变动情况

对照环境影响报告书（表）及其审批部门的审批决定要求，梳理建设项目及其环境保护设施在实际建设中的变动情况，自查项目性质、规模、地点、采用的生产工艺或者防治污染、防止生态破坏的措施发生重大变动，且不利环境影响显著增加时，履行相关手续的情况。如自查发现发生重大变动，未重新报批环境影响报告书（表）或环境影响报告书（表）未经批准的，应终止验收程序，进行整改。

五、验收文件编制

（一）验收调查方案编制

1. 目的及要求

编制验收调查方案是根据自查结果，明确工程实际建设情况和环境保护设施落实情况，在此基础上确定验收工作范围、目标、重点、验收执行标准，明确调查期间工况记录方法，确定验收调查技术路线、调查因子、调查方法、调查频次等，确定其他环境保护设施验收检查内容，制定验收调查质量保证和质量控制措施。

验收调查方案作为实施验收调查与检查的依据，有助于验收调查与检查工作开展得更加规范、全面和高效。铁路、公路、港口、航运、管道、水利、水电、采掘等重点行业编制环境影响报告书的项目推荐编制验收调查方案。建设单位也可根据建设项目的具体情况，自行决定是否编制验收调查方案。

2. 推荐内容

验收调查方案内容可包括：建设项目概况、验收依据、项目建设情况、环境保护设施、验收执行标准、验收调查内容、现场调查注意事项、环境保护设施检查内容等。

（二）验收调查报告编制

1. 基本要求

验收调查报告编制应规范、全面，必须如实、客观、准确地反映建设项目对环境影响报告书（表）及审批部门审批决定要求的落实情况。

2. 报告内容

验收调查报告内容应包括但不限于以下内容：建设项目概况、验收依据、项目建设情况、环境保护设施建设情况、工程及环境保护设施变更情况、环境影响报告书（表）主要结论与建议及审批部门审批决定、验收执行标准、环境保护设施效果调查、环境影响调查、建议和后续要求、验收调查结论、建设项目环境保护设施"三同时"竣工验收登记表等。

验收调查结论应明确环境保护设施的调试、运行效果、其他环境保护设施落实情况及效果、项目对环境敏感区的影响情况等。

编制环境影响报告书的建设项目应编制建设项目竣工环境保护设施验收调查报告书，编制环境影响报告表的建设项目可自行决定编制建设项目竣工环境保护设施验收调查报告书或表。

（三）验收报告编制

验收报告包括验收调查报告、验收意见和其他需要说明的事项三项内容。

验收意见的内容包括工程建设基本情况、工程变动情况、环境保护设施落实情况、环境保护设施实施运行效果、工程建设对环境的影响、验收结论和后续要求等。

其他需要说明的事项的内容包括环境保护设施设计、施工和验收过程简况，信息公开和公众意见反馈，环境影响报告书（表）及其审批部门审批决定中提出的除环境保护设施外的其他环境保护措施的落实情况，以及整改工作情况等。

六、验收调查技术要求

（一）工况记录要求

验收调查应在确保主体工程工况稳定、环境保护设施运行正常的情况下进行，并如实记录调查时的实际工况以及决定或影响工况的关键参数，如实记录能够反映环境保护设施运行状态的主要指标。

公路、铁路、轨道交通、机场等交通工程可依据交通量记录工况。港口、矿山采选等行业可根据近期生产能力记录工况。水利水电项目、输变电工程、油气开发工程（含管线）等可按其行业特征记录工况。

分期建设、分期投入生产运行的建设项目应分阶段开展验收调查工作。

（二）工程调查

调查工程建设过程，说明建设项目立项时间和审批部门，初步设计完成及批复时间，环境影响报告书（表）及其审批部门审批时间，变更环境影响报告书（表）审批时间，工程开工建设时间，环境保护设施设计单位、施工单位和工程（环境）监理单位，调试时间等。

调查建设项目所处的地理位置、项目组成、工程规模、工程量、主要经济或技术指标、主要生产工艺及流程、工程总投资与环境保护投资、工程运行状况等。工程建设过程中发生变更时，应重点说明具体变更内容及有关情况。

提供适当比例的工程地理位置图和工程平面图（线性工程给出线路走向示意图），明确比例尺。

工程平面布置图（或线路走向示意图）中应标注主要工程设施和主要环境敏感区等。

（三）验收执行标准

1. 环境质量标准

建设项目竣工环境保护设施验收期间的环境质量评价执行现行有效的环境质量标准。

项目所在地或区域生态背景值或本底值可作为生态保护参考标准，如重要生态功能区分布、重要生物物种和资源分布、植被覆盖率与生物量、土壤环境背景值、水土流失本底值等。

2. 污染物排放标准

建设项目竣工环境保护设施验收污染物排放标准参照《建设项目竣工环境保护验收技术指南 污染影响类》执行。

3. 环境保护设施处理效率和实施运行效果

根据环境影响报告书（表）审批决定或行业特征要求提出需要评价污染防治和处置设施处理（处置）效率和生态保护工程和设施实施运行效果的，按照相关标准、规范、环境影响报告书（表）及其审批部门审批决定的相关要求进行评价，也可参照工程、环境保护设计文件中的要求或设计指标进行评价。

（四）环境保护设施调查

1. 生态保护工程和设施实施运行效果调查

按照环境影响报告书（表）及其审批部门审批决定，调查各项生态保护工程和设施的实施和运行效果。调查主要通过查阅资料、现场核实等方式。如果环境影响报告书（表）及其审批部门审批决定有要求，或建设单位开展了生态保护工程和设施实施运行效果的现场监测或调查，应纳入监测或调查结果。

（1）调查方法包括：

① 文献资料调查法。生态环境状况可采用文献资料调查法，收集现有能反映生态环境现状或背景的相关资料。资料应保证时效性。引用资料一般要建立在现场校验的基础上。文献资料包括工程有关协议、合同等文件，施工期监测、监理资料，工程建设占用土地（耕地、林地、草地、湿地、自然保护区等生态敏感区）或农田水利设施等方面的资料。

② 现场勘察法。现场勘察的主要目的是了解建设项目影响区域的生态背景、生态影响的范围和程度，核查环境保护设施的落实情况，核实文件资料的准确性。

现场勘察的范围应覆盖建设项目生态影响所涉及的区域，勘察区域与勘察对象应基本覆盖建设项目所涉及区域的 80%以上。对于建设项目涉及的范围较大、无法全部覆盖的，可根据随机性和典型性的原则，选择有代表性的区域与对象进行重点勘察。

可将需现场勘察的生态保护工程和设施、生态影响因子等制成表格清单，配合其他方法，完成现场勘察记录工作。生态恢复工程和设施的调查可采取摄影法，形象、直观地反映生态恢复工程和设施的实施效果。动物通道、鱼道等生态保护工程和设施的效果调查，可参照《生物多样性观测技术导则》（HJ 710.1~11—2014）进行。

③ 专家和公众咨询法。专家和公众咨询法是对现场勘察的补充，目的是通过咨询有关专家，收集调查范围内的公众、社会团体和相关部门等的意见，了解建设项目在各时期产生的生态和环境影响，发现工程前期和施工期曾经存在的及可能遗留的生态环境问题，识别和分析公众关心的生态环境问题，为改进环境保护设施和提出补救措施提供依据。

专家和公众咨询可与文献资料收集和现场勘察同步开展。

④ 生态调查法。当文献资料、现场勘察、专家和公众咨询等提供的资料和数据无法满足验收调查的需求时，可进行生态调查，定量分析项目建设前后对生态和环境所产生的影响。

生态调查应根据调查因子的生态学特征和建设项目生态影响的特点，确定调查的位置、布点、选线、抽样、取样和频次等。生态调查原则上与环境影响报告书（表）中的内容、位置、因子相一致；若工程变更导致影响位置发生变化时，除在影响范围内选点进行调查外，还应在未影响区选择对照点进行调查。若环境影响报告书（表）中未进行此部分调查而工程影响又较为突出时，应进行补充调查。

生态调查的方法与技术要求须符合国家现行的有关生态调查的规范和分析方法。陆生生态影响调查可采取植物样方调查，水生生态影响调查可采取水生生态监测。生态系统生产力调查可采取现场采样和实验室测定等方法。

⑤ 遥感调查法。遥感调查法主要应用于建设项目生态影响涉及范围较大、主导生态因子空间尺度较大、通过现场踏勘较难到达的建设项目。遥感调查过程中须辅以必要的现场勘察。

遥感调查主要适用于建设项目影响范围内的生态环境和景观现状调查。遥感调查的主要过程包括收集卫星遥感影像、无人机影像、地形图、GPS 定位等空间数据和专题资料；数据处理与分析；成果生成和应用。

⑥ 长期监测法。为调查建设项目对生态系统的影响，可开展长期监测，通过对生态系统的要素、格局、过程和功能等开展长期监测，根据生态系统演变规律分析建设项目的建设和运行对生态系统的影响。

（2）调查内容按照环境影响报告书（表）及其审批部门审批决定并参考建设项目的行业特点来设置，一般包括：

① 工程占地及恢复工程。调查工程永久占地、临时占地及恢复工程的情况；调查取弃土（渣）场及恢复工程的情况；调查耕地、林地、草地、湿地等的占用、恢复、补偿和重建情况等。

② 野生生物保护工程和设施。调查野生生物通道的建设和运行情况；调查野生生物物种、生物资源保护和恢复工程及设施的建设和运行情况；调查野生生物生境保护工程及设施的建设和运行情况。

③ 生态系统恢复工程和设施。调查自然生态系统恢复工程和设施（如生态敏感区保护工程和设施、生态用水泄水构筑物、低温水缓解工程设施等）和人工生态系统恢复工程和设施（如对项目影响区域内农业灌溉系统、水利设施等采取的保护和恢复工程等，对移民搬迁区实施的生态恢复工程和环境基础设施等）的建设和运行情况。

④ 绿化工程。调查建设单位在项目影响区内开展的绿化工程及绿化效果。

⑤ 生态治理工程。调查建设单位开展生态治理工程的情况，如对项目影响区内水土流失、沙漠化、石漠化、盐渍化、自然灾害、生物入侵、不良地质地段等问题采取的治理工程。

⑥ 生态监测设施。调查建设项目为开展生态监测所建设的建筑物、构筑物、监测设备（设施）等的使用和运行情况。

⑦ 其他生态保护工程和设施。调查其他生态保护工程和设施的实施运行效果。

2. 污染防治和处置设施调查及监测

污染防治和处置设施调试运行效果及污染物排放监测，参照《建设项目竣工环境保护验

收技术指南 污染影响类》执行。

交通类建设项目声环境污染防治设施的降噪效果和振动环境保护设施的减振效果等监测，按相应的规范要求执行。

3. 其他环境保护设施

调查环境影响报告书（表）及其审批部门审批决定中的其他环境保护设施的运行效果。

4. 调查结果分析

根据环境影响报告书（表）及其审批部门审批决定及设计要求，评价各项生态保护工程和设施的实施运行效果。若生态保护工程和设施实施运行效果未能达到环境影响报告书（表）及其审批部门审批决定或设计要求，应进行原因分析，提出整改措施或纳入后续要求。

根据相关评价标准，评价各项污染防治和处置设施排放污染物的达标情况，必要时计算主要污染物的处理效率。若污染物排放存在超标现象，或主要污染物处理效率不满足环境影响报告书（表）及其审批部门审批决定的要求或设计指标，应进行原因分析，并进行改进。

根据环境影响报告书（表）及其审批部门审批决定及设计要求，评价其他环境保护设施的建设和运行效果。

（五）环境影响调查与监测

1. 一般要求

生态影响调查和大气环境、水环境、声环境、振动环境、固（液）体废物、辐射、电磁等影响监测的内容、因子和评价标准依据环境影响报告书（表）及其审批部门审批决定中确定，主要针对环境敏感区（含建设项目实际工程发生变更产生的新增环境敏感区）开展。生态影响调查可分为施工期和运行期等阶段。

2. 生态影响调查

生态影响调查因子原则上与环境影响报告书（表）确定的生态影响评价因子一致，一般可选用生态功能完整性、植被类型、生物量、野生动物种类、资源量、物种多样性、土地资源、水土流失面积、土壤侵蚀强度、生态敏感区等。调查内容一般包括以下内容：

（1）对生态系统结构与功能的影响。调查项目区域内生态系统的类型、分布、结构和主体功能等，调查建设项目的建设和运行对区域生态系统结构和功能的影响。

（2）对生态敏感区的影响。调查建设项目与环境影响报告书（表）中确定的生态敏感区（含建设项目实际工程发生变更产生的新增生态敏感区）的相对位置关系，调查对生态敏感区及保护目标产生的影响。生态敏感区可参照《建设项目环境影响评价分类管理名录》的规定。

（3）对保护物种的影响。调查建设项目对影响范围内植物和动物的影响，重点调查对国家或地方重点保护物种和地方特有物种的种类、分布及其生境等的影响；调查建设项目对影响范围内水生生物的影响，重点调查对珍稀保护水生生物、洄游性鱼类等的影响。

3. 环境影响监测

针对环境影响报告书（表）及其审批部门审批决定中环境敏感区的环境影响调查和监测，

参照《建设项目竣工环境保护验收技术指南 污染影响类》执行。

公路、铁路、轨道交通等交通项目环境敏感区的噪声监测，铁路和轨道交通项目环境敏感区的环境振动监测，参照《声环境质量标准》（GB 3096—2008）和《城市区域环境振动测量方法》（GB 10071—88）规定的方法进行监测。

优先适用行业竣工环境保护设施验收技术规范。

4. 调查和监测结果评价

统计分析生态影响调查的结果，评价建设项目实际生态影响与环境影响报告书（表）中预测值的符合程度。统计生态监测数据，与环境影响评价阶段的生态数据或生态保护参考标准对比，说明生态变化情况，并分析原因。若建设项目实际产生的生态影响超出环境影响报告书（表）的预测值，导致区域生态恶化，应提出整改措施。

统计分析环境影响监测的结果，评价环境敏感区的环境质量达标情况。若验收监测发现环境敏感区的环境质量存在超标情况，应进行原因分析，若主要原因与本建设项目相关，应提出整改措施。

（六）后续要求

1. 环境保护设施维护与维修

建设单位应制定工作方案，安排资金、人力和其他必要的资源，定期维护和维修各项环境保护设施，定期监测和调查各项环境保护设施的实施和运行情况，不断优化和提升各项环境保护设施的应用效果。

2. 跟踪监测

建设单位应按照环境影响报告书（表）及其审批部门审批决定提出的要求开展跟踪监测工作。

如项目竣工环境保护设施验收时工况未达到设计工况，根据各行业特点和环境影响，应开展跟踪监测。如铁路、公路、城市道路和轨道交通、机场等交通项目，建设单位应针对环境敏感区的影响开展噪声跟踪监测，如出现噪声超标情况，应及时改进噪声污染防治设施。

对于短期内难以显现的环境影响，应开展跟踪监测工作。如煤炭采选项目，建设单位应开展地下水跟踪监测和作业面地表岩移观测。

3. 后续生态调查

如项目竣工环境保护验收时工况未达到设计工况，或生态保护工程和设施的运行效果未达到环境影响报告书（表）及其审批部门审批决定或设计要求时，建设单位应开展后续生态调查，改进和优化生态保护工程和设施，持续监测和调查生态保护工程和设施的实施和运行效果，直至生态保护工程和设施实施和运行效果能达到要求，定期向社会公开调查结果。

如项目存在累积性、区域性或不确定性的生态影响，建设单位应开展长期生态调查，持续调查可能发生的各类生态影响，针对各类生态影响采取相应的解决方案，并向社会公开调查结果。长期生态调查可以与建设项目环境影响后评价工作相结合。

思考与练习

1. 简述竣工环境保护验收和"三同时"的相互关系。
2. 竣工环境保护验收的主体是谁?
3. 竣工环境保护验收的时限要求是什么?
4. 竣工环境保护验收信息公开的内容有哪些?
5. 简述污染影响类建设项目竣工环境保护验收工作程序。
6. 验收监测技术要求包含哪些方面?
7. 简述生态影响类建设项目竣工环境保护验收工作程序。
8. 验收调查技术要求包含哪些方面?
9. 验收报告的主要内容有哪些?

参考文献

[1] 李淑芹，孟宪林. 环境影响评价[M]. 北京：化学工业出版社. 2018.

[2] 柳知非. 环境影响评价[M]. 北京：中国电力出版社. 2017.

[3] 王罗春. 环境影响评价[M]. 北京：冶金工业出版社. 2017.

[4] 朱世云，林春绵. 环境影响评价[M]. 北京：化学工业出版社. 2013.

[5] 环境保护部环境工程评估中心. 环境影响评价相关法律法规[M]. 北京：中国环境出版社. 2019.

[6] 环境保护部环境工程评估中心. 环境影响评价技术导则与标准[M]. 北京：中国环境出版社. 2019.

[7] 环境保护部环境工程评估中心. 环境影响评价技术方法[M]. 北京：中国环境出版社. 2019.

[8] 环境影响评价工程师职业资格考试命题研究组. 全国环境影响评价工程师辅导教材[M]. 郑州：黄河水利出版社. 2018.